Uni-Taschenbücher 284

UTB

Eine Arbeitsgemeinschaft der Verlage

Birkhäuser Verlag Basel und Stuttgart
Wilhelm Fink Verlag München
Gustav Fischer Verlag Stuttgart
Francke Verlag München
Paul Haupt Verlag Bern und Stuttgart
Dr. Alfred Hüthig Verlag Heidelberg
J. C. B. Mohr (Paul Siebeck) Tübingen
Quelle & Meyer Heidelberg
Ernst Reinhardt Verlag München und Basel
F. K. Schattauer Verlag Stuttgart-New York
Ferdinand Schöningh Verlag Paderborn
Dr. Dietrich Steinkopff Verlag Darmstadt
Eugen Ulmer Verlag Stuttgart
Vandenhoeck & Ruprecht in Göttingen und Zürich
Verlag Dokumentation München-Pullach
Westdeutscher Verlag/Leske Verlag Opladen

Heinrich Walter

Allgemeine Geobotanik
Eine kurze Einführung

135 Abbildungen, 22 Tabellen

Verlag Eugen Ulmer Stuttgart

HEINRICH WALTER, geb. 1898 in Odessa, Promotion (Dr. phil) in Jena bei E. STAHL 1919, Assistent in Heidelberg bei L. JOST 1920–32, Habilitation in Heidelberg 1923. Als Rockefeller Fellow in Arizona, Nebraska und Colorado (USA) 1928–29. Seit 1932 Direktor des Botanischen Instituts und Gartens zuerst in Stuttgart, kurz in Posen und ab 1945 in Hohenheim, Berufungen nach Hannover und Bonn abgelehnt, emer. seit 1966.
Mitglied von vier wiss. Akademien, Dr. h. c. nat. techn. (Wien).
Ökologische Forschungsreisen: In Afrika 1934/35, 1937/38, 1953, 1960, 1963; im Vorderen Orient 1954/55, in Australien und Neuseeland 1958/59, in Südamerika 1965/66 und 1968.
Gastprofessor in Ankara 1954/55 und in Utah (USA) 1969.

ISBN 3-8001-2424-6

© 1973 Eugen Ulmer, Stuttgart, Gerokstraße 19
Printed in Germany
Einbandgestaltung: Alfred Krugmann, Stuttgart
Satz und Umbruch: Letterstudio GmbH, Reutlingen
Druck: Offsetdruckerei K. Grammlich, Pliezhausen
Gebunden bei Sigloch, Stuttgart-Vaihingen

Vorwort

Ein Taschenbuch soll eine kurze Einführung sein und nicht eine vollständige Übersicht der Methoden und Probleme eines bestimmten Wissensgebietes vermitteln; daher ist es besonders wichtig, sich auf das Wesentliche zu beschränken.
Geobotanik kann nicht aus Büchern gelernt werden; diese sollen nur zu genauen Beobachtungen und Versuchen in der Natur anregen. Aus diesem Grunde werden wir hauptsächlich die Verhältnisse in Mitteleuropa berücksichtigen, mit denen der Leser vertraut ist, obgleich gerade das mit gewissen Nachteilen verknüpft ist. Denn ebenso wie die Erde eine Einheit darstellt, ist auch ihre Pflanzendecke etwas Ganzes. Deswegen muß sie als wesentlicher Teil der Biosphäre auch *global erforscht werden*. Nur vom Ganzen ausgehend lassen sich kleine Teilgebiete richtig beurteilen und sinngemäß einordnen.
Mitteleuropa ist ein sehr begrenzter Raum (etwa $1/200$ der festen Erdoberfläche) mit einer als Folge der Eiszeit verarmten Flora und durch den Menschen stark veränderten Vegetation. Deshalb sollte jeder Geobotaniker nach Möglichkeit bestrebt sein, seine Studien auf weitere Klimagebiete und Kontinente auszudehnen.[1] Rein lokale Kenntnisse verleiten zu Verallgemeinerungen, die im weltweiten Maßstab nicht statthaft sind. Die Dimension spielt eine Rolle.
Verf. hatte bereits vor 50 Jahren seine erste Vorlesung als „Einführung in die allgemeine Pflanzengeographie Deutschlands" abgehalten und sie 1927 in Jena veröffentlicht. Sie ebnete ihm den Weg zu den erdumfassenden Forschungsreisen in den nächsten vier Jahrzehnten. Vor einer Neuauflage war es jedoch wünschenswert, sich eine Übersicht über die Vegetationsverhältnisse der anderen Kontinente zu verschaffen.[2]
Als Grundlage bei der Abfassung dieser Einführung dienten für Teil I und Teil II das Lehrbuch H. WALTER und H. STRAKA (1970) für Teil III H. ELLENBERG (1956 und 1963)[3], für Teil IV H. WALTER

---

[1] Diesem Zweck dient das „A.F.W. Schimper-Stipendium" für ökologische Forschungen in außereuropäischen Gebieten, das jährlich in Höhe von DM 5000 an deutsche und österreichische Geobotaniker über das Botanische Institut der Universität Hohenheim vergeben wird.
[2] H. WALTER: Vegetationszonen und Klima (UTB 14). Stuttgart 1973, 2. Aufl.
[3] Für wertvolle Bemerkungen insbesondere zu Teil III danke ich Herrn Prof. Dr. H. ELLENBERG; in manchen Fragen sind wir allerdings nicht der gleichen Ansicht. Die Erfahrungen sind zu verschieden.

(1960) sowie weitere auf Seite 243 ff genannte Veröffentlichungen, die ihrerseits ausführliche Literaturhinweise enthalten. Das Quellenverzeichnis für die Abbildungen findet man auf Seite 244. Im Text werden vorwiegend die wissenschaftlichen, lateinischen Pflanzennamen verwendet, die deutschen Namen der Gattungen sind im Register S. 245 nachzuschlagen.

Stuttgart-Hohenheim, Neujahr 1973   H. Walter

Inhaltsverzeichnis

Vorwort 5
Einleitung 9

Teil I. Floristische Geobotanik oder Arealkunde

1 Das Wesen der Pflanzenareale 11
2 Größe der Areale 15
3 Beziehungen zwischen Klima und Arealgrenzen ... 17
4 Arealform und Sippenzentrum 21
5 Florenreiche 24
6 Europäische Geoelemente 28
7 Geoelemente der Gebirge 39

Teil II. Historische Geobotanik

1 Älteste Abschnitte aus der Geschichte der Pflanzenwelt 42
2 Klima und Flora des Tertiärs in Europa 45
3 Klima und Vegetation während der Eiszeit (Pleistozän) 46
4 Die heutigen Großdisjunktionen (Nordamerika – Ostasien) verschiedener Gattungen 50
5 Die Postglazialzeit und die Pollenanalyse 54
6 Vegetationsveränderungen unter der Einwirkung des Menschen in vorgeschichtlicher Zeit 67
7 Änderung der Pflanzendecke in der geschichtlichen Zeit 69
8 Der Aufbau der bewirtschafteten Wälder 74
9 Adventivpflanzen 84
10 Das Problem des Schutzes von seltenen Pflanzenarten 86

Teil III. Zönologische Geobotanik

1 Allgemeines 88
2 Die Pflanzengemeinschaften 90
3 Der Wettbewerbsfaktor 94
4 Die Bestandesaufnahme 99
5 Die Pflanzengesellschaften 106
6 Das pflanzensoziologische System 112
7 Die vegetationskundliche Arbeitsweise der russischen Geobotaniker 116
8 Sukzessionen und ökologische Reihen 122

8 Inhaltsverzeichnis

9 Zonale Vegetation und Höhenstufen 125
10 Kurze Übersicht der wichtigsten mitteleuropäischen Vegetationseinheiten 128

Teil IV. Ökologische Geobotanik

1 Biosphäre, Ökosysteme und Biogeozön 146
2 Die primäre Produktion 150
3 Der Wärmefaktor oder die Temperaturverhältnisse 155
  a Einstrahlungstypus 155
  b Ausstrahlungstypus 159
  c Wärmeumsatz und Temperaturverhältnisse in einer Vegetationsschicht 160
  d Einfluß der Geländeform und der Exposition auf die Temperatur 164
  e Die Gefährdung der Pflanzen durch tiefe Temperaturen 167
  f Raunkiaersche Lebensformen 171
  g Die Frosttrocknis 172
  h Phänologische Beobachtungen 175
4 Der Wasserfaktor oder die Hydraturverhältnisse 179
  a Allgemeines 179
  b Die Wasseraufnahme 182
  c Die Wasserabgabe an die Atmosphäre 188
  d Die Anpassungen der Pflanzen an erschwerte Wasserversorgung 192
  e Das Problem der Ökotypen 197
5 Der Lichtfaktor und der Assimilathaushalt 198
  a Lichtgenuß und Lichtkompensationspunkt 198
  b Photosynthese und Assimilatverwendung 200
6 Chemische Faktoren 203
7 Mechanische Faktoren 210
  a Das Feuer 210
  b Windschäden 211
  c Schäden durch Schnee oder Rauhreif 214
  d Verbiß und Tritt 215
8 Der Abbau der organischen Verbindungen im Boden 218
  a Die Destruenten 218
  b Die Streuzersetzung 220
  c Die Humusstoffe 228
9 Analyse der Stoffproduktion 230
10 Die Eingriffe des Menschen in die Biogeozöne 237

Weiterführende Literatur 242
Bildquellen 244
Register der wissenschaftlichen Gattungsnamen mit
Angabe der deutschen Bezeichnungen 245
Sachregister 252

Einleitung

Die Pflanzenkunde oder *Phytologie* umfaßt zwei große Teilgebiete:
1. Die *Botanik*, die sich mit der Pflanze als solcher, losgelöst von ihrem Vorkommen in der Natur, beschäftigt und sie im Laboratorium, im Gewächshaus oder im botanischen Garten untersucht.
2. Die *Geobotanik*, für die die Pflanzen einen Teil der Biosphäre darstellen; sie interessiert sich deshalb für die Pflanze an ihrem natürlichen Standort im Gelände.

Ebenso wie man bei der Botanik als Teildisziplin in ihrer historischen Entwicklung die Systematik oder Taxonomie, die Morphologie, Anatomie und Zytologie sowie die Physiologie unterscheidet, wird die *Allgemeine Geobotanik* in die *Floristische, Historische, Zönologische* und *Ökologische Geobotanik* gegliedert. Dazu kommt die *Spezielle Geobotanik*, d. h. die Vegetationsbeschreibung einzelner Gebiete, die jedoch hier nicht behandelt werden soll.

Die Aufgabe der floristischen Geobotanik ist es, die *Flora*, d. h. die Gesamtheit der in einem bestimmten Gebiet vorkommenden Arten, listenmäßig zu erfassen und ihre genaue Verbreitung festzustellen. Damit beginnt jede geobotanische Durchforschung eines noch wenig bekannten Raumes. Für Mitteleuropa ist diese Vorarbeit im allgemeinen abgeschlossen, doch im Einzelnen noch ausbaufähig.

Die historische Geobotanik betrachtet die heutige Verbreitung der Pflanzen als das Ergebnis einer langen Entwicklung in der Vergangenheit und versucht diese, namentlich seit dem Auftreten der Blütenpflanzen, auf Grund von Makro- und Mikrofossilien aufzuhellen.

Die zönologische Geobotanik beschäftigt sich nicht mit den einzelnen Pflanzenarten, sondern mit dem Artengefüge, d. h. mit den Pflanzengemeinschaften oder *Phytozönosen*, aus denen sich die *Vegetation* eines Gebietes zusammensetzt.

Die ökologische Geobotanik geht im Gegensatz zu diesen drei mehr beschreibenden Teilgebieten der Geobotanik mit einer kausalen Fragestellung an die Probleme heran. Sie untersucht die Beziehungen, die zwischen den Pflanzen und ihrer Umwelt bestehen mit dem Endziel, die Ursachen für die Verteilung der Pflanzen auf der Erde sowie den Stoffkreislauf und den Energieumsatz innerhalb der Biosphäre aufzuklären. Sie setzt deshalb eine physiologische Schulung voraus, geht aber nicht nur analytisch vor, sondern ist bestrebt, zu einer Synthese zu gelangen.

Bei ökologischen Untersuchungen werden die Experimente meist von der Natur selbst ausgeführt. Es handelt sich darum, sie im richtigen Zeitpunkt messend zu verfolgen und auf vergleichender Basis auszuwerten. Ein gewisses Hineinfühlen und Miterleben des Naturgeschehens ist oft die Voraussetzung für die Lösung vieler Probleme. Doch ist eine exakte Nachprüfung der Ergebnisse insbesondere unter Berücksichtigung der Wettbewerbsverhältnisse stets notwendig.

Die Geobotanik beschäftigt sich nur mit der Pflanzendecke der Landoberfläche und berücksichtigt von den Gewässern höchstens die Uferzonen. Die Verhältnisse in den Gewässern unterscheiden sich sehr stark von denen auf dem Lande und werden von dem speziellen Wissenszweig der Hydrobiologie behandelt.

Von den Landpflanzen stehen in der Geobotanik die Gefäßpflanzen im Vordergrund des Interesses. Von niederen Pflanzen berücksichtigt man meistens nur die wichtigsten, soweit sie durch ein Massenvorkommen von Bedeutung sind. Als wurzellose und poikilohydre Arten (Seite 180) bilden sie ökologisch besondere Gemeinschaften (Synusien, Seite 109).

Floristische Geobotanik oder Arealkunde

1 Das Wesen der Pflanzenareale

Für die meisten kleineren oder größeren Gebiete in Europa sind Floren vorhanden, d. h. Listen von den vorkommenden Arten in systematischer Anordnung mit Bestimmungsschlüsseln und Fundortsangaben für die einzelnen Arten. Sucht man aus diesen Floren oder aus Lokalherbarien die Fundorte für eine bestimmte Pflanzenart heraus, z. B. vom Gipskraut (*Gypsophila fastigiata*) und trägt sie als Punkte auf eine Karte ein, so wird eine Linie, die die äußeren Punkte miteinander verbindet, eine Fläche abgrenzen, die man als *Wohngebiet der Art* oder ihr Areal bezeichnet (Abb. 1). Eine solche Punktkarte läßt sich aber nur von seltenen Arten anlegen, denn bei häufigen begnügt man sich mit Bezeichnungen wie „gemein", „zerstreut" usw. Doch werden die Arten an der Peripherie ihres Wohn-

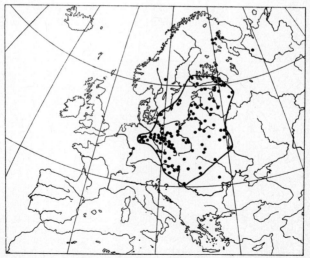

Abb. 1. Areal des Gipskrauts (*Gypsophila fastigiata*). Einzelne entfernte Fundorte (Punkte) werden nicht in das Areal einbezogen.

12 Floristische Geobotanik oder Arealkunde

gebietes zu seltenen Arten, so daß die äußersten Fundorte meistens bekannt sind. Man kann dann die Arealgrenze ziehen und die Arealfläche durch Schraffur hervorheben, so wie es auf Abb. 2 für das Heidekraut gezeigt wird. Das ist die übliche, aber ungenaue Arealdarstellung. Denn das Heidekraut ist innerhalb der schraffierten Fläche durchaus nicht gleichmäßig verbreitet; es fehlt z. B. allen

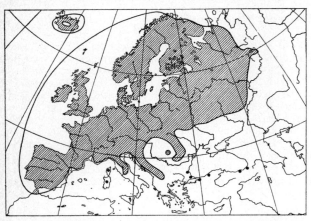

Abb. 2. Europäisches Verbreitungsgebiet des Heidekrauts (*Calluna vulgaris*).

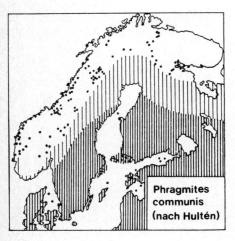

Abb. 3. Teilareal des Schilfes (*Phragmites*): Dichte der Schraffur gibt Häufigkeit wieder, seltenes Vorkommen durch Punkte gezeigt.

Kalkgebieten. Man sollte deshalb nach Möglichkeit versuchen, die Häufigkeit des Vorkommens innerhalb des Areals anzugeben, wie es z. B. für das Schilf in Fennoskandien auf Abb. 3 geschah. Neuerdings

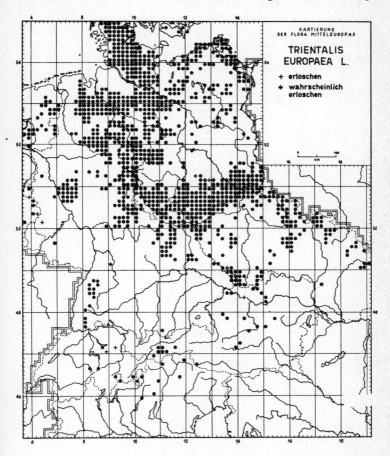

Abb. 4. Verbreitung des Siebensterns innerhalb des durch Doppellinien begrenzten Gebiets: Punkt-Vorkommen in einem Grundfeld (ca. 12 x 11 km). Zu erkennen ist das häufige Vorkommen dieser nordischen Art in der Norddeutschen Tiefebene und in den nördlichen Mittelgebirgen sowie das vereinzelte Vorkommen im Schwarzwald und in den Alpen (aus H. NIKLFELD, Taxon 20[4] 545–571, 1971).

14 Floristische Geobotanik oder Arealkunde

werden Punktrasterkarten angefertigt, indem man das Gebiet durch ein dichtes Gitternetz gliedert und jedes Viereck, in dem die Art vorkommt, mit einem Punkt bezeichnet. Dadurch werden größere Areallücken sichtbar. Für die britische Flora liegen solche Karten vor, bei uns werden sie vorbereitet (Abb. 4). Auf den Abb. 1–3 sowie Abb. 27, 31 u. a. erkennt man, daß oft einzelne Fundorte von dem Areal so weit entfernt sind, daß sie nicht in dieses einbezogen werden; man spricht von *Außenposten*. Es kommt jedoch vor, daß neben dem Hauptareal mehrere weit entfernte Teilareale vorhanden sind, die man als *Exklaven* bezeichnet (Abb. 5), oder aber das Areal zerfällt in mehrere ziemlich gleiche Teile (Abb. 6 oder 21).

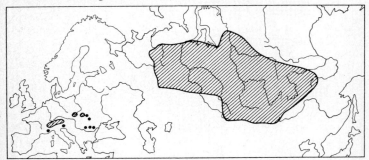

Abb. 5. Verbreitung der Arve (*Pinus cembra* mit ssp. *sibirica*); Exklave in den Alpen und anderen Gebirgen.

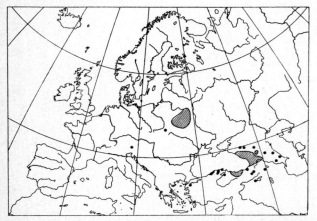

Abb. 6. Teilareale von *Rhododendron luteum* (= *Azalea pontica*).

Solche Areale, die nicht aus einer geschlossenen Fläche bestehen, nennt man *disjunkte Areale*. Für ihr Zutandekommen sind meist historische Ursachen maßgebend (vgl. Teil II).
Die Entscheidung, ob ein Areal als geschlossen oder als disjunkt zu betrachten ist, fällt oft schwer. Man spricht von disjunkten Arealen, wenn ein Austausch von Diasporen (Verbreitungseinheiten wie Samen, Sporen, vegetative Teile) ausgeschlossen erscheint. Doch wissen wir über die Entfernung, die einzelne Arten bei der Verbreitung dieser Diasporen überwinden können, sehr wenig. Es kommt nicht nur auf die Ausbreitungsfähigkeit durch Wind, Vögel, Meeresströmungen und den Menschen an, sondern auch auf die *Ansiedlungsmöglichkeit*. Daß ein Transport der Diasporen über riesige Entfernungen vorkommt, lehrt uns die Ansiedlung von Pflanzen auf vulkanischen Inseln, die im Ozean weit von den Kontinenten entstanden (z. B. Hawaii). Aber in diesem Fall ist die Ansiedlung relativ leicht, weil die Konkurrenz anderer Pflanzen zunächst ganz fehlt.
Ist die Pflanzendecke dagegen geschlossen, so wird die Wahrscheinlichkeit der Ansiedlung durch einzelne Diasporen von neuen Arten eine seltene Ausnahme sein, wie z. B. bei den Kakteen (*Cactaceae*), die nur in Amerika vorkommen mit Ausnahme der Gattung *Rhipsalis*, die man als Epiphyten im tropischen Afrika findet. Da sie Beerenfrüchte besitzt, hat wohl ein Ferntransport durch Vögel über den Ozean stattgefunden.
Areale kann man von verschiedenen großen Sippen (Taxa) zeichnen, also nicht nur von Arten, sondern auch von Gattungen oder Familien.

2 Größe der Areale

Die Größe der Areale schwankt zwischen solchen, die sich über alle Kontinente erstrecken, wie bei den *Kosmopoliten*, und anderen, die ganz auf ein begrenztes größeres oder kleineres Gebiet beschränkt sind, den *Endemiten*. Die Gattungsareale sind allgemein größer als die der dazugehörigen Arten, die Familienareale größer als die der entsprechenden Gattungen. Deswegen sind kosmopolitische Familien häufiger als kosmopolitische Gattungen und diese häufiger als kosmopolitische Arten. Die Asteraceae (*Compositae*) und die Poaceae (*Gramineae*) und einige andere Familien findet man nahezu überall auf der Erde. Kosmopoliten sind viele Arten der Mikroorganismen, aber nicht alle. Unter den Sporenpflanzen sind *Bryum argenteum*, *Marchantia polymorpha* und *Pteridium aquilinum* s.l. (im weiteren Sinne) weltweit verbreitet. Dasselbe gilt für viele Wasser- und Sumpfpflanzen (wie z. B. *Hippuris vulgaris*, *Ceratophyllum demersum*, *Lemna minor*, *Cladium mariscus* s.l., *Phragmites communis* s.l. u. a.), die leicht durch Vögel verbreitet werden, sowie für Unkräuter, die der Mensch von Kontinent zu Kontinent verschleppt

(z. B. *Poa annua, Chenopodium album, Erodium cicutarium, Plantago major, Taraxacum officinale* u. a.).
Komplizierter sind die Verhältnisse des Endemismus, bei dem man zwischen einem *Paläo- oder Reliktendemismus* und einem *Neoendemismus* unterscheiden muß. Bei ersterem handelt es sich um aussterbende Sippen, die früher weit verbreitet waren, heute aber nur noch ein sehr beschränktes Vorkommen aufweisen, z. B. wächst *Ginkgo biloba* (Götterbaum), der einzige Vertreter einer in der Jurazeit weit verbreiteten, Wälder bildenden Gattung, wild nur noch in der Provinz Che Kiang (China); den Mammutbaum (*Sequoiadendron giganteum*) findet man nur in der Sierra Nevada (Kalifornien), während er, wie Fossilfunde in der Braunkohle beweisen, im Tertiär über die ganze Nordhemisphäre verbreitet war (Abb. 40). Reliktendemiten sind vielleicht auch *Ramonda* und *Haberlea* in NE-Spanien bzw. NW-Balkan, die zur sonst rein tropischen Familie der Gesneriaceae gehören (Abb. 15), aber auch *Saxifraga (Zahlbrucknera) paradoxa* (in Kärnten und Steiermark) oder *Poterium (Sanguisorba) dodecandrum* (im Veltlin und in den **Bergamasker Alpen**).

Beim *Neoendemismus* handelt es sich dagegen um junge Arten (oft Kleinarten) von Gattungen, die in reger Artbildung begriffen sind und sich nicht ausbreiten oder an der Ausbreitung mechanisch durch Isolierung, z. B. in Gebirgen oder auf Inseln, gehindert werden. In den einzelnen Tälern der Südalpen findet man etwa 200 Neoendemiten, die zu den Gattungen *Saxifraga, Daphne, Primula, Androsace, Gentiana* u. a. gehören. Auf den Inseln ist die Anzahl um so größer,

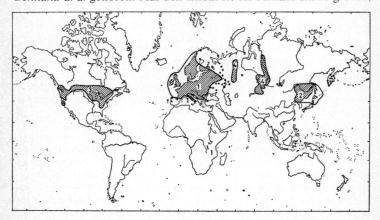

Abb. 7. Verbreitung des Buschwindröschens (*Anemone nemorosa* s. l.) = 1 + 2 + 3, bzw. der Arten (oder Unterarten) *A.* (ssp.) *nemorosa* = 1, *A.* (ssp.) *amurensis* = 2, *A.* (ssp.) *quinquefolia* = 3 und *A.* (ssp.) *altaica* = 4.

je länger sie vom Festland getrennt und je weiter sie von diesem entfernt sind. Auf den britischen Inseln, die erst vor etwa 7000 Jahren die Verbindung mit dem Kontinent verloren, gibt es keine Endemiten, auf den Balearen, auf Sardinien und Korsika sind es etwa 5–8 %, auf Kreta 10 %, auf den Kanaren 36 %, auf Madagaskar 66 % (sogar 6 endemische Familien), auf Neuseeland 72 % und auf St. Helena 85 %.

Es seien auch die *vikariierenden* Arten erwähnt, d. h. nahe verwandte Arten, die sich gegenseitig vertreten. z. B. in den Alpen *Rhododendron hirsutum* auf Kalkgestein und *R. ferrugineum* auf Silikatgestein (vgl. Seite 206).

Es muß jedoch darauf hingewiesen werden, daß die Arten-Arealgröße sehr wesentlich davon abhängt, wie weit man eine Art faßt; man hat dafür keine allgemein gültigen Anhaltspunkte und die Ansichten der einzelnen Taxonomen gehen oft auseinander. Fassen wir z. B. die Art *Anemone nemorosa*, das Buschwindröschen, sehr weit, so ist sie von Nordamerika über Europa bis nach E-Asien verbreitet. Trennt man dagegen eine amerikanische Art als *A.quinquefolia*, die sibirische als *A.altaica* und eine ostasiatische als *A.amurensis* ab, so beschränkt sich *A.nemorosa* im engeren Sinn auf Europa (Abb. 7). Bei vielen Neoendemiten, die als Kleinarten bezeichnet werden, könnte es sich um Ökotypen (vgl. Seite 197) handeln.

Zwischen den beiden Extremen, den Kosmopoliten und den Endemiten, stehen alle anderen Arten mit Arealen der verschiedensten Größe und Form. Für ihre Begrenzung sind unterschiedliche Faktoren maßgebend. Sehr oft fallen Arealgrenzen mit Meeresküsten oder hohen Gebirgen zusammen, also mit rein mechanischen Ausbreitungsschranken. Ebenso häufig verlaufen jedoch die Arealgrenzen durch Gebiete, die der Ausbreitung keinerlei Hindernisse entgegensetzen. Hier müssen Umweltfaktoren wie das Klima oder seltener der Boden durch Beeinflussung der Wettbewerbsfähigkeit maßgebend sein. Durch das Zusammenwirken der verschiedenen Faktoren wird auch die Arealform bestimmt, auf die wir noch ausführlich zu sprechen kommen.

3 Beziehungen zwischen Klima und Arealgrenzen

Seit über 150 Jahren werden in der Arealkunde Versuche unternommen, gewisse Klimalinien zu finden, die mit Arealgrenzen in ihrem Verlauf übereinstimmen. Als ökologisch darf man diese Versuche nicht bezeichnen, weil eine kausale Beziehung in solchen Fällen nicht besteht. Eine direkte Begrenzung durch Klimafaktoren kommt zwar für die absoluten Vegetationsgrenzen gegen die Dürre- oder Kältewüste in Frage, sonst spielt aber meistens der Wettbewerbsfaktor mit herein. Schon die Tatsache, daß alle Pflanzenarten ihr potentielles, klimatisch begrenztes Areal nicht erreichen, beweist das. Denn in botanischen Gärten, in denen der Wettbewerbsfaktor keine Rolle spielt, kann man Arten oft sehr weit außerhalb ihres Areals kultivieren. Die östliche Arealgrenze der Buche (*Fagus sylvatica*) verläuft durchs Weichselgebiet (Abb. 9), trotzdem gedeiht sie in botanischen Gärten noch unter den klimatischen Verhältnissen von Kiew oder Helsinki.

Die natürlichen Arealgrenzen einer Art ohne Ausbreitungsschranken verlaufen dort, wo *durch die Umweltbedingungen die Wettbewerbsfähigkeit einer Art gegenüber den Konkurrenten so stark herabgesetzt wird, daß sie sich nicht mehr mit Erfolg entwickeln kann.* Neben den die Umwelt mitbestimmenden Faktoren spielt also auch die Anwesenheit gewisser Mitbewerber eine Rolle; denn durch diese wird die Verbreitung der Arten stark eingeengt. *Die Bedeutung des Klimas ist somit mehr indirekter Natur.* Klimalinien, die mit Arealgrenzen zusammenfallen, können uns nur einen Anhaltspunkt dafür geben, in welcher Richtung wir die kausalen Beziehungen zu suchen haben:

Die Ostgrenze der Stechpalme (*Ilex aquifolium*) z. B. fällt fast genau mit dem Verlauf der 0°-Januarisotherme oder einer Linie von 345 Tagen mit einem Temperaturmaximum über 0°C zusammen (Abb. 8). Daraus darf man schließen, daß wahrscheinlich die zunehmende Winterkälte oder ihre Dauer diese Art weiter östlich nicht konkurrenzfähig macht. Es könnten auch die Kälteextreme in besonders kalten Wintern sein; denn 1928/29 erfroren die oberirdischen Teile von *Ilex* im östlichen Teil des Areals dort, wo die Temperatur unter $-20°C$ sank. Öfters sich wiederholendes Zurückfrieren setzt die Wettbewerbsfähigkeit herab.

Die Klimalinie, die eine Vegetationszeit von 4 Monaten mit Tagesmitteln über 10°C angibt, entspricht der nördlichen Eichengrenze (Abb. 9), was dafür spricht, daß bei einer kürzeren Vegetationszeit andere Baumarten der Eiche gegenüber überlegen sind.

Osteuropäische Arten erreichen ihre Westgrenze meist dort, wo sie mit den im feuchten Klima rascher wachsenden westlichen Arten nicht konkurrieren können. Die westlichsten Vorposten findet man deshalb an extrem trockenen Standorten (z. B. Kalkhängen in Südexposition), wo sie vor dieser Konkurrenz geschützt sind.

Es handelt sich dabei um eine allgemeine *ökologische Gesetzmäßigkeit des Biotopwechsels und der relativen Standortkonstanz,* die folgendes besagt:

Wenn in der Richtung zur Verbreitungsgrenze einer Art das Klima sich in bestimmter Weise ändert, dann tritt bei der Art ein Biotopwechsel ein, durch den die Klimaänderung möglichst kompensiert wird, so daß die Standortbedingungen, d. h. die abiotische Umwelt mehr oder weniger konstant bleibt.

Einige Beispiele sollen das erläutern: Das bekannteste ist, daß nor-

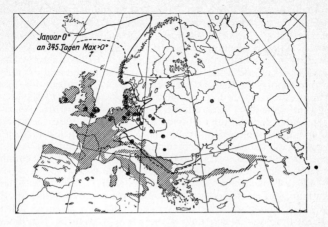

Abb. 8. Areal der Stechpalme (*Ilex aquifolium*) im Vergleich mit 2 Klimalinien. ⊕ = interglaziale Funde.

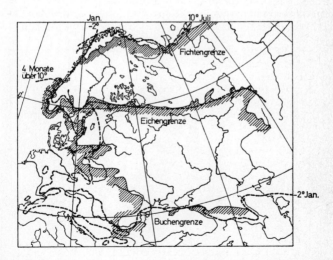

Abb. 9. Nördliche Arealgrenze der Fichte (*Picea abies*) und der Eiche (*Quercus robur*) sowie östliche der Buche (*Fagus sylvatica*) im Vergleich zu Klimalinien (gestrichelt).

dische Arten nach Süden hin, wenn das Klima wärmer wird, immer höher ins Gebirge hinaufgehen, wo das Klima ähnlich ist wie im Norden; die Fichte, die in Nordeuropa im Flachland wächst, kommt in den Alpen an natürlichen Standorten nur in größerer Höhe vor, kann aber auch in schmalen, kalten Schluchten in tiefen Lagen wachsen. Umgekehrt besiedeln südliche Arten des Tieflandes weiter im Norden nur sonnige Südhänge. Steppenpflanzen ziehen sich im Westen auf trockene Kalk- und Lößhänge zurück und gelten als kalkstet, was in ihrem östlichen Verbreitungszentrum nicht zutrifft. Arktische Arten sind in südlicheren Gebieten an Moore gebunden, die im Frühjahr spät auftauen, und auf denen der Konkurrenzdruck anderer Arten gering ist. Man darf deshalb aus dem Verhalten der Arten an ihren Arealgrenzen, wo sie auf besonderen Biotopen vorkommen, nicht auf das im Verbreitungszentrum schließen.

Nur dieser Biotopwechsel macht es verständlich, daß viele Arten in scheinbar ganz verschiedenen Klimaten wachsen können (vgl. dazu Teil IV. Ökotypen). Betrachtet man z. B. das Areal der Buche (Abb. 10), so sehen wir, daß sie von S-Schweden bis Sizilien vorkommt; aber im ganzen Mittelmeerraum kann sie nur in der Wolkenstufe der Gebirge wachsen, wo es keine Sommerdürre gibt und das Klima dem in den nördlichen Breiten ähnelt. Es ist ein Mangel der Arealkarten, daß dieser Biotopwechsel nicht zu erkennen ist. Der vom ökologischen Standpunkt aus wichtigste Teil des Areals ist das Verbreitungszentrum mit den für die Art typischen Biotopen.

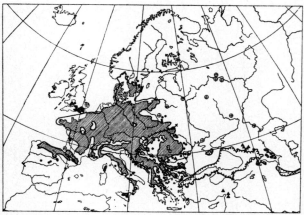

Abb. 10. Areal der Rotbuche (*Fagus sylvatica*) schraffiert und ● ; subspontane Grenze in England ---, interglaziale Funde ⊕. Verbreitung von *Fagus orientalis* ▬▬▬●, Übergangsformen ▬▬▬ und ▲.

4 Arealform und Sippenzentrum

Betrachten wir die Form und Lage der Areale verschiedener Arten in Europa, so werden wir feststellen, daß die einen im ozeanischen Klimagebiet liegen, die anderen im kontinentalen, bzw. in kälteren nördlichen oder wärmeren südlichen (vgl. Abb. 27 und 31 oder 22 und 30). Darin kommen bestimmte Ansprüche der Arten zum Ausdruck. Es ist deshalb verständlich, daß verwandte Arten derselben Gattung, die genetisch einander nahe stehen, im allgemeinen ähnliche Verbreitungstendenzen aufweisen. Abb. 11 zeigt das sehr deutlich für die Arten der Gattung *Genista*, die ein ozeanisches Klima bevorzugen, wobei *G. anglica* extrem ozeanisch ist, *G. pilosa* und *G. germanica* zunehmend weniger, während *G. tinctoria* ihr Areal östlich bis über den Ural ausdehnt. Das *Sippenzentrum* der Gattung *Genista*, d. h. das Gebiet, in dem die größte Zahl von Arten dieser Gattung vorkommt, liegt um die Biskaja herum; für die Königskerzen (*Verbascum*) ist es dagegen Anatolien (Abb. 12). Das Sippenzentrum ist zuweilen das genetische Zentrum, also das Ursprungsgebiet der Sippe, braucht es jedoch nicht zu sein. Die meisten Sippen sind schon im Tertiär entstanden, haben im Zusammenhang mit Klimaänderungen mannigfache Arealverschiebungen erfahren und oft sekundäre Sippenzentren fern vom Ursprungsort gebildet. Die blattlosen, stammsukkulenten *Asclepiadaceae*, die *Stapelieae*, kommen in der größten Artenzahl (Sippenzentrum) in Südafrika vor, aber die ursprünglichste Form dieser Sippe, die noch Blätter besitzt und

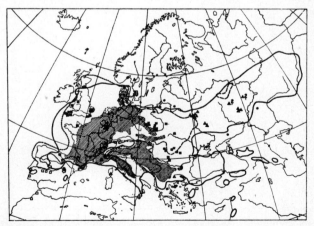

Abb. 11. Arealformen von 4 Ginsterarten (*Genista*): *G. tincotira* —— ●, *G. germanica* - - - ▲, *G. pilosa* //////// ■, *G. anglica* .... □.

als „Stammutter" gelten kann (*Frerea*), findet man nur in Indien (Abb. 13). Anders ist es bei den Schwertlilien (*Iris*); ihre primitivsten Formen, die noch keine Rhizome, sondern Knollen besitzen und die kleinste Chromosomenzahl aufweisen, gehen nicht über das Mittel-

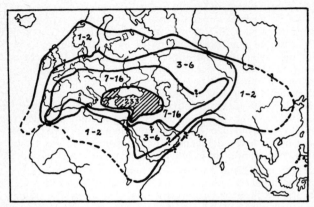

Abb. 12. Sippenzentrum der Gattung *Verbascum* (Königskerzen) mit 233 Arten (schraffiert). Linien gleicher Artenzahlen (Zahlen).

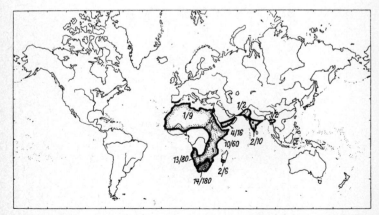

Abb. 13. Verbreitung der Stapelieae. x = Fundort der beblätterten Stammform *Frerea* in Indien. Zahlen = Gattungszahl/Artzahl in den betreffenden Gebieten (in Südafrika 14 Gattungen mit 180 Arten).

Arealform und Sippenzentrum 23

meergebiet hinaus; hier befindet sich auch ihr Sippenzentrum, während die am weitesten vom Sippenzentrum entfernten amerikanischen Arten die höchsten Chromosomenzahlen besitzen und deshalb als jünger und abgeleitet zu gelten haben. Cytogenetische Untersuchungen erlangen zur Feststellung der Entwicklungsgeschichte der einzelnen Sippen in neuester Zeit eine immer größere Bedeutung.
Wir sehen daraus, daß man für das Verständnis der heutigen Areale nicht nur die Umweltverhältnisse, sondern auch die historischen

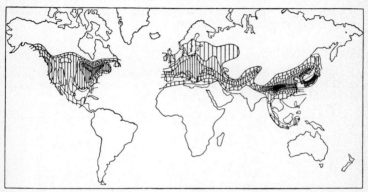

Abb. 14. Areal der Gattung *Acer* (Ahorn) mit 2 Sippenzentren (dunkle Schraffur).

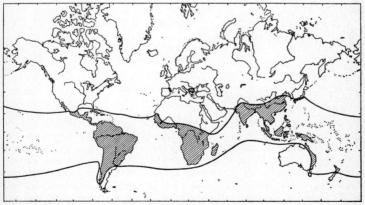

Abb. 15. Areal der tropischen Familie Gesneriaceae mit zwei Reliktarealen in NE-Spanien und im NW-Balkan.

Gegebenheiten berücksichtigen muß. Bei dem Areal der Ahornarten (Gattung *Acer*) erkennt man 2 Sippenzentren (Abb. 14): Eines im östlichen Nordamerika, das andere in SE-Asien. Das ist nur geschichtlich als Folge der Eiszeit zu verstehen (vgl. S. 50 ff). Das Gesamtareal enspricht dem der in der gemäßigten Zone der Nordhemisphäre verbreiteten Familie der Aceraceae, die sich in den Tropen auf die Gebirge beschränkt, im Gegensatz zu der Familie der *Gesneriaceae*, die tropisch ist (Abb. 15).

Die Areale der Sippen höherer Rangordnung (Familien, Unterfamilien, Gattungen) werden dazu benutzt, um eine floristische Gliederung der gesamten Erde vorzunehmen.

5 Florenreiche

Die größte floristische Einheit ist das Florenreich. Man unterscheidet auf der Erde insgesamt 6 Florenreiche, die untereinander die stärksten Florenkontraste aufweisen (Abb. 16):

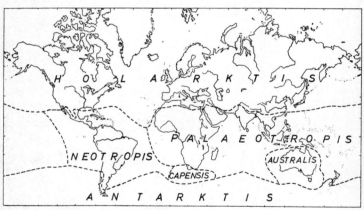

Abb. 16. Die Florenreiche der Erde.

1. **Holarktis**. Dieses Florenreich umfaßt die ganze außertropische Nordhemisphäre. Für dasselbe charakteristisch sind solche Familien wie *Aceraceae, Apiaceae (Umbelliferae), Brassicaceae (Cruciferae), Campanulaceae, Caryophyllaceae, Berberidaceae, Betulaceae, Primulaceae, Ranunculaceae, Rosaceae, Salicaceae, Saxifragaceae, Sparganiaceae* u. a. Sie sind in den anderen Florenreichen nicht oder schwächer vertreten. Von der artenreichen Gattung *Carex* sind die meisten Arten auf dieses Florenreich beschränkt. *Fagus* ist ein rein holarktisches Element, während die naheverwandte *Nothofagus* nur auf der

Südhemisphäre vorkommt. Auffallend ist die Artenarmut von Eurosibirien im Vergleich zu Nordamerika und Ostasien (vgl. Seite 47 ff). Dieses Florenreich läßt sich in folgende Florenregionen unterteilen: Zirkumarktische, pazifisch-nordamerikanische, nördliche atlantisch-nordamerikanische, südliche atlantisch-nordamerikanische, eurowestsibirische, mediterran-makaronesische, ostsibirische, west- und zentralasiatische und ostasiatische.

2. **Paläotropis**. Sie umfaßt die ganzen Tropen der Alten Welt und ist durch viele tropische Familien charakterisiert, die Gebiete mit kalten Wintern meiden (z. B. *Pandanaceae, Zingiberaceae* u. a.). Man unterscheidet drei Unterreiche:
a) das Afrikanische,
b) das Indomalayische und
c) das Polynesische,
die jedes durch endemische Familien charakterisiert werden.

3. **Neotropis**. Zu ihr gehören Mexiko, Mittel- und Südamerika mit Ausnahme des äußersten Südens. Zahlreiche tropische Familien hat dieses Florenreich mit der Paläotropis gemeinsam, z. B. die *Palmae*, aber dann sind meistens die Gattungen verschieden. Viele Familien sind endemisch, z. B. die *Tropaeolaceae* (Kapuzinerkresse) und die *Cactaceae* (Kakteen) bis auf *Rhipsalis* und die *Bromeliaceae* (ausgenommen die afrikanische *Pitcairnia feliciana*).

Von den in den Tropen verbreiteten Gattungen kommen 47 % in der Paläotropis, 40 % in der Neotropis vor und nur 13 % sind ihnen gemeinsam.

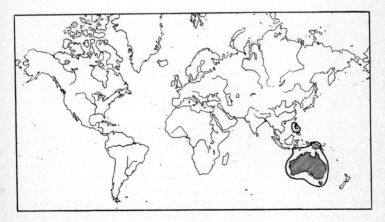

Abb. 17. Areal der Gattung *Eucalyptus*.

4. **Australis.** Dieses Florenreich nimmt eine besonders isolierte Stellung ein: 86 % aller Arten kommen nur in Australien vor. Eine Reihe von Familien ist endemisch, von anderen bestimmte Unterfamilien, wie z. B. von den *Proteaceae* (Gattungen *Grevillea* mit 190 Arten, *Hakea* mit 100 Arten, *Banksia* mit 50 Arten) ebenso bei den *Epacridaceae*, die hier die *Ericaceae* vertreten. Aber besonders bezeichnend ist die Gattung *Eucalyptus* (Abb. 17) mit über 500 Arten, die bis auf den NE alle Wälder Australiens bilden sowie die ebenso zahlreichen *Acacia*-Arten mit Phyllodien, die auch nur in Australien vorkommen. Man kann sagen, daß für den Biologen Australien eine Welt für sich darstellt.

5. **Antarktis.** Es handelt sich um ein Florenreich, das von Südamerika bis Neuseeland reicht und um den antarktischen Kontinent herum liegt; auf letzterem kommen nur 2 einheimische Blütenpflanzen in geschützten Lagen vor: *Colobanthus crassifolius* (*Caryophyllaceae*) und das Gras *Deschampsia antarctica*. Früher bildete dieser Kontinent wohl die Verbindung zwischen der Südspitze von Südamerika und Neuseeland sowie zu den subantarktischen Inseln und besaß eine reiche Flora. Auf Neuseeland verzahnen sich die antarktischen Elemente mit den stärker vertretenen melanesisch-paläotropischen, auf der Insel Tasmanien mit den australischen. Auf diesen Inseln läßt sich das antarktische Florenreich nicht scharf von den anderen abgrenzen.

Ein besonders wichtiges antarktisches Element ist die Gattung *Nothofagus*, die mit einer Art auf SE-Australien übergreift. Sie bildet mit einigen anderen antarktischen Holzarten (*Aristotelia, Drimys, Pseudowintera* u. a.) die antarktischen feuchten Wälder auf Neuseeland und in SW-Südamerika. *Fuchsia* reicht in den Anden weit nach Norden. *Gunnera, Acaena* und *Azorella* sind weitere Gattungen, die für die subantarktischen baumlosen Inseln als typisch genannt werden können. Bekannt ist der Kerguelen-Kohl, *Pringlea antiscorbutica*. *Empetrum rubrum* ist neben *Nothofagus* ein weiteres Beispiel für die bipolare Verbreitung naheverwandter Taxa (Nordhemisphäre: *Empetrum nigrum* bzw. *Fagus*). *Hebe* (nahe *Veronica*) und *Phylica*-Arten sind charakteristische Sträucher.

6. **Capensis.** Sie ist das kleinste Florenreich, umfaßt nur die äußerste Südwestspitze von Afrika, weist aber trotzdem über 6000 Blütenpflanzen mit mehreren endemischen Familien (*Bruniaceae* mit 12 Gattungen und 75 Arten, *Penaeaceae* u. a.) auf. Sehr stark vertreten sind die prächtigen *Proteaceae*, aber durch eine andere Unterfamilie als in Australien (*Protea* mit 130 Arten, *Leucodendron* mit 3 Arten, *Leucospermum* mit 40 Arten) ebenso die *Restionaceae* (Abb. 18). Besonders merkwürdig ist das Sippenzentrum von *Erica* mit etwa 600 Arten, obgleich die Familie der Ericaceae wohl holarktischen Ur-

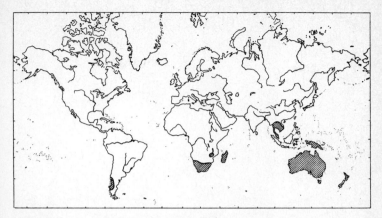

Abb. 18. Areal der Restionaceae, die an Gräser erinnern.

sprungs ist und nur *Erica arborea* auf den Hochgebirgen Afrikas die Verbindung zur Capensis bildet. Viele von unseren Zimmerpflanzen stammen aus Südafrika, wie *Pelargonium* (Zimmer-Geranien), *Clivia, Amaryllis, Freesia, Zantedeschia* (Zimmer-Calla), *Sparmannia* (Zimmer-Linde) u. a.
Die weitere Untergliederung der Florenreiche in Florenregionen wird ausführlich im Syllabus (Bd. 2) von ENGLER-MELCHIOR behandelt (zit. Seite 242). Wir wollen uns hier auf die floristische Gliederung von Europa beschränken.

6 Europäische Geoelemente

Von den sechs Florenreichen interessiert uns am meisten das holarktische mit der euro-westsibirischen Florenregion, zu der Mitteleuropa gehört. Wir können sie auf Grund der Verbreitung der verschiedenen Arten weiter untergliedern, wobei wir jedoch nicht die gesamten Artareale berücksichtigen, sondern die Randgebiete, in denen sich das Vorkommen der Arten auflockert und untypisch wird, weglassen und uns auf die mehr zentralen Hauptverbreitungsgebiete beschränken. Es lassen sich dann leichter bestimmte Verbreitungstypen aufstellen, die wir als *Geoelemente* bezeichnen. Ihr Bereich fällt weitgehend mit den verschiedenen zonalen Vegetationstypen, an derem Aufbau sie wesentlich beteiligt sind, zusammen (Abb. 19).

28 Floristische Geobotanik oder Arealkunde

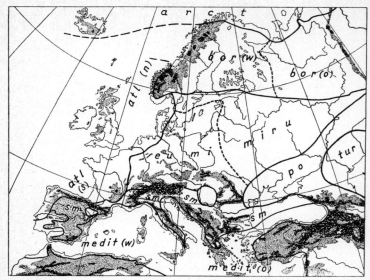

Abb. 19. Verbreitung der wichtigsten Geoelemente in Europa. Signaturen vgl. im Schema und Text (sm = submedit, submi = eumi + miru); Gebirge wurden nicht berücksichtigt. Ohne Signatur die Trockengebiete: pannonisches in Ungarn, Ebrobecken in NE-Spanien (kleines in SE-Spanien nicht eingezeichnet).

Folgendes Schema zeigt die Geoelemente, die bis nach Mitteleuropa hineinstrahlen und einen Teil unserer Flora bilden:

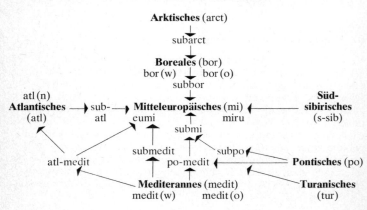

Wir müssen uns hier damit begnügen, die einzelnen Geoelemente kurz zu charakterisieren und jeweils wenige Vertreter zu nennen[1]:

1. Arktische Geoelemente (arct.). Ihre Hauptverbreitung liegt in der baumlosen arktischen Tundra, doch gehen viele noch in breiter Front weit in die Nadelwaldzone hinein, wo sie hauptsächlich auf den Mooren anzutreffen sind (subarktische Elemente). Sehr viele besitzen außerdem ein Teilareal in den Alpen (arktisch-alpine Elemente) oder auch noch in anderen europäischen Gebirgen. Alle diese Arten brauchen für ihre Entwicklung nur eine sehr kurze Vegetationszeit mit Tagesmitteln unter 10 °C.

Von den arktischen Elementen reicht keines bis nach Mitteleuropa; von den subarktischen nennen wir *Betula nana* (Abb. 38) und *Rubus chamaemorus* (Abb. 20), während die arktisch-alpinen in den Alpen reichlich vertreten sind (vgl. Seite 50), wie *Salix herbacea, Ranunculus glacialis, Arabis alpina, Dryas octopetala* (Abb.39), *Loiseleuria procumbens* (Abb. 21), *Gentiana nivalis* u. a.

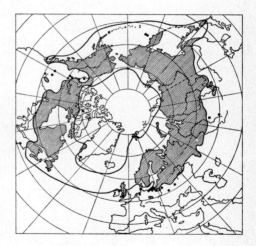

Abb. 20. Subarktisches Geoelement *Rubus chamaemorus* (Moltebeere).

---

[1] Ausführlichere Listen von allen Geoelementen Europas bei WALTER-STRAKA (1970), Arealkarten vor allem in dem großen Standardwerk von MEUSEL, JÄGER und WEINERT (zit. Seite 242), Verbreitungsangaben auch bei HEGI, Illustrierte Flora von Mitteleuropa, Bde. I-VII (Neuauflagen im Erscheinen). Über die Vegetationszonen vgl. UTB 14 (zit. Seite 5, Fußn. [2]).

30 Floristische Geobotanik oder Arealkunde

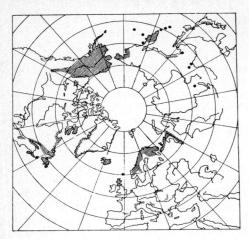

Abb. 21. Arktisch-alpines Geoelement *Loiseleuria procumbens* (Alpenazalee).

2. **Boreale Geoelemente (bor).** Diese sind Bestandteile der großen Nadelwaldzone, die als Taiga sich durch Nordeuropa und ganz Sibirien erstreckt. Der Charakterbaum ist die Fichte (*Picea abies*), deren natürliches Areal (Abb. 22) sich über die Memel bis zur Weichsel-Mündung erstreckt und die hohen Lagen der Gebirge mit umfaßt. Dagegen ist die kleine *Linnaea borealis* bei uns sehr selten. Auch die

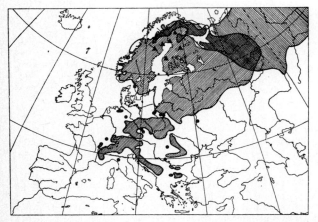

Abb. 22. Areal der Fichte: *Picea abies* ////// ● und *P. obovata* \\\\\\ ▲

kontinentalere Lärche (*Larix decidua*) und Arve oder Zirbe (*Pinus cembra*) kommen in Mitteleuropa an der Baumgrenze in den Zentral-Alpen und -Karpaten vor (Abb. 5). Viele boreale oder besser subboreale Arten reichen weit nach Süden und sind in Mitteleuropa sehr häufig, wie die Kiefer (*Pinus sylvestris*, Abb. 23), die Eberesche (*Sorbus aucuparia*) oder die Espe (*Populus tremula*) und die Birken (*Betula*). Andere gut bekannte Beispiele sind: *Athyrium filix-femina*, *Equisetum* spp., *Lycopodium* spp., *Eriophorum* spp., *Nuphar* und

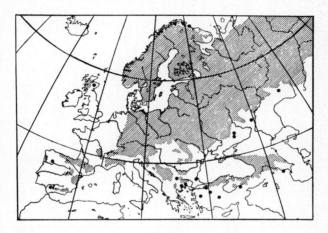

Abb. 23. Verbreitung der Kiefer oder Föhre (*Pinus sylvestris*).

Nymphaea, Drosera rotundifolia, Caltha palustris, Ribes spp., *Geranium sylvaticum, Pyrola* spp., *Vaccinium* spp., *Melampyrum* spp., *Arnica montana* u. a. Einige boreale Arten (bor, w) beschränken sich auf den westlichen Teil der Nadelwaldzone (*Drosera anglica, Cornus suecica*), während andere (bor, o) diesen westlichen Teil meiden (*Ledum palustre*).

3. **Mitteleuropäische Geoelemente (eumi, submi).** Es sind die Arten, aus denen sich die Laubwaldzone zusammensetzt. Ihr Hauptverbreitungsgebiet liegt in unserem Raum, sie reichen aber meistens nach Westen bis zur atlantischen Küste, dagegen nach Osten ganz verschieden weit. Die mitteleuropäischen Arten im engeren Sinne (eumi) machen schon an der Grenze von Osteuropa halt, wie die Buche (Abb. 10), aber auch die Eibe (*Taxus baccata*), die Traubeneiche (*Querus petraea*, Abb. 25), der Bergahorn (*Acer pseudoplatanus*), die Sommerlinde (*Tilia platyphyllos*), die Süßkirsche (*Prunus avium*)

32 Floristische Geobotanik oder Arealkunde

und der Efeu (*Hedera helix*), sowie viele Kräuter, wie *Arum maculatum, Allium ursinum, Corydalis cava, Atropa belladonna, Galium sylvaticum, Phyteuma spicatum, Colchicum autumnale* (Abb. 24) u.a.

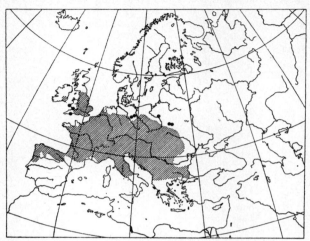

Abb. 24. Areal der Herbstzeitlosen (*Colchicum autumnale*).

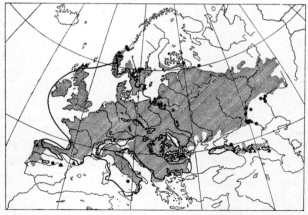

Abb. 25. Verbreitung der Stieleiche (*Quercus robur*) ////// ● und der Traubeneiche (*Qu. petraea*) ——— ▲.

Europäische Geoelemente 33

Dagegen umfaßt das Areal der mitteleuropäischen Geoelemente im weiteren Sinne (submi) noch ganz Mittelrußland bis an die Wolga, z. T. bis zum Ural mit. Kaum über den Dnjepr hinaus gehen die Hainbuche (*Carpinus betulus*), bis fast zur Wolga die Esche (*Fraxinus exelsior*) und bis zum Ural oder sogar etwas darüber hinaus die Stieleiche (*Querus robur*, Abb. 25), der Spitzahorn (*Acer platanoides*), die Winterlinde (*Tilia cordata*), die Bergulme (*Ulmus montana*) und die Schwarzerle (*Alnus glutinosa*). Von den Sträuchern wären zu nennen: *Salix fragilis, Rosa canina, Corylus avellana, Euonymus europaea, Cornus sanguinea, Sambucus nigra* und *Berberis vulgaris*. Zu diesem Geoelement gehören auch unsere häufigsten krautigen Arten, wie *Arrhenatherum elatius, Stellaria holostea, Asarum europaeum* (Abb. 26), *Anemone nemorosa, Ficaria verna, Lathyrus vernus, Euphorbia cyparissias, Viola riviniana, Pulmonaria officinalis, Ajuga reptans, Galeobdolon (Lamium) luteum, Galium mollugo, Galium (= Asperula) odoratum, Plantago lanceolata, Cirsium oleraceum, Centaurea jacea, Hieracium pilosella* und viele andere. Seltener sind die mittel-russischen Elemente (mi-ru), wie *Melampyrum nemorosum*.

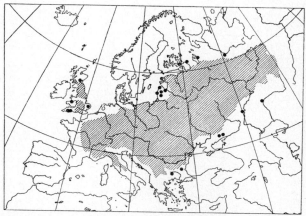

Abb. 26. Areal der Haselwurz (*Asarum europaeum*).

4. **Atlantische Geoelemente (atl).** Zu dieser Gruppe rechnet man die Arten, die an ein ozeanisches Klima gebunden sind; doch läßt sich eine deutliche Abstufung der Ansprüche in dieser Beziehung beobachten. Die extremsten atlantischen Arten, wie *Daboecia cantabrica*, fehlen Mitteleuropa ganz. Von *Erica cinerea* gibt es nur wenige Fundorte in Mitteleuropa. Auf den NW von Mitteleuropa sind beschränkt:

Erica tetralix (Abb. 27), *Narthecium ossifragum, Myrica gale, Lobelia dortmanna* (Schwerpunkt nördlich) u. a. Wichtiger sind die gemäßigt atlantischen oder subatlantischen (subatl) Arten, die schon zu den mitteleuropäischen (eumi) überleiten. Zu diesen gehören: *Potentilla sterilis, Genista pilosa* (Abb. 11), *Sarothamnus scoparius* (Abb. 28),

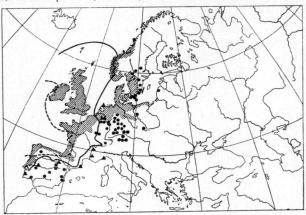

Abb. 27. Atlantische Geoelemente: *Erica tetralix* /////●, extremer atlantisch *E. cinerea* ——▲, noch extremer *Daboecia cantabrica* ---.

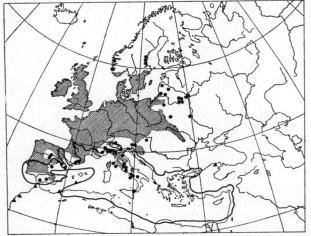

Abb. 28. Areal von *Sarothamnus scoparius* /////● (subatl) und *Spartium junceum* ——▲(medit).

Hypericum pulchrum, Teucrium scorodonia, Digitalis purpurea, Pedicularis sylvatica, Lonicera pereclimenum, Galium saxatile (= *G. hercynicum*), *Centaurea nigra* u. a. Ihre Ostgrenzen durchschneiden das mitteleuropäische Gebiet, fehlen also in dessem östlichen Teil. Eine besondere Gruppe bilden noch die atlantischen Arten, die nicht nur in Westeuropa im Norden bis S-Norwegen verbreitet sind, sondern außerdem noch an feuchten Standorten im nördlichen mediterranen Gebiet (atl-medit), wie z. B. die Stechpalme (*Ilex aquifolium*, Abb. 8) oder *Osmunda regalis, Helleborus foetidus, Primula vulgaris* (= *P. acaulis*) u. a. Sie leiten zur nächsten Gruppe der Geoelemente über.

5. **Mediterrane Geoelemente (medit).** Diese sind für die mediterrane Hartlaubzone mit Winterregen und einer ausgesprochenen Sommerdürrezeit bezeichnend. Da jedoch die typischen immergrünen Vertreter dieser Gruppe wie die Steineiche (*Quercus ilex*), der Erdbeerbaum (*Arbutus unedo*), die Pinie (*Pinus pinea*), der Ölbaum (*Olea europaea*, Abb. 29), die Baumheide (*Erica arborea*), der Oleander (*Nerium oleander*), die Cistrosen (*Cistus* spp.) u. a. keine kalten Winter vertragen, so fehlen sie in Mitteleuropa. Der Rosmarin (*Rosmarinus vulgaris*), der echte Thymian (*Thymus vulgaris*) und der echte Salbei (*Salvia officinalis*) halten in Gärten durch, sind aber nicht wettbewerbsfähig, da sie in strengen Wintern doch stark geschädigt werden. Deshalb spielen nur die weniger mediterranen nicht immergrünen Elemente (submedit = sm auf Abb. 19) in Mitteleuropa eine

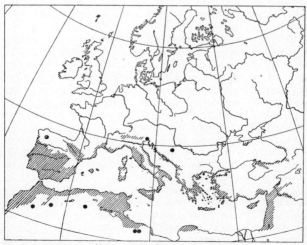

Abb. 29. Verbreitung des Ölbaums (*Olea europae*).

gewisse, z. T. geringe Rolle (*Buxus sempervirens* und *Castanea sativa* fast nur angepflanzt). Zu nennen wären die Flaumeiche (*Quercus pubescens*), der Speierling (*Sorbus domestica*), die Elsbeere (*Sorbus torminalis*), der dreilappige Ahorn (*Acer monspessulanum*, Abb. 30),

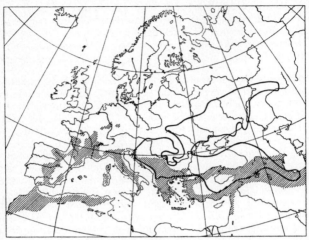

Abb. 30. Areale vom französischen Maßholder (*Acer monspessulanum*) schraffiert und vom tatarischen (Acer tataricum) ———.

die Kornelkirsche (*Cornus mas*), der wollige Schneeball (*Viburnum lantana*), die Waldrebe (*Clematis vitalba*), die Strauchwicke (*Coronilla emerus*), sowie eine Reihe von Kräutern wie *Ceterach officinarum, Orphys* spp., verschiedene *Orchis* spp., *Aceras, Himantoglossum, Limodorum, Euphorbia amygdaloides, Lithospermum purpureocaeruleum, Teucrium montanum, T.chamaedrys* und eine Reihe von Ackerunkräutern oder Ruderalpflanzen, wie *Aristolochia clematitis, Bifora radians, Orlaya grandiflora, Heliotropium europaeum, Physalis alkekengi, Scrophularia canina, Campanula rapunculus, Legousia (Specularia) speculum-veneris* u. a. Alle diese Kräuter ziehen im Winter ein oder überwintern als Samen, sind infolgedessen gegen tiefe Temperaturen nicht so empfindlich.

6. **Pontische Geoelemente (po).** Es sind Arten der baumlosen osteuropäischen Steppen, in denen zwar die Sommer heiß und trocken sind, die Winter jedoch im Gegensatz zu dem mediterranen Gebiet viel kälter als in Mitteleuropa. Wir unterscheiden Arten der trockenen südlichen Federgrassteppen (eupo) und der weniger trockenen

nördlichen Wiesensteppen (subpo). Von ersteren dringen nur wenige Arten bis nach Mitteleuropa vor; sie sind bei uns Seltenheiten, wie z. B. *Adonis vernalis* (Abb. 31), *Lathyrus pannonicus, Linum flavum,*

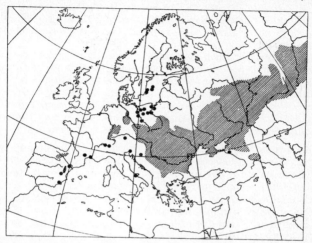

Abb. 31. Pontisches Geoelement *Adonis vernalis* (Frühlings-Adonisröschen).

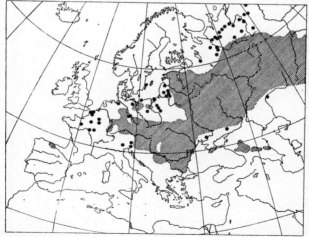

Abb. 32. Subpontisches Geoelement *Anemone sylvestris* (Großes Windröschen).

Onosma arenaria, Verbascum phoeniceum, Aster amellus, Jurinea cyanoides und einige andere. Dagegen ist die zweite Gruppe häufiger, wie *Phleum phleoides, Anemone sylvestris* (Abb. 32), *Potentilla alba, Filipendula vulgaris* (= *F. hexapetala*), *Prunus spinosa, Trifolium montanum, Medicago falcata, Coronilla varia, Ajuga genevensis, Stachys recta, Verbascum lychnitis, Veronica spicata, Asperula tinctoria* u. a.

Zu erwähnen wären auch die pontisch-mediterranen Elemente (pomedit), die nicht nur in den Steppen, sondern auch im ganzen submediterranen Gebiet weit verbreitet sind und nach Mitteleuropa hereinstrahlen, wie *Stipa pennata* s.l., *Stipa capillata, Muscari racemosum, Alyssum montanum, Prunus mahaleb, Linum tenuifolium, Dictamnus albus, Euphorbia segueriana, Malva alcea, Eryngium campestre, Peucedanum cervaria, Stachys germanica, Aster linosyris* u. a.

7. Südsibirische Geoelemente (Seite 28). Es handelt sich um Arten, die ihren Verbreitungsschwerpunkt in den lichten Birken- und Lärchenhainen haben – der parkartigen Übergangszone zwischen den westsibirischen Steppen und der Taiga. Es ist ein bei uns selten unterschiedenes Geoelement. Dazu gehören nach russischen Angaben: *Brachypodium pinnatum, Lilium martagon, Polygonatum officinale, Orchis militaris, Platanthera bifolia, Betula verrucosa, Lychnis floscuculi, Arabis hirsuta, Fragaria viridis, Frangula alnus, Daphne mezereum, Viola hirta, Pimpinella saxifraga, Primula elatior, Inula salicina, Hypochoeris maculata, Leontodon autumnalis* u. a.

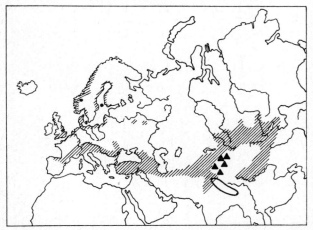

Abb. 33. Verbreitung des Sanddorns (*Hippophaë rhamnoides*) schraffiert und ● sowie der verwandten Arten *H. salicifolia* ——— und *H. tibetica* ▲.

8. Turanisch-zentralasiatische Geoelemente. Diese Arten der östlichen Halbwüste kommen in Mitteleuropa meist an besonderen Standorten vor, vor allen Dingen auf Salzböden, die man an den Meeresküsten findet, wie *Salicornia europaea,* halophile *Atriplex* (*Obione*)-Arten, *Artemisia maritima* s.l. oder nur im östlichen Teil, wie *Lepidium crassifolium* (westlich nur bis zum Neusiedler See). Außerdem wären noch *Hippophaë rhamnoides* (Abb. 33), *Salsola kali* und *Corispermum marschallii* zu nennen, die jedoch mehr auf gestörten Standorten zu finden sind.

Nicht alle Arten Mitteleuropas lassen sich einem der besprochenen Geoelemente zuordnen. Es gibt Arten, die über die Gebiete von mehreren Geoelementen verbreitet sind oder deren Hauptverbreitungsgebiet in der Übergangszone zwischen den genannten Typen liegt. Auch haben wir nur den europäischen Teil des Verbreitungsgebietes bei der Aufstellung der Typen berücksichtigt. Der Unterschied zwischen den Arten kann aber darin bestehen, daß die einen tatsächlich nur in Europa vorkommen, die anderen dagegen außerdem noch in Nordamerika oder Asien und zwar dort unter ähnlichen klimatischen Verhältnissen. Das ist aber für unseren allgemeinen Überblick von geringerer Bedeutung und würde die floristische Gliederung nur komplizieren.

7 Geoelemente der Gebirge

Die Verbreitung der Geoelemente in horizonteler Richtung muß ergänzt werden durch die in vertikaler Richtung. Man kann in den Gebirgen von unten nach oben eine Reihe von Höhenstufen unterscheiden:
a) die kolline, basale oder planare,
b) die montane,
c) die subalpine,
d) die alpine,
e) die nivale.
Die Höhenstufen d und e werden dadurch gekennzeichnet, daß sie baumlos sind. Die Waldgrenze trennt in Mitteleuropa die subalpine Stufe von der alpinen. Wir hatten bereits erwähnt, daß viele arktische Elemente in Mitteleuropa in der alpinen Stufe vertreten sind, z. B. *Dryas octopetala* (Abb. 39), die borealen insbesondere in der subalpinen, z. B. die Fichte, aber auch in der unteren alpinen (*Vaccinium* spp.). Von den mitteleuropäischen Geoelementen kommt die Buche im nördlichen Teil in der untersten, kollinen Stufe vor (in S-Schweden), südlicher in den Alpen, in der montanen und in dem Mittelmeergebiet (Apennin) in der subalpinen (Wolkenstufe). Dadurch wird die in südlicher Richtung ansteigende Temperatur und Trocken-

heit kompensiert, was den betreffenden Geoelementen die Existenz in südlichen Gebieten ermöglicht. Aber es gibt auch Geoelemente, die in ihrer Verbreitung nur auf bestimmte Höhenstufen der Gebirge beschränkt sind, also der untersten kollinen Stufe fehlen. Handelt es sich dabei nur um mitteleuropäische Gebirge, so können wir solche Arten als mitteleuropäisch-montane, mitteleuropäisch-subalpine oder mitteleuropäisch-alpine Geoelemente bezeichnen.

Ein typisches mitteleuropäisch-montanes Element ist die Weißtanne (*Abies alba*), die in der montanen Stufe der Mittelgebirge, der Alpen, Karpaten, Pyrenäen und nordbalkanischen Gebirge verbreitet ist und

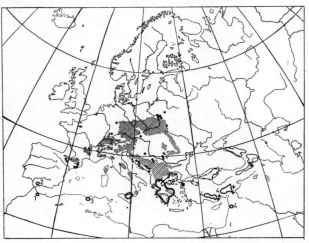

Abb. 34. Verbreitung der mitteleuropäisch-montanen Weißtanne (*Abies alba*) schraffiert und ● sowie der mediterran-montanen Tannenarten: 1 *A. maroccana*, 2 *A. pinsapo*, 3 *A. umidica*, 4 und + *A. cilicica*, ⸺ *A. nebrodensis* (Sizilien), - - - - *A. borisii-regis* (Bulgarien), ⸻ und △ *A. cephalonica* (Griechenland), ■ *A. equi-trojani* (Dardanellen), -·-··-··- *A. bornmuelleriana* (N-Anatolien), ...▲ *A. nordmanniana* (Kaukasus).

nur in Polen etwas tiefer hinabsteigt (Abb. 34). Als mi-subalpine Geoelemente können wir *Sorbus chamaemespilus, Cardamine trifolia, Rumex scutatus, Veronica urticifolia, Lonicera alpigena, Carduus defloratus* und *Petasites paradoxus* (= *P. niveus*) u. a. nennen. Direkt über der Waldgrenze, also in der untersten alpinen Stufe kommen die Grünerle (*Alnus viridis*) und die Bergkiefer oder Latsche (*Pinus mugo* = *P. montana*) vor.

Viel größer ist die Zahl der echten mi-alpinen Geoelemente, die auf die alpine Stufe der Alpen, meist zugleich auch der Karpaten, z. T. auch der Pyrenäen und selbst des Kaukasus beschränkt sind, also der Arktis ganz fehlen. Zu nennen wären: Die Alpenrosen (*Rhododendron hirsutum* und *R.ferrugineum*), die Aurikel (*Primula auricula*), aber auch *Rumex alpinus, Ranunculus alpestris, Biscutella laevigata, Draba aizoides, Geum reptans, Trifolium badium, Soldanella alpina* und *S.pusilla*, eine Reihe von Enzianen (*Gentiana* spp.), *Linaria alpina, Veronica bellidioides* u. a., *Globularia cordifolia, Adenostyles alliariae, Homogyne alpina* u. a. m. Häufig sind diese alpinen Geoelemente in den einzelnen Gebirgen durch nahe verwandte vikariierende Arten vertreten. Das gilt auch für das Edelweiß (*Leontopodium alpinum*), das im Apennin durch *Leontopodium nivale* vertreten wird, die übrigen 19 nahe verwandten Arten findet man in den Gebirgen und Hochsteppen Zentralasiens, wo sich das Sippenzentrum befindet (Abb. 35). Auch das Sippenzentrum der Gattung *Rhododendron* liegt in den westchinesischen Gebirgen, wie aus folgender Übersicht zu ersehen ist:

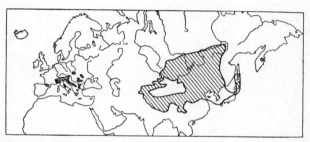

Abb. 35. Verbreitung vom Edelweiß (*Leontopodium alpinum*) nur in Europa (schraffiert) und *L. nivale* (schwarz) sowie von 19 nächstverwandten Arten in Asien (schraffiert).

Zahl der *Rhododendron*-Arten: Arktis 1, Alpen 3, Kaukasus 5, Nordamerika 18, E-China und Japan 20, Himalaja 24, Neu-Guinea 130, westchinesisches Gebirge 450.
Damit hätten wir die wichtigsten Verbreitungstatsachen, soweit sie die mitteleuropäische Flora betreffen, kennengelernt. Verstehen kann man sie nur, wenn man sie als historisch-genetisches und ökologisches Problem betrachtet. Deshalb werden wir uns im nächsten Teil zunächst genauer mit den historischen Tatsachen vertraut machen.

Historische Geobotanik

1 Älteste Abschnitte aus der Geschichte der Pflanzenwelt

Auf die Entstehung der primitiven Lebewesen brauchen wir nicht einzugehen; es handelt sich um gewisse Hypothesen, die sich auf Modellversuche stützen. Sicher ist, daß die ersten Lebewesen vor etwa 3 Milliarden Jahren entstanden sind und auf das Wasser beschränkt blieben und daß es sich um pflanzliche Organismen handelte, die etwa den heutigen autotrophen Bakterien und primitivsten Algen entsprachen. Diese sind befähigt, organische Verbindungen aus anorganischer Materie zu bilden.

Von der Entwicklung der Pflanzenwelt der Vorzeit können wir uns auf Grund der Versteinerungen oder Fossilien, also der in Gesteinen erhaltenen Reste eine ungefähre Vorstellung machen. Mit ihrer Untersuchung beschäftigt sich die *Paläobotanik*. Sie lehrt uns, daß die ersten Landpflanzen relativ spät auftraten, erst im oberen Silur (Gotlandium) vor etwa 450 Millionen Jahren. Es waren die *Rhyniales*, die zur ausgestorbenen Gruppe der Psylophyten gehören. Von ihnen leitet man die Moose, alle Farngewächse und schließlich auch die Gymnospermen und den jüngsten Zweig, die Angiospermen, ab.

Obgleich wir die direkten Vorfahren der Rhyniales nicht kennen, so müssen wir sie doch unter den Grünalgen (*Chlorophyta*) suchen. Denn alle autotrophen Landpflanzen besitzen dieselben Chlorophyllfarbstoffe und als Reservestoff die Stärke wie die Chlorophyten, ebenso auch als Zellwandsubstanz die Zellulose. Die Vorfahren der Landpflanzen lebten wahrscheinlich im Süßwasser. Denn für die Landpflanzen ist weder Chlor noch Natrium, die beide im Meerwasser als NaCl die wichtigsten gelösten Stoffe sind, notwendige Elemente; im Gegenteil, die Landpflanzen zeichnen sich sogar durch eine große Empfindlichkeit gegen NaCl im Boden aus; eine Ausnahme bildet nur die besondere Gruppe der Salzpflanzen oder Halophyten unter den Blütenpflanzen, die jedoch als eine relativ junge Anpassung zu betrachten ist. Die Salzböden waren sicher die letzten Biotope, die von den Pflanzen erobert wurden; denn bei den Halophyten wird der Wasserhaushalt durch die Besonderheiten des Salzhaushalts noch mehr erschwert.

Die Entwicklung der Landpflanzen ging in verschiedenen Richtungen vor sich. Ein kleiner Seitenzweig führte zur Ausbildung der Moose (*Bryophyta*), die auf einer relativ niedrigen Entwicklungsstufe stehen blieben. Der Hauptzweig führte zu den Farngewächsen (*Pteridophyta*) und spaltete sich in drei Zweige: die *Filicinae*, die *Equisetinae* und *Lycopodiinae*. Ihre Hauptentwicklung erreichten diese im Permo-Karbon; sie bildeten ausgedehnte Sumpfwälder, die zur Ablagerung von Steinkohlenflözen führten. Infolge der primitiven Leitbahnen der Pteridophyten ist die Wasserversorgung ihrer oberirdischen Organe noch so erschwert, daß damals nur die feuchteren Gebiete und Biotope der Landoberfläche besiedelt werden konnten. Deswegen scheinen uns die Wüsten in den früheren Epochen der Erde viel ausgedehnter gewesen zu sein als heute.

Die großen Equisetinen, wie die Calamiten, starben aus. Heute ist dieser Zweig nur durch die Gattung *Equisetum* mit wenigen Arten vertreten; eine Weiterentwicklung fand nicht statt. Auch von den Lycopodiinen, die im Karbon große Wälder bildeten (*Sigillaria, Lepidodendron*) kennt man heute nur wenige unscheinbare Arten (*Lycopodium, Selaginella, Isoëtes*); doch wird von ihnen die große Gruppe der Nadelhölzer (Coniferen) unter den Gymnospermen abgeleitet, die gegenwärtig waldbildend auftreten. Zahlreicher vertreten sind heute die Filicinen (Farne), die in feuchtwarmen Gebieten baumförmig sein können. Sie entwickelten sich weiter zu den Cycadophyten, die man als die kleine Gruppe der Sagobäume (*Cycas* u. a.) zu den Gymnospermen stellt. Ungewiß ist die Ableitung einer weiteren Gruppe unter den Gymnospermen, den früher sehr verbreiteten Ginkgoineen mit dem einzigen „lebenden Fossil" *Ginkgo biloba* (Seite 16).

Die wichtigste Gruppe unter den Gymnospermen sind heute die *Coniferae*. Von diesen beschränken sich die *Podocarpaceae* und die *Araucariaceae* auf die Südhemisphäre. Die *Cupressaceae* sind über alle Kontinente verstreut, wobei jedoch die Gattung *Juniperus* holarktisch ist und nur in Ostafrika bis zum Nyassa-See reicht. Die größte Familie der *Pinaceae* mit den Gattungen *Pinus, Picea, Abies* u. a. ist nordhemisphärisch und spielt geobotanisch namentlich in der borealen Nadelwaldzone auch in der Gegenwart eine sehr bedeutende Rolle.

Aus den Gymnospermen entwickelte sich im Jura die heute wichtigste Gruppe der Blütenpflanzen (*Angiospermae*), ohne daß wir Fossilien von den Ur-Angiospermen kennen. Wir wissen auch nicht, ob sie mono- oder polyphyletischen Ursprungs sind; doch ist das erstere in Anbetracht der sehr einheitlich gestalteten Fortpflanzungsorgane wahrscheinlicher.

Die ältesten aus der Unteren Kreide bekannten Fossilien der Angiospermen gehören schon den verschiedensten heute unterschiedenen Familien an, wenn auch solche mit primitiven Merkmalen überwiegen.

Die Anpassungen der Angiospermen an das Landleben sind so viel wirksamer, daß sie rasch die älteren Pflanzenformen verdrängten und schon im Tertiär mit den Coniferen das ganze Land eroberten, bis in die extremsten Wüsten vordrangen, die Salzböden besiedelten, aber zugleich z. T. wieder sekundär zu Wasserpflanzen wurden, die mit wenigen Ausnahmen (wie *Zostera, Posidonia* u. a.) an Süßwasserbecken gebunden sind.

Während der Entwicklung der Landflora und der Landvegetation in den letzten über 400 Millionen Jahren blieb die Landoberfläche auf der Erde nicht unverändert.

Die wahrscheinlich zunächst einheitliche Landmasse spaltete sich in einzelne Kontinente auf und diese änderten ihre Lage zueinander und zu den Polen. Die insbesondere von WEGENER verfochtene Kontinentalverschiebungs- und Polwanderungstheorie dürfte heute in ihren Grundzügen allgemein anerkannt sein; denn sie wurde neuerdings durch geologische, paläoklimatologische, paläobiologische und paläomagnetische Untersuchungen und andere Feststellungen über Großschollenverschiebungen sowie magmatische Konvektionsströmungen im Erdinnern bestätigt.[1] Nur der von WEGENER angenommene Driftmechanismus muß modifiziert werden. Auch der Zeitpunkt der Kontinentspaltung ist nicht eindeutig festgelegt. Doch sind das Fragen, die uns hier nicht direkt berühren. Wichtig für uns ist, daß nach der voraussichtlich monophyletischen Entstehung der Angiospermen im Jura diese noch die Möglichkeit hatten, sich über alle Kontinente auszubreiten. In der folgenden Zeit, wohl seit der Oberen Kreide, wurde dies durch die wachsende Entfernung zwischen den einzelnen Kontinenten erschwert, so daß eine Differenzierung in Florenreiche eintrat (Seite 24).

Die Aufspaltung der einheitlichen Kontinentalscholle erfolgte auf der Südhemisphäre früher, die Entfernung zwischen den Kontinenten und deren Isolierung wurde größer, während auf der Nordhemisphäre die endgültige Trennung zwischen Nordamerika mit Grönland einerseits und Euroasien andererseits erst im Pleistozän erfolgte. Diese Tatsache macht das einheitliche Florenreich (Holarktis) auf der Nordhemisphäre, und die Differenzierung in zwei tropische Florenreiche (Paläotropis und Neotropis) sowie in drei auf der Südhemisphäre (Australis, Antarktis und Capensis) verständlich.

Man hat Anhaltspunkte dafür, daß Südamerika, die Antarktis und Australien mit Neuseeland lange zusammenhingen und eine andere Lage zum Südpol einnahmen. Fossilfunde beweisen, daß der antarktische Kontinent früher bewaldet war, also ein gemäßigtes Klima besaß. Australien spaltete sich nach der Kontinentalverschiebungs-Theorie frühzeitig ab und bewegte sich nach Norden in zunehmend

---

[1] WILHELMY, H.: Geomorphologie in Stichworten. I. Endogene Kräfte, Vorgänge und Formen. Kiel 1971.

niedrigere Breiten bis in die Zone der subtropischen Wüsten. Die fossil nachgewiesenen *Nothofagus*-Wälder, die von Südamerika über die Antarktis bis nach Neuseeland reichten, starben in Australien bis auf kleine Reste im SE ganz aus, ebenso wie die anderen Arten der gemäßigten Zone. Man kann sich deshalb vorstellen, daß ein floristisches Vakuum entstand, wodurch die Gattung *Eucalyptus* die Möglichkeit hatte, durch Ausbildung von über 500 Arten als fast einzige Baumart in Australien die verschiedensten Standorte vom Meeresspiegel bis zur alpinen Baumgrenze zu besiedeln. Auch der außergewöhnliche Artenreichtum vieler Gattungen in der Capensis und der angrenzenden Karroo könnte mit plötzlichen Klimaänderungen zusammenhängen.

2 Klima und Flora des Tertiärs in Europa

Seit dem Tertiär trug die Flora auf der Erde im allgemeinen schon die gegenwärtigen Züge, aber die Pflanzenwelt der einzelnen Kontinente unterschied sich stark von der heutigen. Am besten unterrichtet sind wir auf Grund vieler Fossilfunde über die Verhältnisse auf der Nordhemisphäre, wobei die Tatsache besonders auffallend ist, daß in Europa im Frühtertiär Arten vorkamen, die man heute in den Tropen findet. Das spricht dafür, daß damals in Europa ein tropisches Klima herrschte.
Solange die Erde um die Sonne kreist und die Erdachse zur Ekliptik denselben Neigungswinkel wie heute aufweist, muß das Klima auf der Erde eine ähnliche Zonation zwischen den Polen und dem Äquator aufweisen wie heute. Ob das Klima als Ganzes in der Vergangenheit zeitweilig wärmer oder kälter war als heute, ist nicht eindeutig festzustellen. Wenn in Europa im Tertiär ein tropisches Klima herrschte, so ist die einfachste Annahme, daß dieser Kontinent damals näher zum Äquator lag, bzw. der Äquator durch Europa verlief.
Während die Palmen heute auf die Tropen beschränkt sind und nur wenige Arten über diese hinausgehen, kennt man fossile Palmenfunde aus dem Frühtertiär aus Europa noch bis zum 55° N. Zu derselben Zeit wuchs in den heute polaren Gebieten die „Arktotertiäre Flora", die einem warmtemperierten Klima entsprach. Auf Grinnel-Land (81°45'N) gehörten zu dieser 30 Arten, darunter die Sumpfzypresse *Taxodium*, die heute in Nordamerika nur südlich von 35° N vorkommt. Auf Spitzbergen zählten zur arktotertiären Flora 178 Arten, darunter neben *Taxodium* auch *Sequoia, Metasequoia* und *Magnolia, Hamamelis, Aesculus, Vitis* u. a.; von Grönland kennt man aus dem Tertiär sogar 282 Arten der Gattungen *Ginkgo, Sassafras, Diospyros, Castanea, Platanus, Vitis* u. a. Es besteht kaum ein Zweifel, daß die Wärmeansprüche dieser Arten sich nicht wesent-

lich von denen der heutigen unterschieden. In dem frühtertiären (eozänen) Londoner Ton fand man Pflanzenreste, die zu 11 % rein tropischen und zu 32 % hauptsächlich tropischen Familien angehören; von der etwa gleichalten Flora und Fauna der Braunkohlenlager des Geiseltales bei Merseburg, die besonders sorgfältig untersucht wurden, läßt sich sagen, daß sie etwa einem Klima entsprachen, wie man es heute auf der Insel Sansibar (Ostafrika) findet, tropisch mit zwei Regenzeiten. Jünger ist die Molasseflora von Öhningen mit 475 Pflanzenarten. Sie deutet auf ein subtropisches Klima, wie etwa auf Madeira oder im Mississippi-Delta hin. Damit wird eine Klimaverschlechterung eingeleitet, die sich durch das ganze Spättertiär fortsetzt. Die mitteleuropäischen Pflanzenreste aus dem Pliozän sprechen schon für ein gemäßigtes Klima in Mitteleuropa, das etwa dem heutigen entsprach. Jedoch ist die Flora nicht der heutigen gleichzusetzen, vielmehr war sie viel reicher und erinnert mehr an die heute noch im östlichen Nordamerika oder in Ostasien vorkommende. Die Artenarmut der gegenwärtigen europäischen Flora ist auf die Ereignisse im Pleistozän mit den mehrfachen Glazialzeiten zurückzuführen.

3 Klima und Vegetation während der Eiszeit (Pleistozän)

Das Pleistozän (früher Diluvium) umfaßt die letzten 1 (–2) Millionen Jahre, bis auf die allerletzten 10000 (20000) Jahre, die als Nacheiszeit oder Postglazialzeit (Alluvium) abgetrennt werden. Das Pleistozän wird gleich dem „Quartär" gesetzt, und man unterschied im Alpengebiet 4 Glazial- oder Kaltzeiten und mit ihnen abwechselnd 3 Interglazial- oder Warmzeiten. Daraus ergab sich folgende Gliederung:

Günz-Glazial Mindel-Glazial   Riß-Glazial   Würm-Glazial
    Günz-Mindel-   Mindel-Riß-   Riß-Würm-
    Interglazial   Interglazial   Interglazial

Heute wird eine Zweiteilung der einzelnen Glazialzeiten angenommen; außerdem sind 2 noch ältere Glaziale (Biber- und Donau-Glaziale) wahrscheinlich. Diese Namen wurden nach den Flüssen oder der Gegend gegeben, in der man die besten Moränenablagerungen der betreffenden Gletscher findet. Deswegen ändern sich die Namen in den einzelnen Ländern.
Dem Würm-Glazial entspricht in Norddeutschland das Weichsel-Glazial und in Osteuropa das Waldai-Glazial, bzw. dem Riß-Glazial das Saale-Glazial und das Dnjepr-Glazial und dem Mindel-Glazial das Elster- und das Oka-Glazial.
Die Ursachen der starken Temperaturerniedrigung während der

Glazialzeiten sind noch nicht bekannt.[1] Sie bewirkten, daß sich über Skandinavien eine Eiskappe bildete und die bis 3 km mächtigen Gletscher dreimal die Ostsee ausfüllten und bis Mitteleuropa vordrangen (Abb. 36). Zugleich vereisten die Alpen und andere hohe Gebirge und deren Gletscher stießen weit in das Vorland vor, die Rißgletscher an einer Stelle sogar bis über die Donau (Abb. 37).
Dieselben Erscheinungen, vielleicht etwas vorauseilend, wurden in Nordamerika und möglicherweise mehr oder weniger synchron in den Hochgebirgen aller Kontinente festgestellt.
Vor dem herannahenden Eise wichen alle wärmeliebenden Pflanzen aus Mitteleuropa westlich und östlich der Alpen nach Süden aus; im Westen wurde ihnen jedoch der Weg durch die Pyrenäen und das Mittelmeer, im Osten durch die Karpaten und die balkanischen Ge-

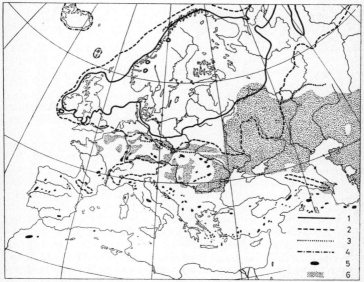

Abb. 36. Europa während der Eiszeit (Alpen s. Abb. 37): 1 Höchststand der Eisbedeckung im Würm-Weichsel-Glazial, 2 im Riß-Saale-Glazial, 3 im Mindel-Elster-Glazial; 4 maximale Vereisung von Island und den Faröern, 5 kleine Gebirgsvergletscherungen, 6 Lößablagerungen.

---

[1] Es wurde eine sich mehrfach wiederholende Abnahme der Solar-Konstante angenommen, doch widersprechen gewisse Tatsachen dieser Hypothese von MILANKOWITSCH.

48 Historische Geobotanik

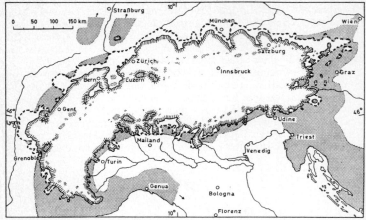

Abb. 37. Vergletscherung der Alpen im Rißglazial ▥▥▥ und im Würmglazial ▦▦▦ ; punktiert = Rand der unvergletscherten Gebiete.

birge versperrt, so daß nicht alle Arten in einem südlichen Refugium die Eiszeit überdauern konnten, um im Interglazial wieder nach Mitteleuropa zurückzukehren.
Sequoia, Taxodium, Nyssa, Liquidambar starben in Europa schon während der ersten Glazialzeit aus; *Tsuga, Carya, Pterocarya, Eucommia* u. a. erst in einer späteren. Jede weitere Vereisung brachte neue Verluste, bis in der Postglazialzeit nur die stark verarmte gegenwärtige Flora Europas übrigblieb. Am meisten litten die Baumarten.
In Mitteleuropa selbst konnten sich während der Glazialzeiten in dem eisfrei gebliebenen Gebiet zwischen den nordischen und alpinen Gletschern nur anspruchslose Arten halten, die wir heute in der Arktis und in der alpinen Stufe der Alpen finden. Die Alpen hatten sich schon während des Tertiärs aufgewölbt, dabei waren durch Mutationen aus den Tieflandarten Oreophyten (Gebirgspflanzen) entstanden. Während der Glazialzeit wanderten sie vor den Gletschern ins Vorland hinab und mischten sich hier mit arktischen Arten, die von Norden kamen. Die Vegetation trug Tundra-Charakter, z. T. stark mit kälteresistenten Steppenarten gemischt. Baumpflanzen konnten sich nur mehr vereinzelt und nicht als Wälder in den wärmsten Tälern, in Spanien, auf den Balearen und an den Küsten des Mittelmeeres sowie auf den Mittelmeerinseln halten.
Als Beweis für diese extremen Verhältnisse während der Glazialzeit dienen Bodenuntersuchungen, die Anzeichen des Dauerfrostbodens

Klima und Vegetation während der Eiszeit (Pleistozän) 49

im periglazialen Gebiet Europas, d. h. um die vergletscherten Flächen herum, ergaben (Löß- und Lehmkeile, Würge- und Taschenböden, Asymmetrie der Täler), sowie fossile Pflanzenreste aus den Glazialzeiten in Mitteleuropa in den Dryas-Tonen und die entsprechenden tierischen Fossilien.

Die Dryas-Tone sind Seeablagerungen, in denen man die charakteristischen fossilen Blätter der arktisch-alpinen Rosacee Silberwurz (*Dryas octopetala*) zusammen mit den Blättern der Zwergbirke (*Betula nana*) und arktischer oder alpiner Weiden vorfindet (Abb. 38).

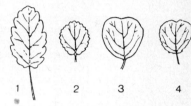

Abb. 38. Leitfossilien der Dryas-Tone: 1 *Dryas octopetala* (Silberwurz), 2 *Betula nana* (Zwergbirke), 3 *Salix polaris* (Polarweide), 4 *Salix herbacea* (Krautweide).

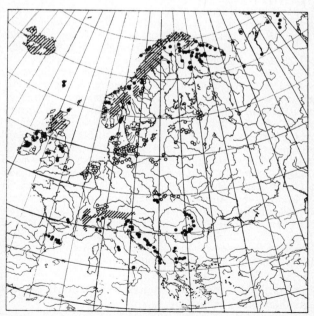

Abb. 39. *Dryas octopetala*: Heutige Verbreitung ////// ● sowie Fundorte aus dem Würmglazial und Postglazial ○

Wenn man die heutige Verbreitung dieser Arten mit der ihrer Fossilfunde aus den Glazialzeiten oder zu Beginn der Postglazialzeit vergleicht, dann wird einem die einschneidende Klimaverschlechterung klar (Abb. 39). Die mittlere Jahrestemperatur in Mitteleuropa lag damals etwa 8–12 °C unter der heutigen.
Weitere typische Beispiele für diese hoch- und spätglazialen Ablagerungen sind *Polygonum viviparum, Arabis alpina, Loiseleuria procumbens, Silene acaulis, Diapensia lapponica, Cassiope* spp., *Bartsia alpina* u. a. Nach der Erwärmung folgten diese Arten den zurückweichenden Gletschern nach Norden oder hinauf in die Alpen, bzw. in beiden Richtungen, so daß sie heute entweder arktische oder alpine bzw. arktisch-alpine Geoelemente sind.
Auf diese Weise werden die engen floristischen Beziehungen zwischen den weit auseinander liegenden Gebieten der Arktis und der Alpen sowie die Arealdisjunktionen der entsprechenden Arten verständlich. Aber einige dieser Arten konnten sich an Biotopen mit einem für sie günstigen Mikroklima, an denen sie gleichzeitig vor zu starkem Konkurrenzdruck geschützt waren, als sog. *Glazialrelikte* bis auf den heutigen Tag in Mitteleuropa halten. Als Beispiele nennen wir *Salix herbacea, Saxifraga nivalis, Rubus chamaemorus* und *Pedicularis sudetica* im Riesengebirge oder *Betula nana* im Harz und in der Lüneburger Heide. Auf der Schwäbischen Alb findet man *Draba aizoides, Arabis alpina, Androsace lactea, Gentiana lutea, Anemone narcissiflora* u. a.; im Schwarzwald *Alchemilla alpina, Primula auricula, Nigritella nigra, Gentiana lutea, Soldanella alpina, Bartsia alpina* u. a. Sehr reich an solchen Glazialrelikten sind auch die Sudeten. Einige alpine Arten wie *Viola lutea, Thlaspi alpestre* u. a. haben auf Schwermetallböden, die für die meisten Arten giftig sind, oder auf armen Serpentinböden Zuflucht gesucht (vgl. Seite 210).
Nicht weniger eindeutig wie die Pflanzenreste in den Dryas-Zonen sind die tierischen Fossilfunde: Ren und Moschusochse, die heute nur die Arktis z.T. auch die kalte Nadelwaldzone bewohnen, waren in den Glazialzeiten durch ganz Europa bis nach Spanien verbreitet, ebenso wie Lemminge und Murmeltiere, aber auch Steppennagetiere (Ziesel, Pferdespringer, Pfeilhase). Das zeigt, daß die damalige Tundra nicht der heutigen entsprach, sondern zugleich kontinentalen Steppencharakter trug. In dieser Richtung muß man auch die Schneckenfunde deuten, ebenso wie die häufigen Pollenfunde von Steppenpflanzen (*Artemisia, Ephedra, Helianthemum, Centaurea* u. a.).

4 Die heutigen Großdisjunktionen (Nordamerika-Ostasien) verschiedener Gattungen

Wenn wir die Fossilfunde aus dem Tertiär im ganzen Bereich der Holarktis mit der heutigen Flora vergleichen, so fällt sofort die Tatsache auf, daß die Pliozänflora viel einheitlicher war. *Sequoia* kam von der pazifischen Küste Nordamerikas bis Ostasien vor. Heute nimmt sie nur ein kleines Areal in Kalifornien ein (Abb. 40). Neben den fossilen Holzresten der *Sequoia* fand man 1941 solche, die ihrem anatomischen Bau nach ein Bindeglied zwischen *Sequoia* und *Taxo-*

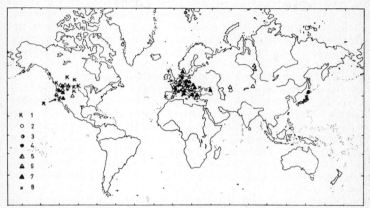

Abb. 40. Heutige Verbreitung von *Sequoia* in Californien (R), in der Oberkreide (1 = K) und im Tertiär von dem ältesten bis zum jüngsten (2–8).

dium bildeten. Man konnte sie keiner bekannten rezenten Art zuordnen und führte sie unter der Bezeichnung *Metasequoia*. Auch diese Fossilreste waren ebenso weit verbreitet. Drei Jahre später wurde in der chinesischen Provinz Szetschuan eine neue unbekannte Baumart entdeckt, deren Holz dem von *Metasequoia* entsprach. Man gab ihr den Namen *Metasequoia glyptostroboides*.[1] Ihr rezentes Areal ist noch kleiner als das von *Sequoia*. Beide Gattungen kann man als Tertiärrelikte bezeichnen, die während des Pleistozäns fast ausstarben und nur in Nordamerika bzw. Ostasien erhalten blieben. Sehr viel häufiger ist der Fall, daß früher allgemein verbreitete Gattungen sowohl in Nordamerika als auch Ostasien erhalten blieben und nur in Europa ausstarben.

Eine aus 150 Arten zusammengesetzte pliozäne Waldflora ist die fossile „Frankfurter Klärbeckenflora". Darunter sind 31,6% Arten, die dem heutigen ostasiatischen, 20,2%, die dem nordamerikani-

---

[1] Von China aus wurden Samen dieser seltenen Art an die botanischen Gärten verschickt. Sie gedeiht in ihrem früheren tertiären Bereich (also auch bei uns) gut und läßt sich leicht durch Ableger vermehren.

schen und 7 %, die dem kolchischen (W-Kaukasus) Element angehören. Sie alle (etwa 60 %) starben in Europa aus.
Anders liegen die Verhältnisse in Ostasien und Nordamerika: Wesentliche Klimaänderungen in Ostasien sind im Pleistozän nicht nachzuweisen, d. h. die Pliozänflora brauchte nicht auszuweichen und blieb bis zur Gegenwart mehr oder weniger unverändert. In Nordamerika machten sich die mehrfachen Vereisungen im Pleistozän zwar in demselben Maße bemerkbar wie in Europa (die Eisgrenzen reichten bis über den 40° N nach Süden), aber die Gebirgszüge verlaufen dort in Nord-Südrichtung, so daß ein Ausweichen der Flora nach Süden und eine Rückwanderung nach der Wiedererwärmung ohne wesentliche Verluste möglich war. Der pliozäne Charakter der heutigen Flora ist deshalb weitgehend erhalten geblieben.
Die Großdisjunktionen über Kontinente hinweg im Bereich der Holarktis sind somit ebenfalls die Folge der starken Klimaschwankungen während des Pleistozäns. Die Zahl der Gattungen, die heute sowohl in Nordamerika und Ostasien vorkommen, aber in Europa ganz fehlen, dürfte 100 übersteigen. Einige Beispiele von solchen bei uns heute in Gärten kultivierten Pflanzen sind: *Liriodendron, Hamamelis, Liquidambar, Catalpa, Mahonia, Magnolia, Philadelphus, Deutzia, Hydrangea, Kerria, Ampelopsis, Dicentra, Astilbe, Phlox* u. a. m.
Liquidambar hat noch ein kleines Reliktareal in SW-Anatolien (Abb. 41). Die heutige Verbreitung und die Fossilfunde von der Lotusblume (*Nelumbo*) und der Gattung *Thuja* (ähnlich von *Tsuga, Pseudotsuga* u. a.) zeigen Abb. 42 und 43.

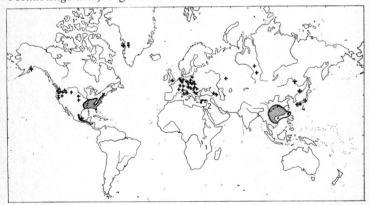

Abb. 41. *Liquidambar*: Heutige Verbreitung ////// ● (1 = *L. styraciflua*, 2 = *L. orientalis*, 3 = *L. formosana, L. edentata* und *L. rostbornii*, 4 = *L. maximoviczii*). Fossilfunde aus dem Tertiär (+) und aus dem Pleistozän (x).

Großdisjunktionen verschiedener Gattungen

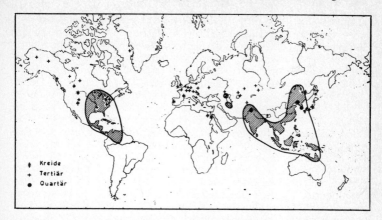

Abb. 42. *Nelumbo* (Lotusblume): Heutige Verbreitung (schraffiert) und Fossilfunde.

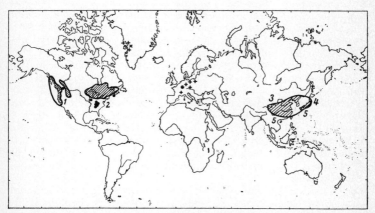

Abb. 43. *Thuja* (Lebensbaum): Heutige Verbreitung schraffiert und ● (1 *Th. plicata*, 2 *Th. occidentalis*, 3 *Th. sutchensis*, 4 *Th. standishii*, 5 *Th.* (*Biota*) *orientalis*). Fossilfunde: x kreidezeitlich, + tertiäre, ⊕ interglaziale (bei WALTER-STRAKA sind 1 und 2 verwechselt). Für 5 wird ein Fundort im N-Iran angegeben (ZOHARI, 1973).

Da die Teilareale seit dem Tertiär von einander isoliert blieben, haben sich in Nordamerika und Ostasien inzwischen verschiedene Arten, oft regional vikariierende, ausgebildet.

Einige weitere Beispiele seien besprochen: Die Gattung *Platanus* hat sich in Nordamerika in mehrere Teilareale (verschiedene Arten) aufgespalten und kommt außerdem als *Platanus orientalis* in Anatolien und Nordpersien vor. Gewisse Gattungen weisen noch kleine Reliktareale in Europa auf: Die Walnuß (*Juglans regia*) und die Roßkastanie (*Aesculus hippocastanum*) in den nordgriechischen Gebirgen, *Forsythia europaea* in Albanien, der Flieder (*Syringa vulgaris*) in den Südkarpaten. Ein Refugium mit Tertiärrelikten ist auch die Kolchis (W-Transkaukasus), der Lenkoran sowie N-Persien, wo neben *Junglans* noch *Pterocarya, Zelkowa* (auch auf Kreta) und *Parrotia* vorkommen, die alle im Tertiär in Mitteleuropa vertreten waren.
Die meisten Arten von Gattungen, die man heute in Europa findet, haben sich gegenüber den pliozänen verändert. Sie sind weder mit den nordamerikanischen noch den ostasiatischen Arten derselben Gattung identisch, stehen ihnen jedoch oft sehr nahe. Z. B. entsprechen den europäischen Arten die in Klammern gesetzten amerikanischen: *Ostrya carpinifolia (O. virginiana), Ulmus minor = U. campestris (U. fulva), Ulmus laevis = U. effusa (U. americana), Sorbus aucuparia (S. americana), Pinus sylvestris (P. banksiana), Viburnum lantana (V. lantanoides), Viburnum opulus (V. trifidus), Oxalis acetosella (O. montana), Maianthemum bifolium (M. canadense), Polypodium vulgare (P. virginianum).* Ebenso entsprechen den europäischen *Larix decidua* und *Taxus baccata* die ostasiatischen *Larix kaempferi* und *Taxus cuspidata* und in Nordamerika *Taxus brevifolia.*
Die pleistozäne Florenverarmung beschränkt sich nicht nur auf Europa, sondern sie erstreckt sich in gewissem Grade auch über ganz Afrika. Dort handelt es sich im Pleistozän allerdings nicht um abwechseld kalte und warme Perioden, sondern um humide und aride, die ebenfalls eine mehrmalige Florenwanderung nach sich zogen. In den heutigen Wüsten wachsen an günstigen feuchten Standorten Relikte aus den humiden Perioden, meist als Pluvialzeiten bezeichnet. In heute humiden Gebieten findet man Lateritkrusten im Boden, die auf frühere Trockenperioden hinweisen und die heutige Vegetation beeinflussten.
Die tropische Flora von Afrika ist infolge der mehrfachen Wanderungen im Vergleich zu der Südamerikas und Asiens ebenfalls relativ arm. Doch waren auch in Südamerika die Savannen früher während einer Trockenzeit weiter verbreitet als heute.

5 Die Postglazialzeit und die Pollenanalyse

In der Postglazialzeit trat in Europa eine allmähliche Erwärmung des Klimas ein. Sie verlief jedoch nicht stetig bis zur Gegenwart, sondern nach einer anfänglichen Erwärmung machte sich vor etwa 10 000 Jahren ein Rückschlag bemerkbar, dem wieder eine stärkere Erwärmung sogar über die heutigen Verhältnisse hinaus folgte, bis nach einer späteren allmählichen Abkühlung das Klima der Gegenwart erreicht wurde. Man kann diese Klimaentwicklung durch die Lage der frühe-

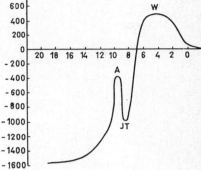

Abb. 44. Lage der Waldgrenze im Spätquartär: Abzisse = Jahrtausende v. Chr., Ordinate = Änderung der Lage in m gegenüber der heutigen (= O). A = Alleröd-schwankung, JT = jüngere Tundrazeit (subarktische), W = mittlere Wärmezeit.

ren Waldgrenzen in den Alpen im Vergleich zu der heutigen wiedergeben (Abb. 44). Dementsprechend wird für Mitteleuropa folgende Gliederung vorgenommen:

Tab. 1. Gliederung der Spät- und Postglazialzeit

A. Spätglazialzeit
  1. Ältere subarktische Zeit   (10500–10000 v.Chr.) ⎫ Alleröd-
  2. Mittlere subarktische Zeit   (10000– 9000 v.Chr.) =⎬ Wärme-
  3. Jüngere subarktische Zeit   (9000– 8250 v.Chr.) ⎭ schwankung
B. Postglazialzeit
  1. Vorwärmezeit = Präboreal   (8250– 7700 v.Chr.)
  2. Frühe Wärmezeit = Boreal   (7700– 5800 v.Chr.)
  2. Mittl. Wärmezeit = Atlanticum (5800– 3000 v. Chr.)
  4. Späte Wärmezeit = Subboreal   (3000–   500 v.Chr.)
  5. Nachw.-Zeit = Subatlanticum   (seit 500 v.Chr.)

Die Tatsache, daß in der Postglazialzeit das Klima zeitweilig wärmer war als das heuige, wurde zuerst in Skandinavien festgestellt: Man fand Haselnüsse subfossil weit nördlich von der heutigen Verbreitungsgrenze (Abb. 45). Vergleicht man die Temperaturmittel der Monate April–Oktober an der früheren nördlichen Verbreitungsgrenze mit denen an der heutigen, so liegen sie heute an der ersteren um 2,4 °C tiefer, d. h. früher mußten die Temperaturen um so viel höher gewesen sein. Das wurde bestätigt durch die Feststellung, daß auch die Nordgrenze der Wassernuß (*Trapa natans*), die als ein-

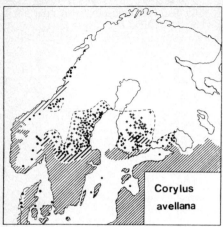

Abb. 45. Heutige Verbreitung der Hasel ////// ● , Funde aus der Postglazialzeit + .

jährige Wasserpflanze sehr scharf auf Änderungen der Sommertemperatur reagiert, in der Postglazialzeit ebenfalls nördlicher verlief. Das gleiche gilt für *Cladium mariscus, Lycopus europaeus* und *Carex pseudocyperus*. Ebenso lag die Waldgrenze in den skandinavischen Gebirgen, aber auch in den Alpen früher höher (Abb. 44). Weitere Beweise lieferte die Untersuchung der Moore, so daß an dieser Tatsache nicht zu zweifeln ist. Wie die Entwicklung in den kommenden Jahrhunderten sein wird, läßt sich allerdings nicht voraussagen.

Über die Vegetationsveränderungen während der gesamten Postglazialzeit sind wir relativ gut unterrichtet, Denn erstens haben wir es nur mit heute lebenden Arten zu tun, zweitens sind reichlichere subfossile, gut erhaltene Pflanzenreste vorhanden und drittens wurde eine besondere Methode, die *Pollenanalyse* entwickelt, die sich als sehr erfolgreich erwies.

Die Pollenkörner der verschiedenen Gattungen, oft auch Arten, sind durch Größe, Form und Struktur der sehr widerstandsfähigen Exinen meist leicht zu unterscheiden, wie aus Abb. 46 und 47 zu ersehen ist.

Wir beschränken uns auf die für eine Pollenanalyse besonders wichtigen anemogamen Holzarten. Diese produzieren sehr große Pollenmengen, die zum größten Teil auf die Bodenoberfläche, also auch auf Moorflächen und Seen niederfallen. Letztere werden im Torf und in den Sedimenten eingeschlossen und bleiben dort unter Luftabschluß viele Jahrtausende so gut erhalten, daß man feststellen kann, von welcher Art sie stammen. Entnimmt man den Seesedimenten oder einem Torfprofil Proben von den untersten Schichten bis zu den obersten, schließt sie nach besonderen Verfahren auf, so daß mög-

Die Postglazialzeit und die Pollenanalyse 57

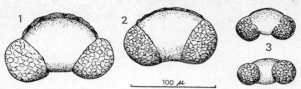

Abb. 46. Pollenkörner von: 1 Tanne (*Abies alba*), 2 Fichte (*Picea abies*) und 3 Kiefer (*Pinus sylvestris*, in zwei Ansichten).

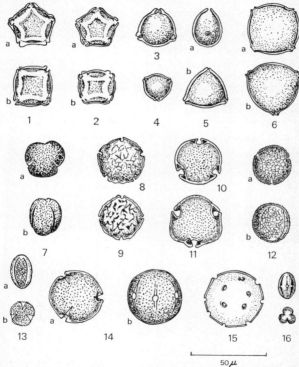

Abb. 47. Pollenkörner unserer Laubhölzer (a und b bei 1, 2, 6 – Varianten, bei 3, 7, 12, 13, 14, 16 – verschiedene Ansichten): 1 Schwarzerle (*Alnus glutinosa*, 2 Grauerle (*A. incana*), 3 Birke (*Betula*), 4 Zwergbirke (*B. nana*), 5 Hasel (*Corylus*), 6 Hainbuche (*Carpinus*), 7 Eiche (*Quercus robur*), 8 Bergulme (*Ulmus montana*), 9 Flatterulme (*U. effusa*), 10 Winterlinde (*Tilia cordata*), 11 Sommerlinde (*T. platyphyllos*), 12 Esche (*Fraxinus*), 13 Salweide (*Salix caprea*), 14 Buche (*Fagus*), 15 Walnuß (*Juglans*), 16 Eßkastanie (*Castanea*).

lichst nur die Exinen der Pollenkörner nachbleiben, so kann man feststellen, was für anemogame Baumarten um die Probenentnahmestelle wuchsen, als die entsprechenden Schichten im See oder im Moor zur Ablagerung kamen. Da die untersten Schichten die ältesten und die obersten die jüngsten sind, erhält man auf diese Weise einen Einblick in die Vegetationsfolge hinsichtlich unserer wichtigsten waldbildenden Baumarten.

Diese qualitativen Aussagen konnten sogar zu quantitativen ausgebaut werden. Zu diesem Zweck bestimmt man in jeder Probe meist 200 Pollenkörner und berechnet den Anteil, der auf die einzelnen Arten entfällt in Prozenten. Man erhält auf diese Weise ein „Pollenspektrum". Alle Pollenspektren eines Profils werden dann graphisch als „Pollendiagranm" dargestellt (Abb. 48).

Das Pollenspektrum soll einen Anhaltspunkt dafür geben, wie die quantitative Zusammensetzung der Waldbestände um die Probenentnahmestelle herum war. Natürlich darf man nicht ohne weiteres

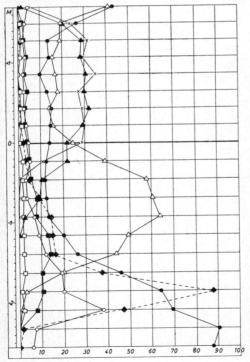

Abb. 48. Eins der ersten Pollendiagramme aus Mitteleuropa von RUDOLPH und FIRBAS in kombinierter Darstellung von den Erzgebirgs-Kammooren. Ordinate: Tiefe des Torfprofils in m (0 = Kontakt jüngerer Moostorf/ältere Schichten). Abszisse: Prozente. Internat. Signaturen: ○ = Birke, ● = Kiefer, ■ = Eichenmischwald, □ = Erle, ◆ = Hasel, △ = Fichte, ▲ = Buche, x = Tanne. Von unten nach oben: Kiefern-Birken-Phase, Hasel-Eichenmischwald-Phase, Fichten-Phase, Buchen-Tannen-Phase, heutige Kiefern-Fichten-Phase als Folge der Forstwirtschaft (aus H. WALTER, Arealkunde 1954).

die prozentualen Anteile im Pollenspektrum denen im Waldbestand gleichsetzen. Denn einzelne Baumarten erzeugen im Mittel mehr Pollen als andere und sind deshalb im Pollenspektrum überrepräsentiert. Um das nachzuprüfen hat man rezente Pollenniederschläge von wachsenden Moosrasen untersucht und sie mit der Zusammensetzung der Waldbestände in der Umgebung verglichen. Es zeigte sich dabei, daß die Kiefer, Hasel, Erle und Birke im Pollenspektrum überrepräsentiert sind, die Hainbuche, Eiche, Ulme und Weide dagegen zu schwach vertreten erscheinen, während der Anteil von Fichte, Tanne und Hainbuche ziemlich richtig wiedergegeben wird. Entomogame Arten und solche, deren Pollen rasch verwesen, kommen nur vereinzelt vor. Eine weitere Fehlerquelle bildet ein evtl. Ferntransport von Pollenkörnern durch Wind aus entfernten Gebieten mit Massenvorkommen gewisser Baumarten; doch spielt dieser nur dort eine wesentliche Rolle, wo in der näheren Umgebung keine Waldbestände vorhanden sind und der Baumpollenniederschlag insgesamt gering ist, z. B. in der Tundra. Baumarten, die unmittelbar neben der Probenentnahmestelle wachsen, z. B. Erlen auf dem Moor, sind überrepräsentiert. Doch läßt sich zusammenfassend sagen, daß trotz der verschiedenen möglichen Fehlerquellen erst die Pollenanalyse die genaue Aufklärung der postglazialen Vegetationsgeschichte ermöglichte. In letzter Zeit hat man auch die Nichtbaumpollen gezählt und in Relation zu den gesamten Baumpollen gesetzt, um daraus Schlüsse im Hinblick auf die Bewaldungsdichte zu ziehen. Unter den Nichtbaumpollen gibt die Häufigkeit von Getreide- und Unkrautpollen Aufschluß über die Besiedelung der Gebiete durch den Menschen in prähistorischer Zeit (Beginn des Ackerbaus).
Die Pollenanalyse wurde auch bei der Untersuchung von tertiären Braunkohlenproben verwendet, doch lassen sich dabei nur gewisse Pollentypen unterscheiden, die man nicht bestimmten Arten zuteilen kann. Genauere Ergebnisse erzielt man dagegen bei Interglazialprofilen. Oft läßt sich die ganze, durch Klimaänderungen bedingte Vegetationsfolge während eines Interglazials verfolgen, die mit der Erwärmung nach dem Ende der vorausgegangenen Glazialzeit bis zur erneuten Abkühlung mit Beginn der folgenden zusammenhängt. Ablagerungen aus den Glazialzeiten enthalten praktisch nur Nichtbaumpollen von arktischen Arten.
Was die Postglazialzeit anbelangt, so hat sich auf Grund der Pollendiagramme folgender typischer Ablauf der Vegetationsentwicklung in Mitteleuropa ergeben: Am Ende der Hocheiszeit fehlen Baumpollen, d. h. es herrscht eine baumlose Steppen-Tundra; mit der beginnenden Erwärmung treten die ersten Baumarten auf (Weiden und Birken); die Allerödwärmezeit führt schon zu einer Bewaldung mit Birken und Kiefern, doch verschwindet der Wald beim Kälterückschlag während der jüngeren subarktischen Zeit wieder. Erst um

8000 v. Chr. setzt mit der endgültigen Erwärmung eine stete Bewaldung ein, wobei der Anteil der Birke im Pollenspektrum abnimmt. Zugleich stellt sich als Strauchschicht im Walde die Hasel (*Corylus avellana*) ein, die bei der fehlenden Konkurrenz von anderen Sträuchern und sie beschattender Bäume sich in kurzer Zeit über ganz Mittel- und Westeuropa ausbreitet, bis sie während des postglazialen Wärmeoptimums durch den sich einstellenden Eichenmischwald aus Eichen, Linden, Ulmen und Eschen unterdrückt wird. Zunehmende Erwärmung bedeutet gleichzeitig eine gewisse Trockenheit des Klimas, wenn sie nicht von größeren Regenmengen begleitet wird, wofür jegliche Indizien fehlen. Die nachfolgende Abkühlung bedingt deshalb ein humideres Klima, was der Buche die Möglichkeit gibt, den Eichenmischwald zu verdrängen. Sie wäre auch heute noch die verbreitetste Baumart in Mitteleuropa, wenn der Mensch nicht in immer höherem Maße die Entwaldung eingeleitet und die Zusammensetzung der Wälder in der geschichtlichen Zeit zu Ungunsten der Buche verändert hätte.

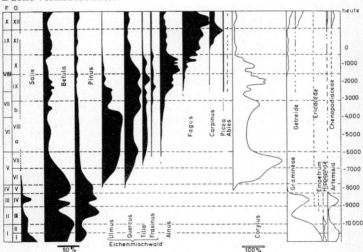

Abb. 49. Pollendiagramm (Schattenrißdarstellung) aus dem Luttersee (160 m ü. M.) östlich von Göttingen. Links: Pollenzonen nach FIRBAS (F.) und OVERBECK (O.). Rechts: Altersbestimmung mit der C^{14}-Methode (Jahre v. Chr.). Weitere Erläuterungen im Text.

Wie ein Pollendiagramm, aus dem diese Vegetationsgeschichte abzulesen ist, im einzelnen aussieht, zeigt Abb. 49. Die Schattenrisse für die einzelnen Baumarten geben die verschiedenen prozentualen Anteile derselben in den einzelnen Pollenspektren wieder (Gesamtbaumpollen = 100 %). Da die Pollenprozente der Hasel (*Corylus*) oft die des gesamten Pollens der Baumarten übersteigen, werden sie nicht in den Baumpollen einbezogen, sondern in Relation zum Gesamtpollen (= 100 %) gesetzt. Dasselbe gilt von den Nichtbaumpollen (rechts).

Man erkennt, daß in den Pollenzonen I–II nach OVERBECK (O) nur Weiden, Birken und Kiefern vertreten sind; die Bewaldung ist gering, was durch den hohen Anteil der Graspollen, sowie *Artemisia* und *Hippophaë* bewiesen wird. Die Allerödwärmezeit III (O) wird durch die Abnahme der Graspollen und die Zunahme des Kiefernpollens angezeigt, der Kälterückschlag IV (O), durch starke Zunahme der Gras- und Artemisiapollen, sowie der Weiden- und Birkenpollen und durch eine Abnahme der Kiefernpollen. In der Zone V (O) haben wir es schon mit dichten Birken-Kiefernwäldern zu tun, denn die Gras- und andere Nichtbaumpollen verschwinden ganz; zugleich treten die ersten Pollen von Hasel und Ulme und Eiche auf.

In der Zone VII (O) ist die Hasel mit über 200 % vertreten, gleichzeitig entwickelt sich der Eichenmischwald stärker. Sein Optimum erreicht er in Zone VIII (O), wobei die Hasel auf weit unter 100 % absinkt. Das erste Auftreten von Heidearten und Unkräutern (Chenopodiaceen) deutet die Anwesenheit des Menschen an, der sein Vieh in den Wäldern weidet (Zunahme von Hasel in IX) und einzelne Äcker anlegt (Unkräuter), doch bleiben seine Eingriffe noch unwesentlich. Aber bereits in IX (O) treten die ersten Getreidepollenkörner auf; in dieser Zone werden außerdem Pollen von der Buche und einzelne von Hainbuche festgestellt. Die Pollen der Erle deuten wohl auf die Ausbildung eines Erlenbruches in der Nachbarschaft der Probenentnahmestelle hin. Ein starker Umschwung tritt in der Zone XI (O) ein: Die lichten Eichenwälder verschwinden, an ihre Stelle tritt der schattige Buchenwald, in dem weder die Kiefer noch die Hasel gedeihen. Zum Teil werden die Wälder aber durch den Menschen infolge von Beweidung und Holzentnahme gelichtet, was die leicht von Stumpf ausschlagende Hainbuche und den Graswuchs begünstigt. In der letzten Zone XII sind schließlich die Veränderungen durch den Menschen sehr stark; Gras, Getreide und Unkrautpollen steigen stark an, die Pollen von Birke und Kiefer (Waldlichtungen) nehmen ebenfalls zu.

Sehr ähnlich ist ein Pollendiagramm aus dem Oberharz (830 m ü. M.); nur bedingt das allgemein kühle Klima dort eine schwächere Entwicklung des Eichenmischwaldes und ab Zone IX (O) einen starken Anteil des Fichtenpollens (Abb. 50). In den obersten Proben spielen die Fichtenpollen zusammen mit denen der Birke die Hauptrolle, was mit der heutigen, durch die Forstwirtschaft stark beeinflußten Waldzusammensetzung übereinstimmt.

Die Waldentwicklung zeigt größere Abweichungen, sobald man in andere Klimagebiete kommt. Im Schwarzwald z. B. spielt die Fichte in der Nachwärmezeit eine noch größere Rolle; sehr früh tritt sie im Erzgebirge auf, dagegen fehlt sie den Vogesen ganz und wird dort durch die Tanne (*Abies alba*) vertreten.

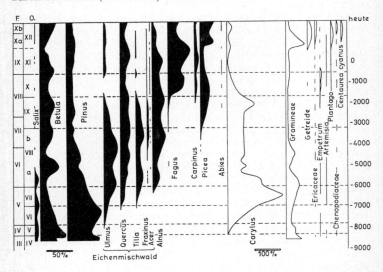

Abb. 50. Pollendiagramm aus dem Oberharz (830 m ü. M.). Der Vergleich mit Abb. 49 zeigt einen dauernd höheren Anteil der Birken- und Kiefernpollen und eine viel stärkere Vertretung der Fichte ab IX (O) in dieser montanen Stufe.

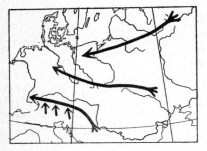

Abb. 51. Einwanderungswege der Fichte (*Picea abies*) nach Mitteleuropa in der Postglazialzeit: Nordweg, Karpaten-Sudetenweg, Alpenrandweg und aus den Alpen.

Abb. 52. Einwanderungswege der Tanne (*Abies alba*) nach Mitteleuropa in der Postglazialzeit.

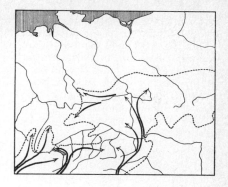

Das zeigt, daß neben dem Klima auch die *Einwanderungswege* für das Auftreten der einzelnen Baumarten eine Rolle spielten. Die Fichte kommt aus dem Osten (Abb. 51), die Tanne dagegen vom Süden her (Abb. 52), was aus dem Vergleich verschiedener Pollendiagramme zu ersehen ist (Abb. 53). Dagegen scheint die Wanderungsgeschwindigkeit von geringer Bedeutung gewesen zu sein; denn die Eiche mit ihren schweren Früchten erschien zusammen mit der anemochoren Ulme und vor der Fichte. Die Hasel hat ebenfalls schwere Früchte und wanderte nach Mitteleuropa besonders früh ein. Die ersten Pioniere unter den Bäumen, die Weiden, Birken und Kiefern, stellen geringe Ansprüche an die Wärme, was sicher ausschlaggebender war als ihre anemochore Ausbreitung.

Außerordentlich groß sind die Unterschiede in der Waldgeschichte,

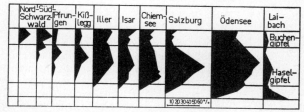

Abb. 53. Fichtenausbreitung längst des Alpenrandweges angezeigt durch die Fichtenkurven in verschiedenen Pollendiagrammen (Fixpunkte: Hasel- und Buchenpollengipfel). Die Fichte tritt im Osten früh auf, nach Westen immer später.

wenn man Pollendiagramme aus den verschiedenen Klimagebieten von Südfrankreich bis zur polaren Waldgrenze im Norden vergleicht (Abb. 54). Man sieht dann z. B., daß die Hasel (*Corylus*) im Süden nur zu Beginn der Postglazialzeit stark vorherrscht, in Schonen während der ganzen Zeit reichlich vertreten ist und in N-Schweden ganz fehlt, ebenso wie der Eichenmischwald. In der zweiten Hälfte der Postglazialzeit tritt die Tanne nur in Frankreich und in der Schweiz auf, die Buche außerdem noch bis S-Schweden, die Fichte dagegen nur in N-Schweden, wo auch die Kiefer und Birke eine besonders große Rolle spielen.

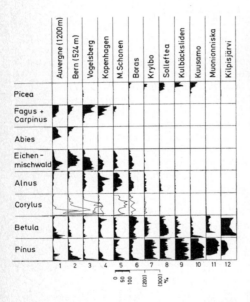

Abb. 54. Vergleich der einzelnen Baumpollenkurven aus Diagrammen von Südfrankreich (1) nordwärts bis zur polaren Baumgrenze (12). Weitere Erläuterungen im Text.

Auf Grund von vielen Pollenspektren aus der Nachwärmezeit kann man eine Waldkarte von Mitteleuropa entwerfen, die die natürliche, noch von Menschen unbeeinflußte Zusammensetzung der Wälder zeigt (Abb. 55). Man erkennt, daß die Buche damals die Hauptrolle spielte; nur auf leichten Sandböden dominierten Eiche und Kiefer. Geht man über Mitteleuropa hinaus, so ist der Verlauf der Waldentwicklung in England bis zur Eichenmischwald-Zeit ähnlich. Diese reicht jedoch bis zur Gegenwart, denn die Buche erscheint erst sehr spät und ihr Pollenanteil bleibt gering (Abb. 56). Ähnlich sind die

Die Postglazialzeit und die Pollenanalyse 65

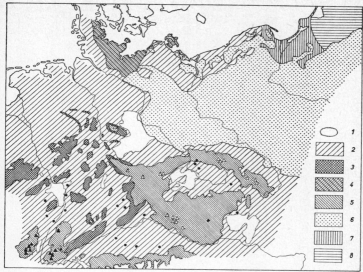

Abb. 55. Karte von FIRBAS über die Zusammensetzung der Wälder vor Beginn der historischen Zeit auf Grund der Pollenspektren aus der Nachwärmezeit. 1 = Trockengebiete mit Eichenmischwald ohne Buche, 2 = Buchenmischwald in tiefen Lagen (z. T. Eiche überwiegend), 3 = Buchenbergwald, 4 = Buchengebiet (kieferarm), 5 = Gebirgsbuchenwald mit Tanne (△ dazu Fichte) oder subalpiner Buchenwald (▲), 6 = Kiefernwälder mit Eiche auf Sandböden, 7 = Hainbuchenmischwald, 8 = wie 7, aber mit Fichte; ● = Kiefern lokal dominierend.

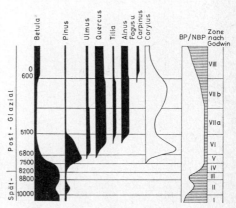

Abb. 56. Schematisches Pollendiagramm aus England. BP/NBP = Verhältnis von Baumpollen zu Nichtbaumpollen; Jahreszahlen v. Chr.

66 Historische Geobotanik

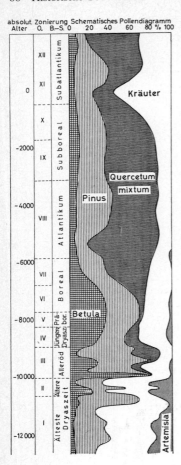

Abb. 57. Gesamtpollendiagramm aus NW-Spanien (ca. 1000 m ü. M.). Alle Pollentypen zusammen = 100 %. Das Klima heute stark ozeanisch.

Verhältnisse auch im extrem ozeanischen NW-Spanien in 1000 m Höhe (Abb. 57). Eine Übersicht der Veränderung der Höhenstufen in den westlichen Nordalpen während der Postglazialzeit zeigt Abb. 58.
Ganz anders ist natürlich die Geschichte der Waldentwicklung an der süddalmatinischen Küste: Von 7000–5600 v. Chr. haben wir es auch

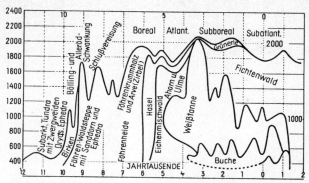

Abb. 58. Höhenstufenänderung in den westlichen Nordalpen während der Postglazialzeit (von links nach rechts). Zahlen links = Meereshöhe in m, also Höhenstufenfolge von unten nach oben.

hier mit laubabwerfenden Eichenwäldern zu tun; dann stellen sich schon vor 4300 v. Chr. mediterrane Holzarten ein mit *Juniperus* und *Phillyrea* und schließlich solche mit der immergrünen *Quercus ilex*. Zum Schluß gesellt sich noch eine Kiefer, wohl die mediterrane *Pinus halepensis*, hinzu. Auf die Vegetationsgeschichte der anderen Erdteile können wir hier nicht eingehen. Sie ist meistens noch nicht so genau bekannt wie in Europa.

6 Vegetationsveränderungen unter der Einwirkung des Menschen in vorgeschichtlicher Zeit

Die auf Abb. 55 wiedergegebene Waldkarte Mitteleuropas entspricht nicht der heutigen. Durch die Eingriffe des Menschen sind die Wälder stark zurückgedrängt und grundlegend verändert worden.

Die Einwirkungen des Menschen beginnen bereits in der jüngeren Steinzeit und lassen sich auch aus den Pollendiagrammen erkennen (vgl. Seite 61).

Von Natur aus ist Mitteleuropa ein Waldland und dem Klima nach müßten Laubwälder mit Buche vorherrschen. Nur auf armen Sandböden im östlichen Teil konnte sich die Kiefer seit der Vorwärmezeit dauernd behaupten. Auf den höchsten Mittelgebirgen spielten Fichte oder Tanne eine Rolle. Baumlos waren nur die Moore, aber wahrscheinlich auch die Bachtäler um Biberbauten herum, wie heute noch in wenig besiedelten Gebirgen Nordamerikas.

Solange der Mensch auf dem Jäger- und Sammlerstadium verblieb, übte er keinen merklichen Einfluß auf die Vegetation aus. Aber als er im Neolithikum zur seßhaften Lebensweise überging, hat er für die Äcker kleine Flächen gerodet, was selbst mit primitivem Werkzeug und mit Hilfe des Feuers möglich war. Die Viehhaltung beruhte auf der Waldweide, als deren Folge eine Auflichtung der Waldbestände eintrat, weil der Baumjungwuchs vernichtet wurde. Von der Besiedlung ausgeschlossen blieben zunächst die dicht bewaldeten Mittelgebirge. Bevorzugt waren dagegen im Main-Neckar-Raum die von Natur aus lichten Wälder mit Eichenbeimischung auf den wärmsten und nährstoffreichsten Löß- und Humuskarbonatböden. Ließ die Fruchtbarkeit der Böden nach, so wurden neue Ackerflächen geschaffen und die alten als Ödland liegen gelassen oder beweidet. Auf diese Weise entstanden schon in vorgeschichtlicher Zeit um die Siedlungsgebiete herum größere waldlose Flächen.
Auf den Äckern, den Brachflächen und dem Ödland konnten sich Unkraut- und Ruderalpflanzen ansiedeln, die z. T. mit den Kulturpflanzen aus den östlichen Trockengebieten eingeschleppt wurden. Als Folge der Landnutzung trat in hängigen Lagen eine starke Bodenerosion ein. Dadurch wurden neue flachgründige und in Südexposition trockene und warme Standorte geschaffen, auf denen pontische und submediterrane Geoelemente eine Zuflucht fanden. Diese waren, soweit sie kalte Winter überdauern konnten, wahrscheinlich schon vor der Wärmezeit, als die Landschaft noch offen war, aus dem Osten eingewandert, bzw., wenn sie höhere Ansprüche an die Wärme stellten, erst in der Wärmezeit mit lichten Eichenwäldern aus dem Süden. Als Einwanderungswege eigneten sich besonders Flußalluvionen oder Flußtäler mit abrutschenden felsigen Hängen, also mit offenen Standorten und fehlendem Konkurrenzdruck sowie günstigen mikroklimatischen Verhältnissen. Solche Wege, die auch heute noch durch Reliktfundorte gekennzeichnet sind, waren von Osten: a) die Urstromtäler, b) die Mährische Pforte nach Schlesien hinein, c) das Elbetal entlang und die Saale aufwärts, sowie d) die Donau aufwärts bis in den südwestlichen Raum hinein (Neckar-Main-Rheingebiet). Ebenso deutlich lassen sich die Einwanderungswege von Süden verfolgen: a) durch die Burgunder Pforte in die Oberrheinische Tiefebene, sowie b) das Nahe- und Moseltal entlang in den Neckar-Main-Raum hinein (Abb. 59).
Während der Nachwärmezeit waren die klimatischen Verhältnisse ungünstiger, die direkte Verbindung von Osten und von Süden her brach ab, jedoch konnten sich diese Arten als xerotherme Relikte an warmen, trockenen und waldfreien Biotopen (Fels- und Lößhängen in Südexposition) halten, bis sie im Neolithikum und den folgenden Kulturepochen, wie bereits erwähnt, sich wieder sekundär ausbreiteten. Auf diese Weise ist es verständlich, daß das Vorkommen die-

Änderungen der Pflanzenwelt in der geschichtlichen Zeit 69

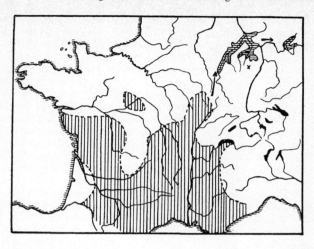

Abb. 59. Verbreitung von *Acer monspessulanum* in SW-Europa (schraffiert).
Pfeile zeigen Einwanderungswege nach SW-Deutschland (nach TROLL).

ser Relikte in Süddeutschland mit den altbesiedelten Gebieten übereinstimmt, worauf GRADMANN in seiner Steppenheidetheorie aufmerksam machte.
Besonders bekannte Gebiete mit solchen in Mitteleuropa seltenen pontischen und submediterranen Arten (vgl. Seite 35–36) sind die Oberrheinische Tiefebene mit dem Kaiserstuhl, dem Isteiner Klotz und dem Sanddünengebiet von Heidelberg bis Mainz, das schwäbisch-fränkische Juragebiet, der Hegau, das Neckarland, die Wellenkalke bei Würzburg, das Thüringer Becken mit dem Harz-Vorland, das Saale-Unstrut-Gebiet, der Kyffhäuser, das mittlere Odertal u. a.

7 Änderungen der Pflanzendecke in der geschichtlichen Zeit

Zur Römerzeit war Mitteldeutschland noch ein Waldland, doch wurden die klimatisch günstigen Beckenlandschaften und weiten Flußtäler sowie Kalk- und Lößgebiete schon von Kulturland eingenommen. Gegenüber dem Neolithikum blieb die besiedelte Fläche während der ganzen Bronze- und Eisenzeit im wesentlichen gleich, sie wurde nur wenig vergrößert. Durch die Errichtung des Limes kamen die Kulturlandschaften in den Herrschaftsbereich Roms und es begann eine Erschließung durch Straßen und Militär- sowie Versorgungsstützpunkte.

Die weitere Veränderung der Pflanzendecke ist nunmehr allein auf Eingriffe der Menschen zurückzuführen. Klimaschwankungen treten demgegenüber stark zurück. Es handelt sich dabei um den kurzen letzten Abschnitt von 2000 Jahren.

Die erste schriftliche Überlieferung, die wir vom Aussehen der südlichen mitteleuropäischen Landschaft besitzen, stammt von TACITUS: „Aut silvis horrida, aut paludibus frustra" (starrend von Wald, entstellt durch Sümpfe). Sie dürfte als Ausspruch eines aus dem waldarmen Süden stammenden Römers übertrieben sein. Ein geschlossenes Waldgebiet kann einer größeren Zahl von Menschen keine Nahrung bieten. Noch im 9. Jahrhundert setzte der Dichter des Heliand das Wort „Wüste" einfach gleich Wald. Der Waldanteil dürfte damals $^3/_4$ der Gesamtfläche betragen haben gegenüber $^1/_4$ in der Gegenwart.

Mit den Römern setzten die ersten großen Rodungen ein, die nach der Zeit der Völkerwanderung während der Karolingerzeit in erhöhtem Maße fortgesetzt wurden. Die ältesten Orte sind an den Endsilben ihrer Namen ingen, ing, ungen, heim, hausen, bad, born, brunn, büll usw. zu erkennen. Die eigentliche große Rodungsperiode, die zur Erschließung der Waldgebiete führte, umfaßt das 8.–12. Jahrhundert. Die Namen der Ortschaften aus dieser Zeit haben meist die Endung: -roden, -schwenden, -sengen, -brennen, -schlag, -riet, -kirch, -kranz usw. Die Hufen wurden dem einzelnen Siedler schon in geschlossenen Streifen zugewiesen, während bei den älteren Siedlungen der Streubesitz vorherrschte.

Auf die große Rodungsperiode folgte ein Rückschlag z. T. aus sozialwirtschaftlichen Gründen, z. T. weil man Wald auf Böden gerodet hatte, die sich nicht für die damalige extensive Landwirtschaft eigneten. Viele Ortschaften wurden zu „Wüstungen", die sich wieder bewaldeten. In Thüringen gingen 75% der Orte, die auf „roden" enden, zugrunde. Schließlich stellte sich im 15. Jahrhundert zwischen Wald und landwirtschaftlich genutzter Fläche ein Verhältnis ein, das bis in die jüngste Zeit annähernd erhalten blieb. Doch der Wald als solcher machte verschiedene Wandlungen durch.

Die Einstellung der ersten Siedler zum Wald ist stets eine feindliche, da der Wald allein keine Nahrungsgrundlage bietet. Erst mit fortschreitender Entwaldung wird der Nutzen des Waldes erkannt. Wenn diese Einsicht zu spät kommt, dann tritt eine völlige Waldvernichtung ein, wie z. B. im Mittelmeergebiet, in vielen Teilen Osteuropas und des Balkans oder im Vorderen Orient.

In Mitteleuropa setzten die Maßnahmen zum Schutze des Waldes schon frühzeitig ein. Der Wunsch der Grundherren, sich ausgedehnte Jagdreviere zu sichern, führte zur Einrichtung von „Bannforsten". Außerdem stieg mit der Schweinezucht die Bedeutung der Eichenwälder als Mastgebiete. Die Eiche wurde in den Wäldern geschützt und vielfach durch Eichelaussaat gegenüber der Buche begünstigt. Sie erlangte deshalb im Mittelalter in den stark aufgelichteten Wäldern mit Ausnahme der wenig zugänglichen Gebirge die Vorherrschaft und hat sich in den geschützten alten „Hudewäldern" in Form von mächtigen Stämmen erhalten. Fälschlicherweise werden solche Wälder oft als „Urwälder" bezeichnet (Abb. 60).

Abb. 60. Neuenburger „Urwald" in Oldenburg. Alte Eiche eines Hudewaldes wird durch 2 konkurrenzkräftigere Buchen erdrückt (früherer Eichenwald wird zu einem Buchenwald). Foto H. NIETZSCHKE.

Eine weitere Veränderung erfuhren die Wälder, als im 18. Jahrhundert der Kartoffelanbau eingeführt wurde und man zur Stallfütterung der Schweine überging. Die Eichenwälder verloren ihre frühere Bedeutung für die Schweinemast, die Buche als Brennholzlieferant stieg im Werte und konnte, unterstützt durch die forstlichen Maßnahmen, wieder die Eichen aus dem Walde verdrängen (Abb. 60). Mit dem Übergang zur Steinkohlenfeuerung in der zweiten Hälfte des vorigen Jahrhunderts sanken jedoch die Preise für das Brennholz; Buchenforsten wurden unrentabel. Es stieg die Nachfrage nach Nutzholz, die besser durch die Nadelholzarten gedeckt werden konnte. Infolgedessen wurden Kiefer und Fichte von den Forstverwaltungen bevorzugt, so daß in dem letzten Jahrhundert das Laubholz stark zugunsten der Nadelholzarten, vor allem der Fichte, zurückgedrängt wurde. Diese Entwicklung hält, wenn auch in abgeschwächtem Maße, noch an. Wie stark dieser Holzartenwechsel war, sollen Abb. 61 und 62 zeigen. Um 1300 wuchsen in Deutschland Nadelhölzer nur im östlichen Teil mit sandigen Böden, in den Mittelgebirgen um Böhmen herum, im östlichen Schwarzwald und in Alpennähe; um 1900 dagegen ist das reine Laubwaldgebiet bereits fast völlig verschwunden; selbst auf das Gebiet mit vorherrschendem Laub-

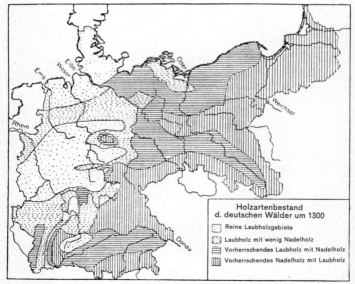

Abb. 61. HAUSRATH's Karte der Zusammensetzung der Wälder im Mittelalter.

Änderungen der Pflanzenwelt in der geschichtlichen Zeit

holz entfällt nur eine relativ geringe Fläche. Dieser Wechsel vollzog sich in relativ kurzer Zeit, wie einige Zahlen für den Domänenwald um Heidelberg zeigen:

Tab. 2. Anteile von Laub- und Nadelholz an der gesamten Waldfläche von Heidelberg

	1790	1840	1880	1909
Laubholz	97,5 %	79 %	60 %	48 %
Nadelholz	2,5 %	21 %	40 %	52 %

Nach Zahlenangaben der Schutzgemeinschaft Deutscher Wald (1973) macht die Waldfläche in der Bundesrepublik Deutschland mit 71 700 km^2 29 % der Gesamtfläche aus, in Baden-Württemberg sind es 36 % und der Anteil der einzelnen Baumarten ist heute 65 % Nadelbäume (44 % Fichte, 10 % Tanne, 11 % Kiefer) und 35 % Laubbäume (20 % Buche, 7 % Eiche, 8 % sonstige).

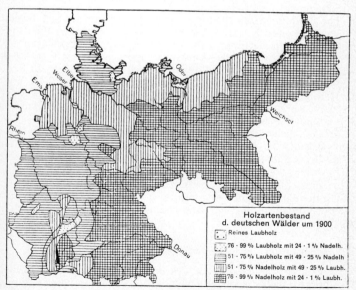

Abb. 62. Zum Vergleich zu Abb. 61 die Zusammensetzung der Wälder um 1900. Sehr starke Zunahme der Nadelhölzer erkennbar.

Die Ursachen für diese Wandlung unserer Wälder waren verschiedener Art:
1. Im Mittelalter wurden die Wälder durch ungeregelte Holzentnahme und insbesondere durch die Waldweide zu einem großen Teil zu Ödland degradiert. Als sich in den dichter besiedelten Gebieten akuter Holzmangel bemerkbar machte, begann man im 14. und 15. Jahrhundert mit Aufforstungen der unproduktiven Flächen, zuerst in Nürnberg (1368), dann in Frankfurt und anderen Gegenden. Diese gelangen am leichtesten mit Kiefernaussaaten, auch wenn es sich um frühere Laubwaldböden handelte.
2. Die Eiche diente früher auch als Bauholz. Das Bestreben, sie jedoch für die Schweinemast zu schonen, führte dazu, als Bauholz Nadelbäume zu verwenden und zu diesem Zwecke diese anzupflanzen.
3. Die anemochoren Nadelhölzer verbreiten sich leichter als Eichen und Buchen. Wenn die Kiefer durch den Menschen in ein Gebiet gelangt war, so konnte sie sich auf Ödland von alleine aussamen.
4. Die Saat der Nadelhölzer ist ohne viel Mühe in größerer Menge zu gewinnen. Die Methoden der Aufforstung mit Nadelholz wurden früher ausgearbeitet und deshalb bei notwendigen Aufforstungen bevorzugt angewendet.
5. Die Nadelhölzer stellen geringere Ansprüche an den Boden. Durch die im 19. Jahrhundert übermäßige Nutzung der Waldstreu für landwirtschaftliche Zwecke verarmten und versauerten die Waldböden so stark, daß Laubhölzer nicht mehr richtig gediehen. Die Streunutzung wurde ihrerseits durch den Übergang zur Stallfütterung bedingt.
6. Rodungen führte man in letzter Zeit nur auf guten Böden aus und diese waren hauptsächlich mit Laubhölzern bestanden. Dadurch verminderte sich ihr Anteil.
7. Die forstliche Umtriebszeit für Nadelwälder ist kürzer, das Holzvolumen pro Flächeneinheit im hiebreifen Alter ist größer, so daß die Rentabilität besser ist. Sie liefern ein leichteres Bauholz, das bevorzugt wird.

Aber nicht nur die Zusammensetzung der Wälder änderte sich im Laufe der Jahrhunderte, sondern auch der Bestandesaufbau erfuhr mehrere durch die Art der Bewirtschaftung bedingte Umwandlungen.

8 Der Aufbau der bewirtschafteten Wälder

Unsere Wälder unterscheiden sich in ihrem Aufbau stark von den Urwäldern. Auch von letzteren gibt es nicht einen bestimmten Typus, aber allgemein sind sie sehr heterogen sowohl in ihrer Zusammensetzung als auch im Altersaufbau und hinsichtlich der Größenklassen der Stämme (Seite 136). Nur im Nadelholzgebiet können unter natürlichen Bedingungen nach Waldbränden auf größeren Flächen gleich-

Abb. 63. Rationell bewirtschafteter ungleichaltriger Femel- oder Plenterwald aus Tanne und Fichte im Schwarzwald (Foto Reinhold JAHN).

alte und reine Bestände von Kiefern heranwachsen wie z. B. im Yellowstone Park.
Die ursprünglichen Laubwälder unterlagen zunächst einer ungeregelten Holznutzung und dienten als Weide für das Vieh. Die besten Stämme fällte man für Bauzwecke; in den Lücken stellte sich Jungwuchs ein, der vom Vieh stark verbissen wurde. Solche Wälder werden rasch heruntergewirtschaftet; dorniges Gebüsch, das vom Vieh verschont wird, nimmt überhand. Wollte man die Waldverhältnisse verbessern, so wurde alles Holz abgetrieben und die Waldfläche sich selbst überlassen. Die Verjüngung erfolgte dann durch Stockausschläge aus den Stümpfen. Auf diese Weise entstand die älteste Form – der *Niederwald*. Da die Stümpfe nur in relativ jungem Alter ausschlagen, mußte der Hieb alle 20–40 Jahre wiederholt werden. Die Umtriebszeit war somit kurz und man erhielt nur Brennholz. Besonders leicht schlägt die Hainbuche (*Carpinus betulus*) aus; sie wurde durch diese Wirtschaftsform begünstigt und erlangte dadurch in unseren Wäldern einen größeren Anteil als ihr eigentlich von Natur aus zukommt. Die Niederwaldwirtschaft ist in Nadelholzgebieten nicht möglich, weil unsere Coniferen keine Stockausschläge bilden; es wurden deshalb nur einzelne hiebreife Stämme geschlagen, so daß ein Plenter- oder Femelwald entstand (Abb. 63).[1] Bei ungeregeltem Holzeinschlag nimmt der Nutzholzvorrat in solchen Wäldern ab und ihr Nutzwert vermindert sich rasch.
Als besondere Form des *Eichenschälwaldes* blieb die Niederwaldwirtschaft bis in die zwanziger Jahre unseres Jahrhunderts erhalten, z. B. im Odenwald oder als Hack- und Reutberge im Schwarzwald, als Schiffelwälder an der Mosel und Hauberge in der Siegener Gegend. Die Eichenrinde wurde für Gerbereizwecke sehr geschätzt und verlor erst nach Einführung der chemischen Gerbmittel an Bedeutung. Man schlug die Eichen im Mai, wenn die Bäume im Saft stehen und die Rinde sich leicht ablösen läßt. Das schwächere Holz verteilte man auf der Schlagfläche und verbrannte es, die Asche wurde mit der Hacke in die Erde gemengt und im ersten Jahr Sommerroggen angebaut, im zweiten Buchweizen; im dritten Jahr diente die Fläche als Viehweide, wobei die Stockausschläge stark verbissen wurden. Sie kamen jedoch durch, die Beweidung wurde eingestellt und der Wald wuchs heran, um nach etwa 25 Jahren erneut geschlagen zu werden.
Da man aber neben Brennholz auch Bauholz benötigte, ging man im 15.–16. Jahrhundert zu einer besseren Wirtschaftsform – dem *Mittelwald* – über. Bei diesem bilden die Bäume zwei Schichten (Abb. 64):

---

[1] Unter „femeln" versteht man im Hanfbau das Herausreißen der frühreifen und faserarmen männlichen Pflanzen.

Der Aufbau der bewirtschafteten Wälder 77

Abb. 64. Typischer Mittelwald: Oberholz aus Eichen-Kernwüchsen, Unterholz aus Hainbuchen-Stockausschlägen (Foto Reinhold JAHN).

a) das Oberholz (aus Eichen), das ein Alter von 120 Jahren oder mehr erreicht und zur Gewinnung von Bauholz oder als Mastbäume dient; es regeneriert sich aus Sämlingen der unteren Schicht,

b) das Unterholz (vorwiegend aus Hainbuchen), das wie im Niederwald alle 20–40 Jahre durch Stockausschläge verjüngt wird und den Brennholzbedarf deckt.

Mit der Zeit stellten sich auch beim Mittelwald Mißstände ein. Entweder wurde zuviel Oberholz gehalten, dann entwickelte sich das Unterholz nicht, oder man entnahm zuviel Bauholz, und der Wald degradierte zu einem Niederwald.

Schon zu Beginn des 18. Jahrhunderts waren alle von den Siedlungen aus erreichbaren Wälder durch Holznutzung und Waldweide zu parkartigen offenen Beständen oder Gebüschen heruntergewirtschaftet, so daß sich eine akute Holznot bemerkbar machte. Einen Ausgleich durch den in großen, in verkehrsfernen Waldgebieten der Gebirge vorhandenen Holzüberfluß zu schaffen, war infolge der damaligen Verkehrsverhältnisse nicht möglich. Doch blieben diese Waldreserven auch nicht unangetastet. Ihre Nutzung erfolgte durch die Köhlerei und die Potaschebrennerei. Holzkohle brauchte man für die Eisenverhüttung, Potasche für die Glas- und Seifenherstellung. Glashütten und Eisenhämmer verlegte man direkt in die bewaldeten Gebirge.

Die zunehmende Gefahr des Brenn- und Nutzholzmangels führte schließlich im 19. Jahrhundert zur Einrichtung einer rationellen Forstwirtschaft.[1] 1816 erschien das grundlegende Werk von H. V. COTTA „Anweisung zum Waldbau". Als Aufgabe der Forstwirtschaft wurde angesehen, *aus den Waldungen den größten Nutzen nachhaltig zu erzielen*. Der Waldbau wird mit dem Feldbau verglichen, der „Holzacker" dient als Modellvorstellung. Das perfektionistische Ertragsdenken setzte sich in der Forstwissenschaft durch. Den größten Geldertrag versprach die Fichte und, wo diese nicht gedeihen konnte, die Kiefer. Diese beiden Holzarten wurden im Kahlschlagverfahren auf großen Flächen überall angebaut.

An die Stelle der Mittelwälder trat der Hochwald, in dem das Unterholz fehlt und alle Bäume gleichalt sind. Jeder Wald mit einer Umtriebszeit von etwa 80 Jahren beim Nadelholz und 100–120 Jahren beim Laubholz ist ein Hochwald, ob er noch jung und niedrig ist oder älter und höher. In ihm sind alle Bäume Kernwüchse, d. h. sie gehen aus Samen hervor. Die Verjüngung erfolgt bei Fichte und Kiefer künstlich im Kahlschlagbetrieb, bei der Buche und Tanne auf natürliche Weise durch Schirmschlag. Bei letzterem wird der hiebreife Bestand durch Heraushauen der meisten Stämme gerade so stark gelichtet, daß eine Verjüngung durch die Samen der stehengebliebenen Mutterbäume möglich ist. Deckt der Jungwuchs den ganzen Boden,

---

[1] Vgl. dazu BARTHELMESS, A.: Wald – Umwelt des Menschen. Dokumente zu einer Problemgeschichte von Naturschutz, Landschaftspflege und Humanökologie. München 1972, 333 S.

dann werden die Samenbäume unter möglichster Schonung des Nachwuchses entfernt. Diese Wirtschaftsform führte dazu, daß die Eiche aus dem Laubwald verschwand; denn sie benötigt für die Verjüngung viel mehr Licht als die Buche. Die gleichalten domähnlichen, reinen Buchenwälder sind das Produkt dieser Wirtschaftsform und durchaus keine naturnahen Bestände (Abb. 65).

Abb. 65. Buchenhochwald im Winter bei Stuttgart durch Schirmschlag verjüngt, daher auf großer Fläche homogener gleichaltriger Bestand (Foto Otto FEUCHT).

Die ausgedehnten künstlich angelegten Fichten- und Kiefernforsten erwiesen sich bald als innerlich ungesund. Die Produktionskraft des Bodens nahm infolge von Rohhumusanhäufung rasch ab, die Forsten waren gegen Wetterschäden, Insektenepidemien und Pilzkrankheiten sehr anfällig. 50 schwere Katastrophen traten in Deutschland in 140 Jahren auf, die Holzverluste erreichten bei einigen über 4 Millionen Festmeter. Das führte zur Erkenntnis, daß der Wald kein Holzacker ist, sondern eine „Lebensgemeinschaft". Das rein ökonomische Denken wich langsam einem mehr naturwissenschaftlichen. Um die Jahrhundertwende wurde der „rationelle" Waldbau immer mehr durch einen „naturgemäßen" abgelöst. An Stelle der gleichalten reinen Bestände strebte man den Aufbau von ungleichartigen Mischbeständen an. Der an den Urwald anknüpfende Dauerwald MÖLLERs als Plenter- oder Femelwald mit Einzelstammnutzung galt als Vorbild

(Abb. 66), doch konnte er sich aus betriebswirtschaftlichen Gründen nicht durchsetzen. Vielmehr führte der Wunsch ungleichaltrige Bestände zu erzeugen zur Ausarbeitung des Femelschlagbetriebs, bei dem die Durchlichtung auf kleinen Flächen erfolgt, die allmählich

Abb. 66. Ungleichaltriger Buchenplenterwald (sehr unhomogen), Einzelstammnutzung ohne Schlagfläche. Sachsenwald, Forstamt Friedrichsruh (Foto Reinhold JAHN).

Der Aufbau der bewirtschafteten Wälder 81

zentrifugal erweitert werden. Der Jungwuchs ist dann in der Mitte am ältesten und wird zur Peripherie der Schlagflächen jünger, so daß der ganze Bestand aus einer Reihe von Verjüngungskegeln besteht, die sich schließlich am Rande berühren. Die Verjüngungszeit kann sich bis über 60 Jahre erstrecken; entsprechend groß sind die Altersunterschiede.

Das Herausbringen des alten Holzes wird erleichtert beim Saumschlagbetrieb. Bei diesem werden schmale Kahlschläge angelegt, auf denen die Beleuchtung für die natürliche Verjüngung genügt (Abb. 67). Diese Saumschläge werden dann auf einer Seite und zwar meist nach Westen erweitert, damit der im Osten stehengebliebene Altholzbestand durch den ältesten Jungwuchs vor Windbruch durch die böigen Westwinde geschützt bleibt.

Abb. 67. Verjüngung eines Kiefernwaldes im Saumschlagverfahren mit Vorbau von Tanne und Buche zur Erzielung von Mischbeständen im Schwarzwald (Foto Otto FEUCHT).

Im einzelnen gibt es verschiedene Abänderungen der Betriebsformen. Durch Einpflanzen von Laubholz in die Verjüngungsflächen von Nadelholz oder umgekehrt kann man Mischbestände erzeugen. Landschaftlich sehr auffallend ist der Überhaltbetrieb, wenn man einzelne Stämme erst nach Ablauf der zweiten Umtriebszeit schlägt, um besonders wertvolle starke Stämme zu erhalten (Abb. 68). Diese kurzen Ausführungen sollten das Verständnis für den Aufbau

Abb. 68. Kiefernüberhälter im Schwarzwald, sonst gleichmäßige im Kahlschlagverfahren verjüngte Waldparzellen (Foto Reinhold JAHN).

unserer derzeitigen Wirtschaftswälder erleichtern und zugleich verdeutlichen, daß sie durch den Menschen geschaffene Bestände sind, die mehrfach eine grundlegende Wandlung erfuhren. Da der Bestandesaufbau die Zusammensetzung des krautigen Unterwuchses in starkem Maße beeinflußt, so kann man auch den Unterwuchs nicht als ganz natürlich ansehen.

Die Umstellung einer alten Betriebsform auf eine neue benötigt in

Der Aufbau der bewirtschafteten Wälder 83

Abb. 69. Stockausschläge von Erle (Niederwald) in einem Bruch bei Stuttgart zur Zeit des Frühlingshochwassers (Foto Otto FEUCHT).

der Forstwirtschaft viele Jahrzehnte. Deshalb sieht man heute noch einzelnen Hochwäldern an, daß sie aus Mittelwäldern hervorgegangen sind. Den Niederwaldbetrieb findet man zum Teil in Weidenauen oder bei Erlenbruchwäldern (Abb. 69). Doch sind über 90 % aller Wälder heute Hochwald.
Neuerdings bahnt sich wieder eine neue Umwandlungsperiode für den Wald an. Bisher sollte auf einen größtmöglichen Holzertrag in der Forstwirtschaft nicht verzichtet werden. Heute arbeitet jedoch der Waldbesitzer oft mit Verlust. Die sinkende Rentabilität der Holzerzeugung führt zur Besinnung auf die Mehrzweckaufgabe des Waldes, der auch für die Landschaftsökologie und für den Landschaftsschutz von Bedeutung ist. Außerdem hat der Wald eine wichtige Gemeinschaftsfunktion – er ist ein Erholungsraum namentlich für die Stadtbevölkerung. Seine Wohlfahrtswirkungen sind damit psychischer und euphorischer Natur und hängen mit den Erlebnissen zusammen, die man unter „Freude an der Natur" zusammenfassen kann. Die überall angelegten Lehrpfade versuchen das Verständnis für den Wald als Lebensgemeinschaft zu wecken.
Wie sich diese neuen Aufgaben waldbaulich in Zukunft auswirken werden, läßt sich im Einzelnen noch nicht voraussagen.
Über den Aufbau eines primären, also vom Menschen nicht veränderten Urwaldes in 1000 m Meereshöhe vgl. Seite 129–136.

9 Adventivpflanzen

Der Mensch, der in der geschichtlichen Zeit die Pflanzendecke auf so tiefgreifende Weise veränderte, trug zugleich bewußt oder unbewußt zu einer Bereicherung der Flora bei, indem durch ihn neue Arten oft aus Übersee eingeschleppt wurden. Diese ursprünglich nicht in einem Gebiet einheimischen Arten bezeichnet man als *Adventivpflanzen*. Nach dem Grade ihrer Einbürgerung, dem Zeitpunkt ihrer Ankunft und der Art ihrer Einschleppung teilt man sie in verschiedene Gruppen ein.

Zunächst muß man die mit Absicht eingeführten Pflanzenarten von den unabsichtlich eingeschleppten unterscheiden. Zu ersteren gehören die *Kulturpflanzen*. Schon im Neolithikum wurden angebaut: primitive Weizen-Sorten, Einkorn und Zweikorn oder Emmer, Linsen, Lein, Rettich usw. Der eigentliche hexaploide Weizen, der Roggen und Hafer kamen in der Eisenzeit hinzu. Kartoffel, Mais und Tabak wurden erst nach der Entdeckung Amerikas in Europa eingeführt.

Eine besondere Gruppe bilden die *Kulturflüchtlinge*, Arten, die früher kultiviert wurden, dann aber verwilderten. Meistens handelt es sich um früher als Arzneipflanzen kultivierte Arten, wie z. B. den Kalmus (*Acorus calamus*), die Osterluzei (*Aristolochia clematitis*), oder es sind aus botanischen Gärten entsprungene Arten, bzw. frühere Zierpflanzen wie *Galingsoga parviflora* (das Franzosenkraut), wild von Mexico bis Peru vorkommend, *Impatiens parviflora* aus Ostsibirien und der Mongolei, *Datura stramonium* seit 1542, früher als Gartenpflanze kultiviert, u. a.

Als zweite große Gruppe werden die adventiven Arten zusammengefaßt, die unabsichtlich eingeschleppt wurden und zum Teil sehr lästige Unkräuter geworden sind.

Die *Archäophyten* kamen schon in prähistorischen Zeiten nach Mitteleuropa, zum Teil hat sie der vorgeschichtliche Mensch als Grüngemüse benutzt. Wir bringen jeweils nur wenige Beispiele. Aus der jüngeren Steinzeit sind bekannt: *Agropyrum repens, Stellaria media, Chenopodium album* und *Ch.- bonus-henricus*, die verschiedenen *Polygonum*-Arten, *Papaver rhoeas, Lamium purpureum, Galium aparine*, die *Sonchus*-Arten und viele andere. In der Bronzezeit kamen hinzu: *Saponaria officinalis, Sinapis arvensis, Medicago lupulina, Euphorbia cyparissias, Viola tricolor, Anagallis arvensis* u. a. Neue Arten aus der gallo-römischen Zeit sind: *Chelidonium majus, Portulaca oleracea, Ballota nigra, Sherardia arvensis* u. a.; man verwendete sie z. T. auch als Heilpflanzen.

Die *Neophyten* oder Neubürger wurden erst in neuerer Zeit eingeschleppt; bei ihnen ist der Zeitpunkt des ersten Auftretens und der Ausbreitung meistens genau bekannt, z. B. der von *Elodea canaden-*

sis (jetzt zur Gattung *Anacharis* gestellt), die 1836 aus Nordamerika nach Irland kam, 1859 bei Berlin ausgesetzt wurde und sich rasch durch rein vegetative Vermehrung (nur ♀ Pflanzen) zur „Wasserpest" entwickelte, heute jedoch durch Parasiten (Nematoden) in Schranken gehalten wird.

Juncus tenuis, jetzt überall auf feuchten Waldwegen verbreitet, stammt aus Nordamerika und wurde 1822 zuerst in Belgien und Holland, 1851 an weit getrennten Orten in Deutschland beobachtet; die klebrigen Samen dieser Art bleiben leicht an Rädern und Schuhsohlen haften. Ebenfalls aus Amerika stammt die Nachtkerze (*Oenothera biennis*), wie auch *Erigeron canadensis* (neuerdings zu *Conyza* gerechnet), die man in Europa seit dem 17. Jahrhundert kennt.

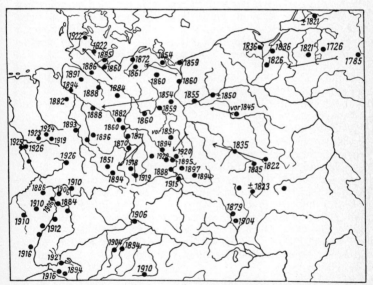

Abb. 70. Erstes Auftreten (Jahreszahl) von *Senecio vernalis* an verschiedenen Orten in Mitteleuropa.

Aber auch aus dem Osten wanderten einige Arten ein, wie z. B. das auffallende Frühlingskreuzkraut (*Senecio vernalis*), dessen Ausbreitung genau verfolgt wurde (Abb. 70). Auch *Cardaria* (*Lepidium*) *draba* drang erst im vorigen Jahrhundert längs der Eisenbahndämme aus dem Orient nach Mitteleuropa vor. Besonders viele Neubürger findet man an Flußufern, wie *Mimulus guttatus* (seit 1850), *Aster salignus, Bidens frondosa* und in neuester Zeit *Impatiens glandulifera* (= *I.roylei*), sowie verschiedene *Helianthus* spp. Die genannten Arten sind zu einem Bestandteil unserer Flora geworden, wenn man sie auch meist an gestörten Biotopen vorfindet. Daneben gibt es noch Arten (Passanten), die aus zufällig eingeschleppten Samen oder Früchten, und zwar auf Bahnhofs- oder Hafengelände oder um Stapelplätze importierter Waren herum keimen, sich zuweilen einige Jahre dort halten, bald aber wieder verschwinden.

Adventivpflanzen spielen eine noch viel größere Rolle in von Europäern besiedelten außereuropäischen Ländern (Nordamerika, Chile und Argentinien, Australien und Neuseeland u. a.). Diese sind dort nicht nur Unkräuter und Ruderalpflanzen, sondern in besonders großer Zahl auch Bestandteile der Viehweiden. Auf Neuseeland unterscheiden sich diese floristisch kaum noch von den europäischen. Der Grund dafür ist wohl, daß in diesen Ländern in voreuropäischer Zeit keine Viehzucht betrieben wurde. Die Indianer züchteten nur Truthähne der Federn wegen, auf Neuseeland gab es außer den Fledermäusen keine Säugetiere. In Europa dagegen ist die Viehzucht viele Jahrtausende alt, so daß verbiß- und trittresistente Arten auf den Viehweiden herausselektioniert wurden. Diese sind auf den von europäischen Viehrassen beweideten Flächen außereuropäischer Gebiete den einheimischen nicht verbißresistenten Arten überlegen und verdrängen sie leicht. Adventive Arten spielen heute auch in den Tropen eine große Rolle.

Durch den immer zunehmenden Verkehr wird die Ausbreitung von Pflanzen erleichtert. Der Anbau von Kulturpflanzen erfolgt auf internationaler Basis. Alle Neuzüchtungen werden in kurzer Zeit überall dort angebaut, wo sie die besten Erträge gewährleisten. Das gilt auch für die forstlich angebauten Baumarten. Die australischen *Eucalyptus*-Arten findet man überall, wo sie nicht frostgefährdet sind. Dasselbe gilt für *Pinus radiata*, die ursprünglich eine bei Monterey in Kalifornien endemische Art war, heute jedoch in Chile, Australien, auf Neuseeland usw. mit die wichtigste forstlich auf großen Flächen angebaute Baumart ist und stellenweise das Landschaftsbild dieser Länder beherrscht.

10 Das Problem des Schutzes von seltenen Pflanzenarten

Die seltenen und heute geschützten Reliktarten breiteten sich in unserem Gebiet unter klimatischen Bedingungen aus, die nicht den heutigen entsprachen. Sie stehen deshalb nicht im Gleichgewicht mit der heutigen natürlichen Umwelt und müßten mit der Zeit unter dem Konkurrenzdruck der an das gegenwärtige Klima angepaßten Arten zum größten Teil verschwinden. Spezielle Biotope, an die sie besser angepaßt wären als andere Arten, gibt es nur wenige. Sie halten sich deshalb meist an offenen oder durch den Menschen stark veränderten Biotopen, an denen sie vor dem Konkurrenzdruck durch andere Arten geschützt sind. Solche Biotope werden vor allen Dingen durch den Menschen bei extensiver Nutzung des Landes oder auf Ödland geschaffen. Deshalb findet man die Reliktarten nicht nur auf Flußalluvionen, Felsstandorten, Schutthängen und Mooren, sondern noch häufiger auf beweideten Kalkhängen, einmähdigen ungedüngten Trockenwiesen, Schafweiden, Ödland mit starker Bodenerosion, Heideflächen, Streuwiesen, alten Torfstichen, Almen usw. Berühmt waren die Sandflächen um Mainz und bei Heidelberg, die früher als Exerzierplatz dienten. Alle diese Standorte sind heute durch die intensive Landnutzung gefährdet. „Ödland" ist billiges Land und deshalb als Baugelände, für Wochenendhäuser, Sportplätze usw. beliebt. Grünland wird gedüngt, Moorwiesen werden entwässert, Schafweiden und Heideflächen mit Fichten aufgeforstet. Felsen sind schöne Aussichtspunkte, auf denen Ausflügler alles zertrampeln, Exerzierplätze werden durch Panzer glattgewalzt. Deshalb liegt es nahe, Ödland mit interessanten Reliktpflanzen unter Naturschutz zu stellen, aber dadurch fällt die ursprüngliche, extensive Nutzung, die die Voraussetzung für die Erhaltung der Reliktpflanzen war, weg, was zu ihrem langsamen Verschwinden führt. Ein absoluter Schutz bewirkt oft gerade das Gegenteil von dem, was beabsichtigt wird; denn der Wald, der die dem Klima entsprechende Vegetation darstellt, ergreift vom Ödland Besitz. Besonders gefährlich sind oft die Nadelhölzer Kiefer und Fichte, die ursprünglich im Laubwaldgebiet fehlten, aber heute durch die Forstwirtschaft überall verbreitet wurden und sich durch Anflug auf dem Ödland leicht ansiedeln.

Geschützte Flächen müssen also weiterhin so extensiv genutzt werden, wie es früher der Fall war. Daran ist jedoch kein Bauer interessiert. Er will auch die einmähdigen Wiesen düngen, was die seltenen Orchideen sofort zum Verschwinden bringt. Schafweidehaltung ist heute weitgehend unrentabel. Schutz von seltenen Arten ist deshalb mit dauernden laufenden Ausgaben verknüpft und verlangt eine sehr sachverständige Überwachung. Guter Wille allein und Naturliebe genügen nicht. Es ist auch Einsicht in die ökologischen Zusammenhänge erforderlich.

Zönologische Geobotanik

1 Allgemeines

Die Darstellung der allgemeinen Grundlagen der zönologischen Geobotanik stößt auf gewisse Schwierigkeiten. In Mitteleuropa hat sich in den letzten 50 Jahren eine besondere Richtung der Vegetationskunde durchgesetzt – die von BRAUN-BLANQUET begründete *Pflanzensoziologie.* Diese hat das Interesse für vegetationskundliche Fragen in weiten, hauptsächlich hochschulfremden Kreisen geweckt und zur Beobachtung feinster Unterschiede in der Zusammensetzung der Pflanzendecke angeleitet. Aber das Untersuchungsobjekt, die derzeitige Vegetation Mitteleuropas stellt in Hinblick auf die der gesamten Erde einen Sonderfall dar. Eine natürliche vom Menschen unbeeinflußte Pflanzendecke gibt es bei uns nicht, wenn man von kleineren Quellmooren, steilen Felswänden u. a. absieht, die eine verschwindend geringe Fläche einnehmen. Die Wasserläufe sind begradigt und wie alle Wasserbecken eutrophiert oder extrem verschmutzt, die Meeresküsten durch Badende überlastet usw. Es handelt sich somit um eine durch den Menschen stark geprägte, intensiv genutzte, d. h. anthropogene Vegetation. Das gilt nicht nur für die Ackerunkraut- und Grünlandgesellschaften, sondern auch für die oft als naturnahe bezeichneten Waldgesellschaften. Zwar stehen diese den ursprünglichen Wäldern näher als z. B. die Wiesen, aber ihre spezielle Ausbildung hängt doch von den waldbaulichen Maßnahmen der Forstwirtschaft ab (vgl. Seite 78 ff).
Die Eingriffe des Menschen sind also der Faktor, der in erster Linie die Zusammensetzung der Pflanzengemeinschaften bestimmt. Erst an zweiter Stelle macht sich der Einfluß der natürlichen Umweltfaktoren bemerkbar. Da aber sowohl die Landwirtschaft in den letzten Jahrzehnten als auch die Forstwirtschaft in dem letzten Jahrhundert bestimmte Bewirtschaftungsweisen ausarbeiteten, die auf durch Besitzverhältnisse und Betriebsplanung scharf begrenzten Flächen regelmäßig zur Anwendung kamen, so bildeten sich relativ leicht unterscheidbare Vegetationseinheiten aus, wie man sie unter natürlichen Verhältnissen in dieser Deutlichkeit selten findet. Die natürlichen Standortfaktoren bewirken nur eine weitere Untergliederung in enggefaßte Pflanzengesellschaften.
Das Ziel der Pflanzensoziologie ist es, diese Pflanzengesellschaften zu beschreiben und sie in einem System zusammenzufassen, ähnlich wie

man es mit den Pflanzenarten in einer Flora tut. Während jedoch die Pflanzenarten sich selbst in Jahrtausenden kaum ändern, sind die durch den Menschen geprägten Vegetationseinheiten und damit auch die von den Pflanzensoziologen unterschiedenen Pflanzengesellschaf-

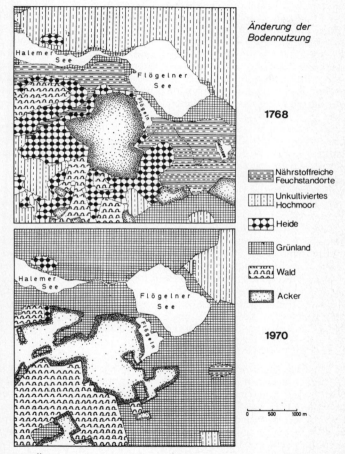

Abb. 71. Änderung der Pflanzendecke im Landkreis Wesermünde in den letzten 200 Jahren. Auf Kosten von Heide, Hoch- und Niedermoor haben Forsten, Grünland und Äcker zugenommen (aus J. SCHWAAR, Z. f. Kulturtech. u. Flurber. 13, 257–271, 1972).

ten zeitlich begrenzte Artengefüge. Sie verschwinden und machen anderen Platz, sobald sich die Landnutzungsmethoden ändern. Die Pflanzendecke Mitteleuropas sah im Mittelalter ganz anders aus (Waldweide, extensive Wirtschaft ohne mineralischen Dünger, Dreifelderwirtschaft usw.). Wie stark sich die Vegetationsdecke selbst in den letzten 200 Jahren in gewissen Gebieten geändert hat, zeigt Abb. 71. Auch gegenwärtig bahnt sich erneut ein grundlegender Wandel an: Die Herbizide werden den von den Pflanzensoziologen bisher beschriebenen Unkrautgesellschaften bald ein Ende bereiten. Die Bewirtschaftung des Grünlandes wird oft unrentabel; sowie jedoch die Düngung und Mahd aufhören, wird eine Veränderung der Artenkombination und eine Verbuschung eintreten. Auch die Zusammensetzung der Wälder kann durch die Umstellung der Forstwirtschaft auf ihre neuen Aufgaben (Seite 83) nicht die gleiche bleiben.

Diese Änderungen zu verfolgen, wird eine lohnende, auch ökologische wissenschaftliche Aufgabe sein, sie hat aber nichts mit der Katalogisierung und Klassifikation von soziologisch benannten Pflanzengesellschaften zu tun.

Je mehr man sich mit der natürlichen Vegetation der anderen Kontinente beschäftigt, desto mehr wird man sich bewußt, wie praktisch restlos die natürliche Pflanzendecke in Mitteleuropa durch den Menschen zerstört wurde. Wer nur Europa kennt, dem erscheint eine nicht verwüstete Kulturlandschaft mit abwechselnden Grünlandflächen und Wäldern schon als „Natur". Es fragt sich deshalb, ob die Beschreibung und Aufzählung der gegenwärtigen, zeitlich begrenzten Pflanzengesellschaften Mitteleuropas und ihre Untergliederung in kleinste Einheiten allein schon ein lohnendes wissenschaftliches Ziel darstellen, oder ob man sich nicht intensiver der Aufklärung der kausalen Zusammenhänge, also allgemeingültigeren wissenschaftlichen Problemen, zuwenden sollte.

2 Die Pflanzengemeinschaften

Die Pflanzenarten, deren gegenwärtige und frühere Verbreitung in den beiden ersten Teilen behandelt wurde, kommen unter natürlichen Bedingungen nicht einzeln vor und auch nicht in rein zufälligen Kombinationen, sondern sie schließen sich zu bestimmten Pflanzengemeinschaften zusammen, die in ihrer Gesamtheit die *Vegetation* eines Gebietes bilden. Mit diesen Gemeinschaften beschäftigt sich die zönologische Geobotanik (Vegetationskunde).

Unter von Menschen unbeeinflußten Verhältnissen sind die Pflanzengemeinschaften meistens nicht scharf abgegrenzt, sondern durch allmähliche Übergänge miteinander verbunden. Sie bilden deshalb auf der Erdoberfläche eine Pflanzendecke, die ein *Kontinuum* darstellt.

Es ist nicht etwa so, daß sich die Veränderungen der Pflanzengemeinschaften durch das Ausfallen oder Auftreten einer Art sprunghaft ändern müssen, sondern die Arten nehmen unter natürlichen Bedingungen und bei stetiger Änderung der ökologischen Gradienten allmählich mengenmäßig ab, bis sie nur noch sporadisch und dann überhaupt nicht mehr vorkommen. Sprünge gibt es nur in den pflanzensoziologischen Tabellen (vgl. Seite 108) oder bei Bewirtschaftungsgrenzen (Acker-Wiese usw.). Trotzdem weist das Kontinuum oft genug gewisse Diskontinuitäten auf, d. h. Zonen einer raschen Änderung in der Zusammensetzung, und zwar immer dort, wo auch die Umweltbedingungen sich plötzlich verändern, z. B. am Rande von Wasserbecken, am Fuß eines Schutthanges, an steil abfallenden Felsen usw.

In einer Pflanzengemeinschaft oder *Phytozönose* leben auch tierische Organismen. Die Pflanzen und die Tiere bilden zusammen eine Lebensgemeinschaft oder *Biozönose*. Die Lebensstätte derselben wird als ihr *Biotop* bezeichnet, die Außenbedingungen an diesem als die *Umwelt* der Biozönose, bzw., soweit es sich um abiotische Faktoren handelt, als ihren *Standort* oder *Ökotop* (vgl. Seite 155).

Für die Abgrenzung der einzelnen Biozönosen werden die Gemeinschaften der ortsgebundenen Pflanzen, also die Phytozönosen, verwendet.[1]

Um die Frage zu beantworten, wie eine Pflanzengemeinschaft zustande kommt, wollen wir die allmähliche Besiedlung eines von allen Pflanzen entblößten Bodens betrachten: Im ersten Jahre keimen auf diesem die Arten, deren Samen durch Wind oder Tiere auf die Fläche gelangten, oder deren Samen im Boden vorhanden waren. Von den heranwachsenden Pflanzen fallen vor allem die einjährigen (annuellen) Arten auf, die sich rasch entwickeln, zum Blühen kommen, fruchten und sich wieder aussamen. Im nächsten Jahre ist die Fläche schon dichter besiedelt. Neben den annuellen Arten findet man jezt auch bienne; diese keimten zwar ebenfalls im ersten Jahr, kamen jedoch nicht zur Blüte und überwinterten als Rosette, wie z. B. verschiedene Disteln. Sie entwickeln sich im zweiten Jahr sehr kräftig. Noch länger dauert es, bis perenne Arten und Holzpflanzen heranwachsen. Sie sammeln von Jahr zu Jahr mehr Reservestoffe vor dem Überwintern an und drängen im Konkurrenzkampf die anderen Arten zurück. Zuletzt gewinnen die Holzpflanzen die Oberhand, weil sie ihre Erneuerungsknospen an den Zweigenden immer höher über

---

[1] Man darf deshalb von deren Biotopen und von solchen der Einzelpflanzen sprechen. Die Biotope werden meistens allgemein charakterisiert. Biotope sind z. B. ein Südhang, eine Schlucht, eine Felswand oder eine Sandfläche, ein Seeufer, eine Düne usw. Mikrobiotope sind: ein Baumstumpf, ein Bult, eine Wasserlache usw.

dem Boden anlegen, so daß die sich im Frühjahr entfaltenden Blätter die krautigen Arten beschatten und im Wachstum hemmen. Zunächst sind es endozoochore Sträucher mit Beerenfrüchten, aber auch Lichtholzarten mit durch Wind verbreiteten Samen (Weiden, Espen, Birken u. a.); später setzen sich die ein höheres Alter erreichenden Schattenholzarten durch. Auf diese Weise entsteht bei uns nach vielen Jahrzehnten, wenn Eingriffe des Menschen unterbleiben, auf guten Böden ein Laubmischwald mit vorherrschender Buche.
In den klimatisch trockeneren Beckenlandschaften ist die Buche weniger wüchsig, so daß Hainbuche und Eiche im Endstadium eine größere Rolle spielen, auf armen Sandböden im östlichen Mitteleuropa die Kiefer, bei hohem Grundwasserstand die Schwarzerle. In einem Gebiet mit einer anderen Flora, z. B. in Nordamerika, werden unter gleichen Umweltbedingungen andere Waldgesellschaften entstehen. Greift der Mensch in die Entwicklung ein, indem er z. B. den jungen Bestand regelmäßig abmäht, so werden die Holzpflanzen ausgeschaltet und im Endresultat entsteht eine Wiesengesellschaft mit vorherrschenden Gräsern.
Wir sehen somit, daß für die Zusammensetzung einer stabilen Pflanzengemeinschaft erstens die historisch bedingte Flora des Gebietes, die die Bausteine für die Gemeinschaft – die Arten – liefert und zweitens die ökologischen Umweltbedingungen (Klima und Boden einschließlich der Eingriffe des Menschen) ausschlaggebend sind. Im einzelnen entscheiden jedoch über die Artenzusammensetzung der Gemeinschaft noch folgene Tatsachen:

1. *Der Wettbewerb der Arten untereinander,*
2. *die Abhängigkeit der einen Arten von den anderen,*
3. *das Vorkommen von komplementären Arten.*

Bei unserem Beispiel eines Laubwaldes ist der Wettbewerb zunächst entscheidend für die Zusammensetzung der Baumschicht. Unter den günstigsten Bedingungen setzt sich bei uns, wie erwähnt, die Buche durch.
Die Baumschicht bestimmt die Lichtverhältnisse unter dem Kronendach, die viel ungünstiger sind als an offenen Standorten. Es werden deshalb im Walde nur Arten wachsen können, die Schatten vertragen. Sie sind von der Baumschicht abhängig. Unter ihnen findet wiederum eine bestimmte Auslese durch den Wettbewerb statt.
Neben diesen abhängigen Arten können noch zu ihnen komplementäre vorkommen, die mit ihnen nicht in Wettbewerb treten, sondern sie ergänzen; man sagt, daß sie ökologische Nischen ausfüllen, also nicht ausgenutzte Lücken räumlicher oder zeitlicher Art. *Zeitlich komplementär* sind z. B. die Frühlingsgeophyten unserer Laubwälder (*Scilla, Corydalis, Ficaria, Anemone*), die sich vor der Laubentfaltung der Bäume entwickeln und die günstigen Lichtverhältnisse ausnutzen, bevor die Schattenpflanzen mit ihrem Wachstum beginnen.

Als *räumlich komplementär* können wir in einem Laubwald die Moose bezeichnen, die auf Baumstümpfen oder Felsblöcken wachsen, also an Stellen, die durch krautige Arten nicht besiedelbar sind. Auch die Flechten an den Baumstämmen gehören hierher. In den Tropen füllen die Epiphyten die Lücken im Stammraum der Wälder aus.

Zu einander komplementär sind auch die in verschiedener Bodentiefe wurzelnden Arten; denn sie stehen nicht im direkten Wettbewerb um das Wasser und die Nährstoffe, wodurch eine bessere Ausnutzung des Bodens ermöglicht wird (Abb. 72, vgl. S. 186).

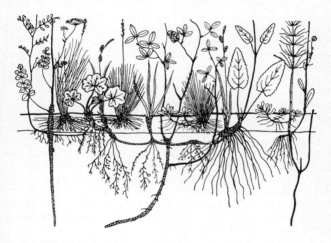

Abb. 72. Wurzelschichtung bei einer Wiesengesellschaft.

Eine stabile Pflanzengemeinschaft ist somit eine „abgesättigte" Kombination von Pflanzenarten, die miteinander und mit ihrer Umwelt in einem ökologischen Gleichgewicht stehen. Andere Arten der einheimischen Flora haben keine Möglichkeit in ihr Fuß zu fassen.

Solche Pflanzengemeinschaften haben sich an den verschiedenen Standorten in großer Zahl im Laufe der Zeit durch Auslese herausgebildet oder sie sind unter der Einwirkung regelmäßiger Eingriffe des Menschen entstanden (anthropogen bedingte Gemeinschaften). Solange das ökologische Gleichgewicht noch nicht erreicht ist, treten durch Hinzukommen neuer Arten ständige Veränderungen in der Artenzusammensetzung ein, wie wir sie am Beispiel der Besiedlung einer Fläche erläuterten.

Das Gleichgewicht einer Pflanzengemeinschaft ist kein statisches, sondern ein *dynamisches*; denn dauernd sterben einzelne alte Pflanzen ab und werden durch junge ersetzt. Man darf auch die Stabilität der Artenkombination nicht überschätzen, weil die Witterungsverhältnisse von Jahr zu Jahr schwanken; auf feuchte Jahre folgen trockene, auf warme kühle. Deshalb werden bald die einen Arten, bald die anderen, im Wettbewerb begünstigt, so daß die Zusammensetzung der Gesellschaft zumindesten im Hinblick auf die Menge der einzelnen Arten um einen Mittelwert schwankt.

Die Abhängigkeit der einen Arten von den anderen wird nicht nur durch die Lichtverhältnisse bedingt. Die von der Baumschicht abfallenden Blätter bilden am Boden eine Streuschicht, die zur Humusbildung im Boden beiträgt. Dieser Humusschicht entnehmen die Kräuter die notwendigen Nährstoffe. Auch die Wurzelkonkurrenz der Bäume ist für die Kräuter von großer Bedeutung (Seite 96 ff.).

Es braucht nicht immer die obere Schicht die bestimmende und die untere die abhängige zu sein. Auf einem Waldhochmoor ist oft die Torfmoosschicht die ausschlaggebende; wachsen die Moose zu üppig, so überwuchern sie den Baumjungwuchs oder bringen durch Vernässung des Bodens die alten Bäume zum Absterben.

Wir sehen somit, daß die Wechselbeziehungen zwischen den einzelnen Arten der Gemeinschaft sehr mannigfacher Art sein können, aber von den wenigen Fällen des Parasitismus oder einer Symbiose abgesehen, sind sie stets *indirekter Natur über die Umweltfaktoren*. Jede Art behält ihre Selbständigkeit und reagiert unabhängig von den anderen. Direkte soziale Beziehungen zwischen den einzelnen Arten bestehen nicht. Deshalb erweckt die Bezeichnung „Pflanzensoziologie" falsche Vorstellungen. Sie stammt aus einer Zeit, als man in den Pflanzengesellschaften Einheiten höherer Art mit organismenähnlicher Struktur sah, was keineswegs der Fall ist.

3 Der Wettbewerbsfaktor

Unter Wettbewerb, dem für die Zusammensetzung der Pflanzengemeinschaften so ausschlaggebenden Faktor, verstehen wir ganz allgemein den hemmenden Einfluß, den die auf einem engen Raum miteinander wachsenden Pflanzen auf einander ausüben, ohne daß Parasitismus vorliegt; sie machen sich gegenseitig das Licht, das Wasser im Boden oder die Nährstoffe streitig. Eine freistehende Pflanze entwickelt sich deshalb unter sonst gleichen Bedingungen viel üppiger als eine in einer Gemeinschaft wachsende. Es handelt sich dabei um physikalisch-chemische Beziehungen. Ob dabei auch von den Wurzeln der Pflanzen, ihren oberirdischen Organen (Terpene) oder der abgefallenen Streu gewisse Verbindungen ausgeschieden werden, die schon in kleinsten Mengen als eine Art Kampfstoffe hemmende Einflüsse auf die Nachbarpflanzen ausüben, ist nicht mit Sicherheit erwiesen. Bisher wurde die Bedeutung solcher im Laboratorium wiederholt festgestellten „allelopathischen" Wirkungen in der Natur noch nicht einwandfrei erwiesen. Zur Zeit werden gewisse Kampfstoffe bei einer *Salvia*-Art in Kalifornien und bei einigen Steppenarten in Osteuropa angenommen, doch sollte die weitere Entwicklung dieser Frage abgewartet werden, da die Wurzelkonkurrenz nicht genügend berücksichtigt wurde.

Wir müssen zwischen einem *intraspezifischen* Wettbewerb, also zwischen Pflanzen derselben Art, und einem *interspezifischen*, d. h. zwischen den verschiedenen Arten zugehörigen Pflanzen, unterscheiden. Beide spielen für die Zusammensetzung der Gemeinschaften eine wichtige, aber entgegengesetzte Rolle. Während beim intraspezifischen Wettbewerb die schwachen Individuen einer Art ausgemerzt werden und nur die kräftigen verbleiben, was der Erhaltung der Art nützt, tritt beim interspezifischen Wettbewerb eine Unterdrückung der wettbewerbsschwachen Arten oft bis zu ihrer völligen Verdrängung ein. Im Laborversuch unter konstanten Bedingungen genügt schon ein geringer Konkurrenzvorteil, um einer Art mit der Zeit die absolute Vorherrschaft zu sichern, es sei denn, die andere kann sich in einer Nische dem Wettbewerb entziehen.

In der Natur wechseln jedoch die Außenbedingungen ständig; infolgedessen findet eine völlige Unterdrückung nur bei einer sehr starken Wettbewerbsüberlegenheit der anderen Art statt. Normalerweise bilden sich Mischbestände, in denen die Arten im Verhältnis ihrer Konkurrenzkraft vertreten sind. In den Nordalpen ist z. B. in der Höhenlage der Buchen-Fichtenwaldgrenze die Buche an Südhängen absolut überlegen, die Fichte an Nordhängen, an Ost- und Westhängen dagegen findet man Mischbestände aus Buche mit Fichte.

Noch eine weitere Tatsache kann Mischbestände begünstigen: Genaue, mehrere Jahre hindurch fortgesetzte Kartierungen der Wuchsstellen einzelner Individuen in einem Wiesenbestand zeigten, daß die meisten Individuen dauernd ihren Platz wechseln, indem die Rhizome oder Ausläufer peripher auswachsen, während die alten Teile im Zentrum absterben und den Platz für andere Arten freimachen. Es findet somit eine gewisse ständige Rotation statt, die mit der Erscheinung der Bodenmüdigkeit in Zusammenhang stehen könnte (Seite 227). Eine solche Rotation ist nur in Mischbeständen möglich. Auch in tropischen Urwäldern wurde beobachtet, daß die Sämlinge einer Baumart unter dem Schirm von anderen Arten besser keimen, als unter dem der gleichen, was ebenfalls zu Mischbeständen führen muß.

Wir sehen somit, daß der Kampf ums Dasein in der Natur nicht so unerbittlich ist, wie unter konstanten künstlichen Bedingungen. Das gebietet Vorsicht bei Schlußfolgerungen aus Laboratoriumsversu-

chen, die heute oft als allein wissenschaftlich einwandfrei angesehen werden. Die Natur ist viel komplizierter.
Es wird oft die Ansicht geäußert, daß die Pflanzengemeinschaften der beste Ausdruck für die jeweiligen Umweltbedingungen des Biotops sind. Das gilt jedoch nur, wenn es sich um Gemeinschaften handelt, die sich nach einer Wettbewerbsauslese im Gleichgewicht befinden. Bei uns herrschen oft Ungleichgewichte vor, wenn die Eingriffe des Menschen über längere Zeiträume nicht regelmäßig, sondern willkürlich erfolgen. Auch in den Tropen wird durch Feuer oder unregelmäßige Beweidung in den Savannengebieten das Gleichgewicht immer wieder gestört. Man muß sich deshalb vor ungesicherten Schlußfolgerungen in Acht nehmen. Das gilt insbesondere, wenn man als Standortszeiger nur die Bodenflora im Walde benutzt. Diese kann allein als Ausdruck ihrer eigenen Umwelt, also des Mikroklimas am Waldboden und der Verhältnisse in der von ihr durchwurzelten Bodenschicht, gelten, nicht jedoch als Ausdruck der für die Baumschicht maßgebenden Umwelt. Das Mikroklima am Boden wird aber durch die Struktur der Baumschicht, die vom Forstmann bestimmt wird, mitgeschaffen, ebenso wie die Humusschicht des Bodens. Dazu kommt, daß auf flachgründigen Waldböden die Wurzelkonkurrenz der Bäume über die Zusammensetzung der Bodenflora entscheidet.
Grundlegende Untersuchungen wurden in dieser Hinsicht von KARPOV in Fichtenwäldern bei Leningrad durchgeführt, in denen die Fichtenwurzeln mit ihrer Mykorhiza infolge eines hohen Grundwasserstandes zu 90% auf die oberen 20 cm des Bodenprofils beschränkt waren. Der Unterwuchs bestand aus einer Heidelbeerschicht mit einem Moosteppich und kümmerlichen *Oxalis acetosella* Pflänzchen. Man nimmt an, daß der wichtigste den Unterwuchs begrenzende Faktor in einem solchen Fichtenwald das Licht ist. Schaltet man jedoch auf einer 1 m² großen Probefläche die Wurzelkonkurrenz aus, indem man die Baumwurzeln ringsherum bis 50 cm tief absticht, ohne die Lichtverhältnisse zu verändern, so breitet sich *Oxalis* über die ganze Fläche aus und unterdrückt die Moosschicht. Nach einigen Jahren stellt sich sogar die nitrophile Himbeere (*Rubus idaeus*) ein. Die Photosynthese von *Oxalis* war bei der Kontrolle und auf der Probefläche gleich, aber die einzelnen *Oxalis*-Pflanzen bildeten auf der Probefläche ohne Wurzelkonkurrenz eine große Blattfläche aus und ihre Stoffproduktion stieg auf das 10fache.
Als begrenzender Faktor für die Bodenvegetation in solchen Wäldern erwies sich die Menge des aufnehmbaren Stickstoffs (N) im Boden, den vor allem die Baumwurzeln an sich reißen. Die *Oxalis*-Pflanzen auf den Kontrollflächen besaßen als Anzeichen eines N-Mangels eine gelblichgrüne Blattfarbe (N-Gehalt 2,06%); auf den Probeflächen ohne Baumwurzelkonkurrenz waren sie dagegen sattgrün (N-Gehalt 3,62%). Die Ausschaltung der Baumwurzelkonkur-

renz machte sich schon nach 3–4 Wochen bemerkbar, im August war der Chlorophyllgehalt der *Oxalis*-Pflanzen und der Fichtensämlinge auf den Versuchsflächen auf mehr als das Doppelte gestiegen. Düngung mit 40 kg/ha N, 40 kg/ha K und 29 kg/ha P ohne Ausschaltung der Wurzelkonkurrenz hatte keine Wirkung, weil der Dünger von den Baumwurzeln aufgenommen wurde; erst bei 75–200 kg/ha N-Gaben konnte schon nach 7–10 Tagen eine Vertiefung der Grünfärbung und bald ein stärkeres Wachstum festgestellt werden.

Schon diese Tatsachen sprechen dagegen, daß der zusätzliche Stickstoff beim Durchstechen der Baumwurzeln aus den sich zersetzenden Wurzelenden auf der Probefläche stammt; denn die Wurzeln werden langsam abgebaut und ihr N wird dabei zunächst im Körper der Mikroben festgelegt. Düngungsversuche mit markiertem Phosphor in Birkenwäldern ergaben, daß auch der im Boden vorhandene aufnehmbare Phosphor hauptsächlich von den Wurzeln der Bäume aufgenommen wird, nach der Ausschaltung der Baumwurzelkonkurrenz dagegen in einem 5–9fach höherem Ausmaß den Baumsämlingen zur Verfügung steht (Abb. 73 und 74).

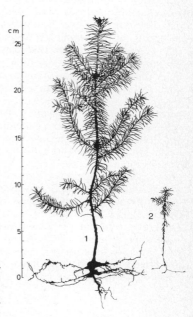

Abb. 73. Fichtensämlinge in einem Birkenwald: 1 bei ausgeschalteter Wurzelkonkurrenz der Birken, 2 bei Wurzelkonkurrenz (nach KARPOV, aus WALTER 1968).

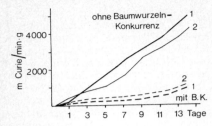

Abb. 74. Anreicherung von markiertem Phosphor in Nadeln der Fichtensämlinge nach entsprechender Düngung: 1 im Birkenwald im *Vaccinium myrtillus* auf stark podsolierten Boden, 2 im krautigen Birkenwald mit *Aegopodium podagraria* auf schwach podsoligem Boden. Obere Kurven ohne Baumwurzelkonkurrenz, untere mit derselben (nach KARPOV, aus WALTER 1968).

In unseren Buchenbeständen mit tiefgründigen Böden und einer deutlichen Wurzelschichtung spielt die Baumwurzelkonkurrenz eine geringe Rolle und die Lichtverhältnisse sind von größerer Bedeutung. Dagegen könnten die Verhältnisse in armen Eichenbeständen auf flachgründigen sauren Böden und einem Unterwuchs aus *Vaccinium myrtillus, Calluna, Deschampsia flexuosa, Melampyrum pratense* und Moosen ähnlich sein wie im Fichtenwald.

Auf jeden Fall zeigt die Waldbodenvegetation oft nicht den gesamten aufnehmbaren Wasser- und Nährstoffvorrat im Boden an, *sondern nur die Restmenge, welche die Bäume übrig lassen.* Ihr Aussagewert in bezug auf die forstlichen Möglichkeiten ist deshalb begrenzt. An der Trockengrenze der Buchenwälder, z. B. in Böhmen oder in Griechenland, fehlt oft jeder Unterwuchs, weil die Baumschicht höhere Wurzelsaugspannungen entwickelt als die Bodenpflanzen und alles verfügbare Wasser an sich reißt. Auch hier stellt sich in einem solchen „Fagetum nudum" Unterwuchs ein, wenn man die Baumwurzelkonkurrenz ausschaltet. Durch die Bodentrockenheit wird außerdem der Streuabbau gehemmt, es reichert sich viel totes Laub am Boden an, wodurch die Mineralisierung des Stickstoffs eine gewisse Hemmung erfahren dürfte. Das alles trifft auch für andere Waldbestände an ihrer Trockengrenze zu, z. B. für Kieferbestände auf trockenen Sandböden, die nur einen Flechtenunterwuchs aufweisen. Letzterer kann sich entwickeln, da er bei seiner Wasser- und Nährstoffaufnahme nicht durch die Wurzelkonkurrenz der Kiefern betroffen wird.

Die große Zahl von nitrophilen Arten auf Waldschlägen (*Chamaenerium angustifolium, Rubus*-Arten, *Sambucus nigra* u. a.) beweisen eine gute Nachlieferung an mineralisiertem Stickstoff beim Abbau der Humusstoffe; er steht ihnen bei fehlender Baumwurzelkonkurrenz voll zur Verfügung.

4 Die Bestandesaufnahme

Die genaue Vegetationsuntersuchung beginnt mit den Bestandesaufnahmen. Jedem aufmerksamen Beobachter wird es auffallen, daß sich in einem bestimmten Gebiet gewisse Artenkombinationen unter ähnlichen Umweltbedingungen häufig wiederholen. Um solche Pflanzengemeinschaften zu erfassen, werden konkrete Beispiele auf begrenzten Probeflächen genauer beschrieben, d. h. Bestandesaufnahmen gemacht. Die ausgewählten Probeflächen sollen möglichst einheitliche Standortbedingungen aufweisen; ebenso soll der Pflanzenbestand homogen erscheinen.[1] Deutlich abweichende Teile der Fläche, wie eine lichte Stelle im Walde oder ein alter Ameisenhaufen auf einer Wiese mit anderem Bewuchs werden nicht berücksichtigt. Die Größe der Probefläche richtet sich nach der Art der Pflanzengemeinschaft, die man beschreiben will. Für die Verhältnisse bei uns werden die in Tab. 3 zusammengefaßten Richtlinien gegeben.

Tab. 3. Ungefähre Größe des Minimum-Areals bei verschiedenen Pflanzengemeinschaften (nach ELLENBERG)

Wälder (einschließlich Baumschicht)	200–300 m^2
Wälder (nur Unterwuchs)	50–200 m^2
Heiden	10– 25 m^2
Wiesen	10– 25 m^2
Weiden	5– 10 m^2
Ackerunkrautbestände	25–100 m^2
Moosgesellschaften	1– 4 m^2
Flechtengesellschaften	0,1– 1 m^2

In tropischen Wäldern mit sehr artenreichem Baumbestand müssen die Flachen einen Hektar oder mehr betragen. Andererseits werden sie bei Mikroorganismen-, insbesondere Bakterien-Gemeinschaften, unter 1 mm^2 liegen.

Die Mindestgröße, das *Minimum-Areal*, entspricht einer Fläche, bei der eine weitere Vergrößerung zu keiner wesentlichen Zunahme der Artenzahl führt.

Das Beispiel in Tab. 4, bei dem die Probefläche auf einer Weide jeweils verdoppelt wurde, möge das zeigen.

Ist die Probefläche ausgewählt, dann muß zunächst die Lokalität genau angegeben und der Biotop, soweit es ohne Messungen möglich ist, beschrieben werden.

---

[1] Solche Flächen lassen sich in unseren auf Schlagflächen herangewachsenen älteren Waldbeständen leicht finden, nicht jedoch in Jungwuchsdickichten, im Plenterwald (Abb. 66) oder im oft sehr heterogenen Urwald (Seite 129 ff.).

Tab. 4. Bestandesaufnahme zur Bestimmung des Minimum-Areals von einer Weidelgrasweide (Lolieto-Cynosuretum typicum) (nach ELLENBERG)

$1/4$ m^2	*Lolium perenne*	
	Poa pratensis	
	Poa trivialis	
	Festuca pratensis	
	Trifolium repens	
	Chrysanthemum leucanthemum	
	Rumex acetosa	
	Plantago lanceolata	
	Bellis perennis	
	Cirsium arvense	insgesamt 10 Arten
$1/2$ m^2	außerdem:	
	Cynosurus cristatus	
	Trifolium pratense	
	Cerastium caespitosum	
	Centaurea jacea	insgesamt 14 Arten
1 m^2	*Leontodon autumnalis*	
	Achillea millefolium	insgesamt 16 Arten
2 m^2	*Holcus lanatus*	
	Vicia craca	
	Prunella vulgaris	insgesamt 19 Arten
4 m^2	*Plantago major*	
	Festuca rubra var. *genuina*	insgesamt 21 Arten
8 m^2	*Anthoxanthum odoratum*	insgesamt 22 Arten
16 m^2	*Trifolium dubium*	
	Taraxacum officinale	insgesamt 24 Arten
32 m^2	*Rumes crispus*	insgesamt 25 Arten
64 m^2	*Lathyrus pratensis*	insgesamt 26 Arten

Das Minimum-Areal ist somit in diesem Falle etwa 16 m^2

Bei der Aufnahme der vorkommenden Pflanzenarten fällt es häufig auf, daß sie sich in mehreren *Schichten* anordnen. Diese sind insbesondere bei unseren forstlich bewirtschafteten Wäldern ausgeprägt.
Man unterscheidet die auf Abb. 75 angegebenen Schichten, wobei die obere Krautschicht (50–100 cm), die mittlere (25–50 cm) und die untere (5–25 cm) häufig zusammengefaßt werden. Meist fehlen einzelne Schichten. Aus den Diagrammen (Abb. 75 und 76) läßt sich nicht nur die Schichtung, sondern auch ihr jeweiliger Deckungsgrad in % ersehen.
Die Arten notiert man nach den Schichten getrennt; außerdem gibt man ihre Mengenverhältnisse (Abundanz) nach der in Tab. 5 stehenden Zahlenskala an:

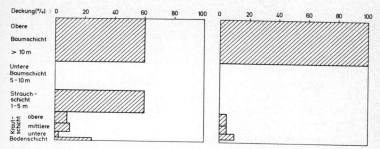

Abb. 75 (links). Schichtungsdiagramm des auf S. 102 beschriebenen Eichen-Birkenwald-Bestandes (vgl. dazu Abb. 76, rechts).
Abb. 76. Diagramm der Schichtung eines schattigen Buchenhochwaldes.
Baumschicht: Nur *Fagus sylvatica;* Strauchschicht fehlt; Krautschicht: (obere) + *Fagus,* + *Milium effusum,* + *Mycelis muralis;* (mittlere) + *Poa nemoralis,* + *Melica* (steril), + *Sanicula europaea;* (untere) 1 *Oxalis acetosella,* 1 *Asperula odorata,* 1 *Vicia sylvatica,* + *Geranium robertianum;* Bodenschicht (minimal): + *Catharinea undulata,* + *Brachythecium rutabulum.*

Tab. 5. Zahlenskala nach BRAUN-BLANQUET für die Menge (Individuenzahl oder Deckungsgrad)

5 = mehr als $3/4$ der Fläche deckend
4 = $1/2$ bis $3/4$ der Fläche deckend
3 = $1/4$ bis $1/2$ der Fläche deckend
2 = $1/20$ bis $1/4$ deckend oder sehr zahlreiche Individuen, aber weniger als $1/20$ deckend
1 = zahlreich, aber weniger als $1/20$ deckend oder ziemlich spärlich doch mit größerem Deckungswert
+ = spärlich und nur wenig Fläche deckend
r = sehr selten, meist nur ein Exemplar

Dieses Schätzungsverfahren ist leicht zu erlernen, ist wenig zeitraubend und in Anbetracht der von Ort zu Ort sich ständig ändernden Mengenanteile genügend genau. Die Anwendung exakter, zeitraubender Verfahren für ein so stark variierendes Objekt, wie es die Pflanzengemeinschaften sind, ist wenig sinnvoll. Für Grünlandstudien, die praktischen Zwecken der Ertrags- und Futterwertermittlung dienen, werden Schätzungen in Gewichtsanteilen (in % des Gesamtertrages) durchgeführt, doch setzen diese größere Erfahrungen und häufiges Nachprüfen der Schätzung durch Wägungen voraus.

Oft findet man als zweite Zahl Angaben über die Geselligkeit oder Soziabilität (Wuchsweise: 1 = einzeln, 2 = gruppenweise, 3 = truppweise, 4 = in kleinen und 5 = in großen Herden), doch kann man auf diese Angaben verzichten, da die Wuchsweise meist artspezifisch ist; in Gruppen oder Herden wachsen Arten mit Ausläufern oder Rhizomen.

Zuweilen wird auch die *Vitalität* einer Art verzeichnet, wenn sie von der Norm abweicht. Zu diesem Zweck fügt man bei der Zahl für die Mengenangabe einen hellen Kreis (o) hinzu, falls die Art nur kümmerlich entwickelt ist und nicht zum Blühen kommt, z. B. im tiefen Waldschatten, oder einen dunklen Punkt (●), wenn sie besonders üppig wächst.

Zur Vervollständigung der Bestandesaufnahme sind noch der geologische Untergrund und kurz das Bodenprofil zu beschreiben.

Als Beispiel einer genauen Bestandesaufnahme bringen wir hier folgende (aus ELLENBERG 1956, S. 21):

Aufnahme eines Waldbestandes

Datum: 30. 5. 1937. *Ort:* ö Haste, Staatsforst Haste, Jag. 23.
Karte: M. B. Rodenberg, *Gebiet:* Niedersachsen.
Gesellschaft: Feuchter Eichen-Birkenwald (*Querceto roboris-Betuletum molinietosum*).
Größe der Probefläche: 200 m². *Meereshöhe:* 52 m über NN.
Lage im Gelände: Rand einer breiten Mulde. *Exposition:* 1° Nord.
Bemerkungen: Baumschicht gepflanzt; nahe an einem schmalen Wirtschaftsweg, der die Lichtverhältnisse wenig stört.

Baumschicht:	Höhe etwa 22 m	Alter: 115 Jahre
(Abb. 75)	Bonität: mäßig	Kronenschluß: 60 %
Strauchschicht:	Höhe 1–3 m	Deckungsgrad etwa 60 %
Krautschicht:	Höhe bis 55 cm	Deckungsgrad etwa 20 %
Moosschicht:		Deckungsgrad etwa 25 %

Artenliste

B.	4	Quercus robur
Str.	3.4	Frangula alnus
	2	Lonicera periclymenum
	+	Ilex aquifolium
	2	Betula pubescens
	2	Betula pendula
Kr.	2	Molinia coerulea
	1	Dryopteris austriaca ssp. spinulosa
	+	Blechnum spicant
	1.3	Holcus mollis
	2	Carex pilulifera
	1	Melampyrum pratense
	+	Deschampsia flexuosa
	1	Galium saxatile
M.	2.3	Polytrichum attenuatum
	+	Mnium hornum
	1	Aulacomium androgynum
	1	Entodon Schreberi
	1	Dicranum scoparium
	2	Scleropodium purum
	2	Hypnum cupressiforme
	1	Sphagnum fimbriatum
	+	Mnium cuspidatum

Bodenprofil

Geologisch: Altdiluvialer Sand mit einzelnen lehmigen Linsen und Geschieben.
Bodentyp: Gleypodsol.

F	2– 3 cm.	In sehr langsamer Zersetzung begriffene Laubstreu, pH 4,8.
A_0	6 cm.	Schwarzbrauner, verfilzter, dicht durchwurzelter Auflagehumus, pH 3,7.
A_2	30–35 cm.	Bleichsand, Einzelkorngefüge, mausgrau, im unteren Teil einzelne Rostflecken, spärlich durchwurzelt, pH 3,6.
G	mehr als 75 cm.	Typischer Gley[1] mit großen Rostflecken in hellgelbgrauer Grundfarbe, die stellenweise zu Raseneisenerzähnlichen Knollen verdichtet sind. Nur wenige Baumwurzeln tiefer als 1 m, pH 4,0.

Grundwasserstand: 65 cm.

Liegt vor einer bestimmten Pflanzengemeinschaft eine größere Zahl einzelner Bestandesaufnahmen vor, so kann man auch die *Stetigkeit oder Konstanz* der Arten berechnen. Man versteht darunter die Häufigkeit ihres Vorkommens in den einzelnen Bestandesaufnahmen und gibt sie entweder in % oder in einer 5teiligen Skala an:
I = 1–20 %, II = 21–40 %, III = 41–60 %, IV = 61–80 %, V = 81–100 %.

Wenn man ein und denselben Bestand, z. B. einen Laubwald oder eine Wiese im Laufe eines Jahres mehrmals aufnimmt, so wird man meist feststellen, daß sich sein Aussehen sehr stark verändert. Bedingt wird das durch die zeitlich verschiedene Entwicklung der einzelnen Pflanzenarten und vor allem durch die Abfolge der Blütezeiten der einzelnen Arten, die während der Blüte zugleich auch ihren größten Mengenanteil erreichen. Gewisse Arten sind überhaupt nur zu bestimmten Zeiten erkennbar, z. B. im Laubwald die sehr früh einziehenden Frühjahrsgeophyten, von denen man im Spätsommer nicht einmal die Fruchtstände mehr sieht.

Das mit der Jahreszeit wechselnde Aussehen einer Pflanzengemeinschaft wird als deren Aspekt bezeichnet. Erst die Erfassung aller Aspekte einer Gemeinschaft vermittelt ein vollständiges Bild von derselben. Die Aspektfolge erhält man durch wiederholte Bestandesaufnahmen; in den Pflanzenlisten sollte dabei abgekürzt der Entwicklungszustand der einzelnen Arten vermerkt werden:

K = Keimung, a = austreibende Knospen, v = vegetativ, b = blühend (evtl. b_1–b_5 = erste Blüte bis Ende der Blütezeit), f = fruchtend (evtl. f_1–f_3 = junge bis leere Früchte), g = vergilbend, e = entlaubt, t = nur tote Reste vorhanden.

Derartige zu verschiedenen Jahreszeiten ausgeführte Bestandesaufnahmen lassen sich auch phänologisch auswerten Seite 175).

---

[1] „Glei" ist eine deutsche lokale Bodenbezeichnung aus dem Marschgebiet; sie wird in der englischen Literatur „Gley" geschrieben. Deutsch sollte es „Glei" und „Gleiböden" heißen.

104   Zönologische Geobotanik

Sehr übersichtlich wird die Aspektfolge, wenn man sie graphisch darstellt (Abb. 77–79).

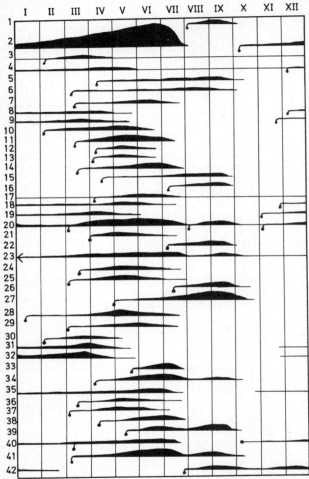

Abb. 77. Schema der jahreszeitlichen Aspektänderungen eines Winterroggenackers (nach GAMS). Ernteschnitt Ende Juli, Bodenbearbeitung und Aussaat Anfang Oktober. Punkt = Keimung, Dicke der Linie = relat. Deckung. Zugleich Bestandesliste einer Unkrautgemeinschaft auf Kalkboden: 1 *Setaria viridis*, 2 *Secale cereale* (Roggen), 3 *Gagea arvensis*, 4 *Muscari comosum*, 5 *Poly-*

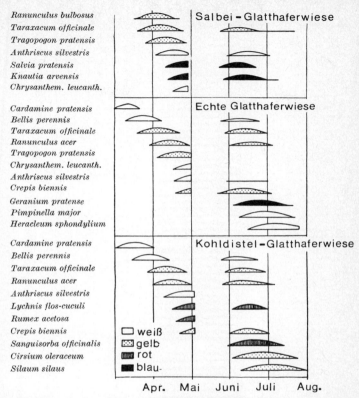

Abb. 78. Blütezeit der wichtigsten aspektbestimmenden Arten einer trockenen, frischen und nassen Glatthaferwiese (Arrhenatheretum). Erster Schnitt Ende Mai – Anfang Juni aus ELLENBERG 1963).

---

gonum aviculare, 6 *P. convolvulus*, 7 *Agrostemma githago*, 8 *Holosteum umbellatum*, 9 *Erophila verna*, 10 *Arenaria serpyllifolia*, 11 *Ranunculus arvensis*, 12 *Adonis aestivalis*, 13 *Papaver argemone*, 14 *P. rhoeas*, 15 *Medicago lupulina*, 16 *Trifolium procumbens*, 17 *Vicia cracca*, 18 *V. sativa*, 19 *Euphorbia peplus*, 20 *Viola tricolor*, 21 *Scandix pecten-veneris*, 22 *Anagallis arvensis*, 23 *Convolvulus arvensis*, 24 *Myosotis arvensis*, 25 *Lithospermum arvensis*, 26 *Ajuga chamaepitys*, 27 *Galeopsis ladanum*, 28 *Lamium amplexicaule*, 29 *Veronica arvensis*, 30 *V. triphyllos*, 31 *V. polita*, 32 *V. hederifolia*, 33 *Odontites verna*, 34 *Rhinanthus hirsutus*, 35 *Sherardia arvensis*, 36 *Galium tricorne*, 37 *G. aparine*, 38 *Valerianella dentata*, 39 *Anthemis arvensis*, 40 *Senecio vulgaris*, 41 *Centaurea cyanus*, 42 *Sonchus oleraceus*.

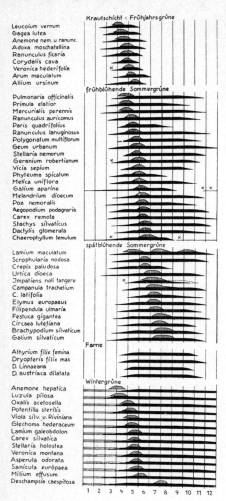

Abb. 79. Jahreszeitliche Entwicklung der Krautschicht in Eichen-Hainbuchenwäldern. Schwarz = diesjährige Blätter und ≡ überwinternde; ||||| Blüten. Laubentfaltung der Bäume Ende April – Anfang Mai (aus ELLENBERG 1963).

5 Die Pflanzengesellschaften

Die Bestandesaufnahmen dienen als Rohmaterial für die pflanzensoziologische Herausarbeitung der Pflanzengesellschaften. Es gibt keine zwei Bestandesaufnahmen, die der Artenliste und der Mengenanteile nach identisch sind. Andererseits macht man die Erfahrung, daß die Bestandesaufnahmen von Pflanzengemeinschaften an ähnlichen Standorten doch weitgehend übereinstimmen. Eine Übersicht über die Vegetationverhältnisse kann man deshalb nur erhalten, wenn man auf Grund von zahlreichen Bestandesaufnahmen eine begrenzte Zahl von Typen aufstellt. Diese sind abstrakter Natur und um so besser ausgewählt, je mehr sie den in Wirklichkeit vorkommenden Gemeinschaften entsprechen. *Man bezeichnet diese genau floristisch beschriebenen und durch ihren Standort gekennzeichneten Typen als Pflanzengesellschaften.*

Jede Typisierung ist ein subjektiver Vorgang, der sehr große Erfahrung und eine gute Beobachtungsgabe auf vegetationskundlichem Gebiet voraussetzt. Da die Typisierung sich auf die im Gelände gemachten Bestandesaufnahmen stützt, so steht und fällt sie mit der richtigen Auswahl der Probeflächen. Diese Auswahl wird oft unbewußt durch frühere Erfahrungen in anderen Gebieten beeinflußt, ist somit ebenso wie die darauffolgende Typisierung nicht frei von subjektivem Ermessen. Selbst eine Verarbeitung des gewonnenen Materials durch einen Computer, von dem man sich heute so viel erhofft, kann die Ergebnisse nicht objektiver machen. Der Computer führt mathematische Aufgaben aus, aber er kann nicht kritisch geobotanisch denken und subjektiv gewonnenes Material, mit dem man ihn füttert, in ein objektives Ergebnis verwandeln.

Die Klassifikation von Typen ist stets eine besonders schwierige und nicht eindeutig zu lösende Aufgabe (vgl. Klimatypen, Bodentypen usw.).

Man geht in der Vegetationskunde von einer Grundeinheit aus. *Die Grundeinheit der Pflanzengesellschaften ist die Assoziation.* Man versteht darunter nach dem Beschluß des Internat. Bot. Kongr. in Brüssel (1910): *Eine Gesellschaft von bestimmter floristischer Zusammensetzung, einheitlichen Standortbedingungen und einheitlicher Physiognomie.*

Diese Definition ist sehr allgemein gehalten, doch ist es bis heute nicht gelungen, sie enger zu fassen. Die Betonung muß auf „die floristische Zusammensetzung" gelegt werden, wobei es vor allem auf die wichtigsten Arten ankommt.

Aber schon bei dieser Frage, welche Arten für den Aufbau und die Erkennung der Pflanzengesellschaften die wichtigsten sind, gehen die Ansichten der verschiedenen Schulen auseinander. Die russische und die amerikanische Schule legen den Hauptwert auf die dominanten Arten, die für die Gesellschaft die aufbauenden sind. Die skandinavische Schule betont außerdem die Bedeutung der steten oder konstanten Arten, während die Pflanzensoziologen in Mitteleuropa zur Kennzeichnung der Gesellschaften die Charakter- oder Kennarten sowie die Trennarten verwenden. Der Grund für diese Differenzen ist folgender: Die Dominanten werden in Mitteleuropa sehr oft durch die Eingriffe des Menschen bestimmt, z. B. die Baumschicht in den Wäldern, die aus einer Zeit vor dem naturgemäßen Waldbau stammen (Seite 78), oder bei den Wiesen die Obergräser, die durch den Grad der Düngung, bzw. nach Umbruch durch die Saatmischung bestimmt werden. Die Dominanten sind in diesen Fällen kein Spiegelbild der Umweltbedingungen. Demgegenüber wird die Krautschicht im Walde als nicht durch den Menschen beeinflußt und als Indikator für die natürlichen Standortbedingungen angesehen, was allerdings nur zum Teil zutrifft (Seite 98). Auch der Indikatorwert gewisser Kräuter im Grünland wird hoch bewertet.

Anders sind die Verhältnisse in den Ländern, in denen die Wälder beweidet werden; dort ist die Krautschicht völlig verändert sowie mit Unkräutern durchsetzt; demgegenüber entsprechen die Baumarten in alten Beständen eher den natürlichen Verhältnissen. Letzteres gilt auch für die dominanten Gräser in den nicht gedüngten und im Frühjahr bei Hochwasser überschwemmten Talwiesen.

Die Herausarbeitung der Kenn- und Trennarten erfolgt über einen tabellarischen Vergleich der Bestandesaufnahmen, der bei ELLENBERG (1956) auf Seite 47–67 genau beschrieben und am Beispiel von 25 Wiesenaufnahmen mit insgesamt 94 Arten aus dem Donautal erläutert wird. Der Arbeitsgang verlangt eine mehrfache Umordnung der umfangreichen Tabellen und kann deshalb hier aus Raummangel nicht wiedergegeben werden.

Als Endresultat ergibt sich eine Tabelle aus der hervorgeht, daß eine Reihe von Arten eine sehr hohe Stetigkeit besitzt, d. h. fast in allen Aufnahmen vorkommt; in ELLENBERGs Beispiel sind es *Arrhenatherum elatius* (Glatthafer), *Dactylis glomerata, Festuca pratensis, Plantago lanceolata, Galium mollugo, Chrysanthemum leucanthemum, Ranunculus acris, Achillea millefolium* u. a. Im Gegensatz dazu kommen andere Arten mit sehr geringer Stetigkeit nur in wenigen oder einer einzigen Aufnahme vor, z. B. *Alchemilla vulgaris, Geranium pratense, Galium uliginosum, Sanguisorba officinalis, Lamium album, Ranunculus repens, Polygonum convolvulus, Chenopodium album*. Eine dritte Gruppe mit mittlerer Stetigkeit fällt dadurch auf, daß unter diesen Arten einige in mehreren Aufnahmen gemeinsam vorkommen, den anderen Aufnahmen dagegen ganz fehlen. Sie erlauben uns eine Differenzierung der Bestandesaufnahmen in der Tabelle vorzunehmen; deshalb nennt man sie Differenzial- oder Trennarten.

So zeigt es sich in diesem Falle, daß in 8 Aufnahmen folgende als *Bromus erectus* (Trespen)-Gruppe bezeichnete Arten vorhanden sind: *Bromus erectus, Scabiosa columbaria, Thymus serpyllum, Salvia pratensis, Koeleria pyramidata* und *Festuca ovina*. In den 17 anderen Aufnahmen fehlen sie, dafür treten nur in diesen auf: *Geum rivale, Holcus lanatus, Melandrium rubrum, Alopecurus pratensis, Lysimachia nummularia*, und *Lychnis flos-cuculi*, die man zur *Geum rivale*

(Nelkenwurz)-Gruppe stellt. Von diesen 17 Aufnahmen sind wiederum 11 durch das Auftreten der *Cirsium oleraceum* (Kohldistel)-Gruppe gekennzeichnet mit den Arten *Cirsium oleraceum, Deschampsia cespitosa, Angelica sylvestris* und *Filipendula ulmaria*. Die Nachprüfung im Gelände ergibt, daß die Arten der Trespen-Gruppe auf relativ trockenen Wiesen wachsen, die der Kohldistel-Gruppe auf nassen und die der Nelkenwurz-Gruppe beim Fehlen der Kohldistel-Gruppe auf feuchten. Es handelt sich somit bei den durch die 25 Aufnahmen erfaßten Wiesen um Glatthaferwiesen (*Arrhenatherum* dominant und Stetigkeit 100 %), aber in drei Ausbildungsformen: Einer trockenen Trespen-Glatthaferwiese, einer nassen Kohldistel-Glatthaferwiese und einer feuchten Nelkenwurz-Glatthaferwiese.

Dieses Beispiel zeigt, wie man die Trennarten ermittelt, die eine sehr feine Differenzierung der Vegetation erlauben. Dasselbe kann man durch sehr genaue Beobachtung im Gelände erreichen.

Trennarten zeichnen sich durch besondere ökologische Ansprüche aus, wenn diese auch nur in Hinblick auf einen einzigen Faktor – hier die Bodenfeuchtigkeit – einheitlich zu sein brauchen. Soweit die Trennarten gleiche Ansprüche an viele Faktoren stellen, bilden sie *ökologische Gruppen*, d. h. Artengruppen, die an eine bestimmte Kombination von Standortfaktoren gebunden sind. In einer an einem extremen Standort vorkommenden Pflanzengesellschaft überwiegt öfters eine bestimmte ökologische Gruppe, aber in den meisten Pflanzengemeinschaften sind mehrere Gruppen vertreten.

Die ökologischen Gruppen dürfen nicht mit den *Synusien* verwechselt werden, die innerhalb einer Pflanzengemeinschaft (Phytozönose) untergeordnete Teilgemeinschaften darstellen und aus Arten gleicher Lebensform bestehen.[1] In einer Waldgemeinschaft sind solche Synusien die Rindenflechten an den Baumstämmen, die Moosdecke am Boden, aber auch die Zwergstrauchschicht; doch darf man nicht Synusie gleich Schicht setzen, denn die Schichten sind morphologische Struktureinheiten der Pflanzengemeinschaft, Synusien dagegen ökologisch-physiognomische und die ökologischen Gruppen floristisch-ökologische Einheiten. Von letzteren hat ELLENBERG für die Laubwälder SW-Mitteleuropas 23 Gruppen mit insgesamt über 200 Arten unterschieden und jede Gruppe nach einer markanten Art benannt.

---

[1] Unter Lebensformen versteht man die Wuchsformen der Pflanzen, die ihr allgemeines Aussehen – ihren Habitus – bestimmen. Lebensformen sind Bäume, Sträucher oder Zwergsträucher, wobei man solche mit immergrünen, sommergrünen oder mit nadelförmigen Blättern unterscheiden kann. Aber auch Sukkulenten, bestimmte Gruppen von Gräsern, Moosen oder Flechten sind Lebensformen. Sie können in einzelnen Fällen einer bestimmten taxonomischen Einheit angehören (über RAUNKIAERsche Lebensformen vgl. Seite 171).

Ihre Ansprüche im Hinblick auf Bodenfeuchtigkeit und Säuregrad gehen aus dem Diagramm auf Abb. 80 hervor. Als Beispiel bringen wir die Artenlisten von einigen Gruppen:

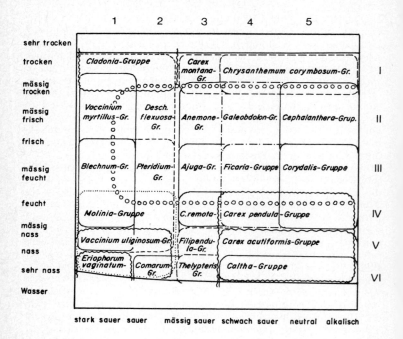

Abb. 80. ELLENBERG's ökologische Gruppen der Laubwaldarten in Beziehung zu den Feuchtigkeits- und Säureverhältnissen der Böden (aus ELLENBERG 1963).

1. Kalkholde *Chrysanthemum corymbosum-Gruppe* auf trockenen Böden: *Chrysanthemum corymbosum, Geranium sanguineum, Lithospermum purpureo-coeruleum, Peucedanum cervaria, P. officinale, Cynanchum vincetoxicum, Viola hirta, Camptothecium lutescens, Rhytidium rugosum* sowie die nahestehenden *Anthericum liliago, A. ramosum, Brachypodium pinnatum, Peucedanum oreoselinum, Serratula tinctoria, Trifolium alpestre* und *T. montanum.*
2. *Ficaria verna-Gruppe* auf frischen bis feuchten, schwach sauren Böden: *Ficaria verna, Adoxa moschatellina, Circaea lutetiana, Listera ovata, Ranunculus auricomus, Stachys sylvatica, Mnium undulatum* sowie nahestehend *Arum maculatum, Gagea spathacea* und *Scilla bifolia.*

3. Ähnlich sind die Ansprüche der *Corydalis-Gruppe*, doch verlangt sie besonders fruchtbare, im Frühjahr frische, aber nicht nasse Böden: *Corydalis cava, C. solida, Anemone ranunculoides, Gagea lutea, Leucojum vernum* sowie nahestehend *Allium ursinum* und *Aegopodium podagraria*.
4. Feuchtigkeitszeiger sind die Arten der *Carex pendula-Gruppe* an quelligen Stellen auf schwach sauren bis alkalischen, meist stickstoffreichen Böden: *Carex pendula, Chrysosplenium alternifolium, Equisetum maximum, Cratoneurum filicinum, Pellia calycina*, wobei in montanen Lagen *Astrantia major, Chaerophyllum hirsutum, Circaea alpina, C. intermedia, Petasites albus* und *Ranunculus aconitifolius* hinzukommen. Im atlantischen Bereich gehören auch *Carex strigosa* und *Chrysosplenium oppositifolium* hierher; bei höherem Nitratgehalt treten *Galium aparine, Lamium maculatum, Melandrium diurnum* und *Stellaria nemorum* auf.

Die ökologischen Gruppen gelten nur für ein begrenztes Gebiet; denn der ökologische Verbreitungsbereich einer Art wird durch den Wettbewerb stark eingeengt. Ändern sich die Wettbewerbsverhältnisse in anderen Klimagebieten oder durch Hinzutreten von neuen Mitbewerbern in einem anderen Florengebiet, so kann eine gewisse Umgruppierung stattfinden.

Es ist deshalb verständlich, daß die 33 soziologischen Gruppen, die SCAMONI für das Gebiet des nordostdeutschen Pleistozäns auf Grund von über 2000 Waldbestandesaufnahmen unterscheidet, in Einzelheiten abweicht; so wird z. B. die *Ficaria verna*-Gruppe ELLENBERGS in zwei Gruppen zerlegt, indem eine besondere *Stachys sylvatica*-Gruppe abgespalten wird. Es stützt sich jeder jeweils auf seine Erfahrungen in einem begrenzten Gebiet. Auch im osteuropäisch-sibirischen Raum werden solche „ökologisch-phytozönotischen Arten-Reihen" (LUKITSCHEVA) oder „Bioökotypen" (SABUROV) unterschieden. Wir können für alle diese Artengruppen, die sich in einem bestimmten Bereich innerhalb der Pflanzengemeinschaften ökologisch ähnlich verhalten die Bezeichnung *Ökozönotypen (ÖZT)* verwenden. Sie scheinen sich bei der Gliederung der Pflanzengesellschaften immer mehr durchzusetzen, doch ist ihre Hauptschwäche die mehr lokale Gültigkeit. Denn für diese Gruppierung sind nicht nur die physiologischen Ansprüche der einzelnen Arten maßgebend, sondern auch ihre Wettbewerbsfähigkeit, die sich in klimatisch und floristisch unterschiedlichen Gebieten ändert[1].

---

[1] Sehr ungewohnt sind für uns die Kombinationen bei den Bioökotypen (= Ökozönotypen), die SABUROV für das boreale Gebiet um Archangelsk aufgestellt hat, z. B. die Gruppe *Cypripedium calceolus, Anemone sylvestris, Hedysarum alpinum, Astragalus frigidus* u. a., oder eine andere wie *Milium effusum, Angelica sylvestris, Athyrium filix-femina* u. a.; dagegen gilt die *Vaccinium myrtillus*-Gruppe mit *Lycopodium, Pyrola, Moneses, Ramischia, Linnaea, Goodyera* u. a. auch für die Fichtenstufe der Alpen.

6 Das pflanzensoziologische System

Die pflanzensoziologischen Gesellschaften werden durch Charakter- oder Kennarten gekennzeichnet, deren Herausarbeitung schwieriger ist als die der Trennarten. Sie setzt die genaue Kenntnis der Gesamtvegetation des zu bearbeitenden Gebietes, in unserem Beispiel insbesondere aller Grünlandgemeinschaften voraus. Aus einer großen Übersichtstabelle geht dann hervor, daß Arten wie *Dactylis glomerata, Poa pratensis, Festuca pratensis, Ranunculus acer, Rumex acetosa, Trifolium pratense, Helictotrichon pratense, Centaurea jacea, Festuca rubra, Cerastium caespitosum, Lathyrus pratensis* u. a. in den verschiedensten Wiesentypen auftreten können. Sie sind also Charakter- oder Kennarten der Wiesen allgemein. Die Arten *Chrysanthemum leucanthemum, Veronica chamaedrys, Daucus carota, Trifolium repens, Bellis perennis* und *Lolium perenne* kommen sowohl in gedüngten Mähwiesen, als auch auf Viehweiden vor, wären somit als Kennarten der gedüngten Grünlandgesellschaften zu bezeichnen. Kennarten der regelmäßig zweimähdigen Glatthaferwiesen, die also den Weiderasen fehlen, sind in unserem Beispiel der Donauwiesen *Arrhenatherum elatius, Galium mollugo, Trisetum flavesens, Crepis perennis, Heracleum sphondylium, Tragopogon pratensis, Anthriscus sylvestris, Pastinaca sativa* und *Geranium pratense*.

Der Treuegrad der Kennarten, d. h. ihre Bindung an bestimmte Gesellschaften oder Gesellschaftsgruppen ist verschieden. Es werden drei Grade unterschieden:

1. „treue" Arten, die an eine bestimmte Gesellschaft gebunden sind,
2. „feste", die vorwiegend in einer Gesellschaft vorkommen,
3. „holde", die in vielen Gesellschaften auftreten, aber in einer doch optimal entwickelt sind. Damit wird der Begriff der Kennarten stark verwässert.[1]

---

[1] Das Vorhandensein von Kennarten wird von Pflanzensoziologen als Beweis für die Natürlichkeit eines Bestandes angesehen. Das trifft jedoch nicht immer zu. Kennarten wie *Listera cordata* und *Corallorhiza trifida* wurden besonders zahlreich in Fichtenforsten auf früheren Äckern im Kalkgebiet, letztere Art auch gleich außerhalb des Rothwald-Urwaldes (Nieder-Österreich) ebenfalls in einem künstlichen Fichtenforst beobachtet. *Chimaphila umbellata* und *Pyrola* spp. sind in Kiefernforsten der Oberrheinischen Tiefebene (einem früheren Laubwaldgebiet) häufig. Diese spezialisierten mykotrophen Arten finden, wie es scheint, besonders günstige Bedingungen, wenn sich Rohhumus über kalkhaltigem Unterboden bildet. *Ophrys apifera* stand dicht beisammen in einem aufgelassenen Weinberg bei Moosbach am Neckar und am Wegrand bei Geislingen an der Donau, wo sie keinem Wettbewerb ausgesetzt war. Wenn die oben genannte Ansicht richtig wäre, dann dürften nicht natürliche Pflanzengesellschaften z. B. Wiesen- oder Unkrautgesellschaften überhaupt keine Kennarten haben. In den Forsten der Niederlande werden *Listera cordata*, *Linnaea borealis* und *Goodyera repens* als Neophyten bezeichnet (WESTHOFF und HELD).

Die Grundeinheit der *Assoziation* muß nach der ursprünglichen Auffassung der Pflanzensoziologie durch eine Anzahl von Kennarten (treuen bis holden) gekennzeichnet sein. Das wäre z. B. in unserem Beispiel die betreffende Glatthaferwiese. Sie läßt sich, wie wir sahen (Seite 109), durch Trennarten weiter in kleinere Einheiten, die *Subassoziationen* unterteilen, die sich weiter in *Varianten* und diese nach der Dominanz einer bestimmten Art in *Fazies* aufgliedern lassen. Andererseits kann man alle zweimähdigen Glatthaferwiesen auf Grund der oben angeführten Kennarten zu einem *Verband* und diesen mit dem Verband der Weidelgrasweiden, der ebenfalls durch Kennarten gekennzeichnet ist, zu einer noch höheren Einheit, einer *Ordnung*, zusammenfassen und auf dieselbe Weise verschiedene Ordnungen zu einer *Klasse*.

Für die Grundeinheit – die Assoziation – wurde schon 1910 eine internationale Bezeichnung festgelegt, die aus dem Gattungsnamen der Hauptart mit der Endung „-etum" und dem Artnamen in der Genetivform besteht. Die Glatthaferwiese als Assoziation ist somit als „Arrhenatheretum elatioris" zu bezeichnen. Wenn keine Verwechslung möglich ist (bei Gattungen mit nur einer Art) wird der Artname meist weggelassen. Eine Buchenwaldassoziation ist entsprechend ein „Fagetum". Dagegen muß man beim Flaum-Eichenwald von einem „Quercetum pubescentis" sprechen, da es noch andere Eichenarten gibt.

Bei der hierarchischen Gliederung des pflanzensoziologischen Systems wird für jede Einheit eine besondere Endung verwendet, wie es Tab. 6 zeigt:

Tab. 6. Pflanzensoziologische Einheiten (aus ELLENBERG 1956)

Rangstufe	Endung	Beispiel
Klasse	-etea	Molinio-Arrhenatheretea
Ordnung	-etalia	Arrhenatheretalia
Verband	-ion	Arrhenatherion
Assoziation	*-etum*	*Arrhenatheretum*
Subassoziation	-etosum	Arrhenatheretum brizetosum
Variante	keine Endung	Salvia-Variante des Arrhenatheretum brizetosum
Fazies	-osum	Arrhenatheretum brizetosum bromosum erecti

Jede Einheit hat ihre besonderen Kennarten. Es gibt also Klassenkennarten, wie wir sie für die Wiesen allgemein nannten, Ordnungskennarten wie z. B. für die gedüngten Mähwiesen und Viehweiden (Seite 112), Verbandskennarten, z. B. für die verschiedenen Glatthaferwiesen und schließlich Assoziationskennarten für ganz bestimmte Glatthaferwiesen – ein bis ins Extrem getriebener Perfektionismus, der mit der Zeit zum Selbstzweck wurde. Über den wissenschaftlichen Wert desselben kann man in Anbetracht der räumlichen und zeitlichen Begrenztheit der Kennarten und der Pflanzengesellschaften (s. unten) verschiedener Ansicht sein.

Auch in der Praxis ergeben sich gewisse Schwierigkeiten: Anfangs wurden die Assoziationen ziemlich weit gefaßt, wobei sie sich gut durch eine Reihe von Kennarten unterschieden. Aber nach genauerer Untersuchung der Vegetationsverhältnisse war man bestrebt, sie stärker aufzugliedern und immer enger zu fassen, was zur Folge hatte, daß die anfänglichen Assoziationen zu Verbänden wurden, also auch die Assoziationskennarten zu Verbandskennarten, die früheren Verbandskennarten zu solchen der Ordnungen usw. Die Folge davon war, daß die Zahl der Einheiten sich vergrößerte und das System eine ständige Änderung erfuhr.[1] Außerdem wurde es immer schwieriger, die enger gefaßten Assoziationen durch Kennarten zu charakterisieren, was eine anfängliche Grundforderung der Pflanzensoziologie war. Für die heutigen enger gefaßten Assoziationen kann man z. T. nur noch Trennarten anführen.

Eine noch größere Schwierigkeit besteht darin, daß der Treuegrad einer Art sich verändert, wenn man in ein klimatisch anderes Gebiet kommt. Infolgedessen sind die Kennarten in Südwestdeutschland nicht immer dieselben wie in Nordwestdeutschland, d. h. die Einheiten, insbesondere die unteren gelten nur für ein sehr begrenztes Gebiet und haben nur lokale und keine allgemeine Gültigkeit im Gegensatz zu den taxonomischen Einheiten. Deshalb berücksichtigt ELLENBERG in seiner „Vegetation Mitteleuropas" als kleinste Einheit meist nur die Verbände.

Eine neue, ausführliche Gesamtübersicht der pflanzensoziologisch gefaßten Pflanzengesellschaften mit einer genaueren Beschreibung liegt bisher nur für das kleine, besonders stark durch menschliche Eingriffe veränderte Gebiet der Niederlande von WESTHOF und HELD (1969) vor. Die Neubearbeitung der nordwestdeutschen Pflanzengesellschaften von R. TÜXEN ist im Druck.

Auf eine weitere Tatsache muß ebenfalls aufmerksam gemacht werden: Die für die Abgrenzung der Pflanzengesellschaften in den Ta-

---

[1] Die Zunahme der höheren soziologischen Einheiten geht aus folgender Übersicht für die Niederlande hervor (WESTHOFF und HELD):

Unterschieden wurden	1946	1969
Klassen	18	38
Ordnungen	27	54
Verbände	39	85

bellen verwendeten Bestandesaufnahmen von subjektiv ausgesuchten Probeflächen umfassen nur einen verschwindend geringen Teil der Gesamtfläche des untersuchten Gebietes. Will man nun die als Typen ausgeschiedenen Pflanzengesellschaften im Gelände wiederfinden, so stößt man namentlich bei den Waldgesellschaften meistens auf untypische Pflanzengemeinschaften und erst nach langem Suchen auf annähernd typische. Diese findet man nur in älteren, auf früheren Schlagflächen (Kahlschlag, Schirmschlag) verjüngten Waldbeständen; auf Schlagflächen werden sie durch andere Gemeinschaften ersetzt, im Jungholz fehlt der Unterwuchs ganz. Ob die heutigen Waldgesellschaften in der nächsten Umtriebszeit wiederkehren werden, ist fraglich, da die Bewirtschaftung sich wohl ändern wird. In Plenterbeständen ist es schwer, homogene Flächen auszuwählen.

Die pflanzensoziologische Beschreibung der Waldgesellschaften nicht nach den Schichten getrennt, sondern unter Voranstellung der verschiedenen Kennartengruppen ist sehr unanschaulich und vermittelt keinen Eindruck von der Waldstruktur. Die nicht zur Charakterisierung verwendeten „Begleiter" werden zwar listenmäßig erfaßt, aber wenig beachtet, obgleich sie oft mengenmäßig und damit auch ökologisch im Gesellschaftshaushalt eine große Rolle spielen können.

Ein mehr Außenstehender wird auch die Frage aufwerfen, ob die Katalogisierung aller, auch der kleinsten Vegetationseinheiten Mitteleuropas die dafür aufgewendete Mühe lohnt. Das wäre vom wissenschaftlichen Standpunkt durchaus zu bejahen, wenn die derzeitigen Pflanzengesellschaften ähnlich unveränderliche Einheiten wären wie die taxonomischen, aber das sind sie nicht.

Zur Lösung bestimmter praktischer Aufgaben sind pflanzensoziologische Untersuchungen sehr nützlich, z. B. bei Ufer- und Lawinenverbauungen, bei Befestigung von Böschungen sowie Anpflanzungen auf Ödland, zur Feststellung von Grünlandänderungen oder bester Nutzung von kleinen Flächen. Jedoch sind die Anwendungsmöglichkeiten beschränkt: Die Landwirtschaft geht immer mehr zur großflächigen Bewirtschaftung über und kann auf kleinflächige Standortunterschiede keine Rücksicht nehmen; auch bei der Forstwirtschaft tritt die Hebung des Holzertrages in den Hintergrund (Seite 83).

Der geographischen Komponente der Geobotanik wird die Pflanzensoziologie nicht gerecht, will es vielleicht auch nicht. Eine Liste der in einem Gebiet unterschiedenen Pflanzengesellschaften vermittelt keine anschauliche Vorstellung von der tatsächlichen Pflanzendecke; die Aufzählung nach der geforderten soziologischen Progression beginnt mit den unwesentlichsten, einfachen Wasserlinsen-, Schlammboden-, Mauerritzen-, Unkrautgesellschaften u. a. und bringt die landschaftsbestimmenden Waldgesellschaften ganz zum Schluß. Nur ELLENBERG und KNAPP haben die Reihenfolge umgedreht.

Für den heute so dringend erforderlichen Umweltschutz und die Landschaftspflege sind möglichst umfassende vegetationskundlich-ökologische Kenntnisse notwendig (vgl. auch Teil IV), reine Beschreibungen genügen nicht.

7 Die vegetationskundliche Arbeitsweise der russischen Geobotaniker

Von den anderen vegetationskundlichen Schulen wollen wir auf die osteuropäische kurz eingehen; denn sie hat sich für einen Großraum bewährt und uns von dessen Vegetationsverhältnissen ein klares Bild vermittelt. Sie ist allerdings im Westen wenig bekannt, weil die Arbeiten in russischer Sprache veröffentlicht werden.

Zuvor sei noch ganz allgemein folgendes vorausgeschickt: Wenn man die Vegetation der gesamten Erde erfassen und von ihr eine anschauliche Vorstellung vermitteln will, was die Aufgabe der zönologischen Geobotanik ist, so muß man nicht von unten mit den kleinsten Einheiten beginnen, sondern von oben mit den größten; sonst verausgabt man sich im Unwesentlichen.

1. Zunächst ist es zweckmäßig, die Florenreiche, die sich im Laufe der historischen Entwicklung herausgebildet haben, getrennt zu behandeln. Denn wenn die Flora, die die Bausteine für die Vegetation liefert, sehr verschieden ist, so ist es auch die Pflanzendecke. Das gilt insbesondere für die Australis, aber auch für die Capensis und Antarktis, weniger für die Paläotropis und Neotropis, wenn man von den sehr verschiedenen Wüsten absieht (neotropisch mit *Cactaceen*, die den paläotropischen fehlen).
2. Dann sind die großen Klimazonen zu berücksichtigen (arktische, gemäßigte, subtropische, tropische und äquatoriale), die durch die planetare Wärme- und Niederschlagsverteilung zustande kommen. Ihnen entsprechen die verschiedenen Vegetationszonen mit Unterzonen.
3. Die weitere Gliederung führt zu den physiognomischen, also durch die Lebensformen und damit auch ökologisch definierten Einheiten: Vegetationstypen, Formationsgruppen und Formationen.[1]
4. Erst die kleineren Vegetationseinheiten lassen sich floristisch leichter fassen.

---

[1] Selbst in der auf dem floristischen Prinzip beruhenden Übersicht der Pflanzengesellschaften der Niederlande gehen WESTHOFF und HELD zunächst von 13 nach Lebensformen unterschiedenen Formationen aus (angefangen mit den Wasserpflanzengesellschaften und abschließend mit den Wäldern), was dem pflanzensoziologischen System eigentlich widerspricht.

Je kleiner die Vegetationseinheiten sind, desto mehr tritt unter natürlichen Verhältnissen das Klima als differenzierender Faktor zurück und desto mehr machen sich die Bodenunterschiede bemerkbar.
Wenn wir nun zu dem von den russischen Geobotanikern bearbeiteten Großraum übergehen, so nimmt dieser $1/6$ der Landoberfläche der Erde ein. Schon deshalb ist auch hier die Gliederung von oben notwendig. Der Großraum Osteuropa mit Nordasien bis zum Pazifik liegt innerhalb des holarktischen Florenreichs, ist somit floristisch relativ einheitlich. Dagegen lassen sich eine Reihe von Vegetationszonen deutlich erkennen: Folgende werden dort unterschieden:

1. Arktische Tundrazone
2. Boreale Nadelwaldzone
3. Nemorale Laubwaldzone
4. Steppen-Vegetationszone
5. Halbwüsten-Vegetationszone
6. Wüsten-Vegetationszone

Alle diese Zonen erstrecken sich über viele Tausende von Kilometern. Nur die Laubwaldzone, die eine Fortsetzung Mitteleuropas darstellt, keilt sich nach Osten aus und erreicht mit der Spitze gerade noch den Ural.
Als Grundeinheit der Pflanzengesellschaften wird ebenfalls die *Assoziation* verwendet, aber das Hauptgewicht wird auf die aufbauenden Dominanten gelegt. Diese sind für den Haushalt (die Ökologie) einer Pflanzengemeinschaft ausschlaggebend. In einem Kiefernwald mit dichtem Preiselbeer-Unterwuchs ist z. B. die dominante *Pinus sylvestris* in erster Linie bestimmend, in zweiter *Vaccinium vitis-idaea*. Dagegen sind die Kennarten *Pyrola chlorantha*, *Chimaphila umbellata* und *Diphasium complanatum* (= *Lycopodium anceps*) zwar für die Gesellschaft bezeichnend, aber ökologisch nicht von Bedeutung; man könnte sie entfernen, ohne daß die Gemeinschaft gestört würde.
Nach den aufbauenden Dominanten wird diese Assoziation als „Pinetum vacciniosum" benannt oder unter Betonung auch der Moosschicht als *„Pinus sylvestris-Vaccinium vitis-idaea-Pleurozium schreberi-*Assoziation". Sind in einer Schicht 2 dominante Arten, so werden beide Arten mit einem + verbunden, z. B. *Picea* + *Pinus* − *Oxalis* − *Pleurozium schreberi* + *Hylocomium proliferum* − Assoziation (eine 3schichtige Gesellschaft mit je 2 Dominanten in der oberen und unteren Schicht).
Assoziationen mit verschiedenem aber doch ähnlichem Unterwuchs, wie das Piceetum myrtillosum und das Piceetum oxalidosum, die beide eine geschlossene Hypnaceen-Moosschicht haben (vgl. Seite 121) werden zu einer Assoziationsgruppe zusammengefaßt − Piceeta hylocominosa. Alle Fichtenwälder zusammen bilden die Formation der Fichtenwälder (Piceeta). Es ergibt sich somit folgende Rangstufenfolge:

Rangstufe	Beispiel
Assoziation	Piceetum myrtillosum
Assoziationsgruppe	Piceeta hylocominosa
Formation	Fichtenwälder (Piceeta allgemein)
Formationsgruppe	Dunkle Nadelwälder (mit Fichte oder Tanne)
Formationsklasse	Nadelwälder (dunkle und lichte)
Vegetationstypus	Wälder (Nadelwälder und Laubwälder)[1]

In seiner Kritik der mitteleuropäischen pflanzensoziologischen Klassifikation betont RABOTNOV, daß bei dieser zunächst die Kennarten bekannt sein müssen, bevor man die Pflanzengesellschaften in das hierarchische System der Assoziationen, Verbände, Ordnungen und Klassen eingliedern kann. Die Kennarten lassen sich aber erst herausarbeiten, wenn von allen Gemeinschaften eines bestimmten Gebietes die Bestandestypen in einer Übersichtstabelle vorliegen. Das läßt sich in kleinen Teilgebieten Mitteleuropas durchführen, aber nicht einmal in einer Vegetationszone, wenn diese sich über Tausende von Kilometern erstreckt.

Nach der oben beschriebenen, in Osteuropa angewandten Methode werden die Assoziationen gleich bei der Geländearbeit aufgestellt. Auch die Klassifikation kann sofort vorgenommen werden.

Die Assoziationen in diesem Sinne lassen sich, wenn es notwendig ist, weiter untergliedern, z. B. das Pinetum vacciniosum, wenn in der Moosschicht einmal *Pleurozium schreberi* und ein anderes Mal *Hylocomium proliferum* stärker vertreten ist. Aber bei einer Gliederung von oben nach unten wird auf eine feine Aufgliederung verzichtet, wenn man sie nicht für bestimmte Zwecke benötigt.

Die Methode der Bestandesaufnahme ist im wesentlichen die gleiche wie bei uns, nur erfolgen die Mengenangaben oft nach DRUDE, doch lassen diese sich leicht in die 5gradige Zahlenskala überführen.[2]

Als Beispiel bringen wir die Bestandesaufnahme eines Kiefernwaldes in Mittelrußland auf einer 100 m² Probefläche (Menge in Zahlen), die dem Pinetum vacciniosum entspricht:

---

[1] Auch für die höheren Rangstufen gibt es lateinische Bezeichnungen, aber sie sind schwerfällig und man kann auf sie verzichten.

[2] Mengenangaben nach DRUDE und die entsprechenden Zahlen:

soc (sociales) = 5
cop (copiosae) = 4–2 und zwar $cop^3 = 4$, $cop^2 = 3$, $cop^1 = 2$
sp (sparsae) = 1
sol (solitariae) = +
un (unicum) = r

Für die Geselligkeit werden folgende Bezeichnungen verwendet:
gr (gregariae) = Pflanzen in dichten Gruppen
cum (cumulosae) = Pflanzen in lockeren Gruppen

Obere Baumschicht:	4–5 *Pinus sylvestris*
Untere Baumschicht:	1 *Picea abies*, r *Quercus robur*
Krautschicht:	4 *Vaccinium vitis-idaea*, 1 *Luzula pilosa*, 1 *Melampyrum pratense*, + *Cytisus ruthenicus*, + *Chimaphila umbellata*, + *Pyrola chlorantha*, + *Agrostis tenuis*, r *Deschampsia cespitosa*
Moosschicht	3 *Pleurozium schreberi*, 2 *Hylocomium proliferum*, 1 *Dicranum scoparium*

Auch Wurzelsysteme werden oft untersucht. Ergänzend findet man Horizontalprojektionen der Vegetation und Vertikalprojektionen wie auf Abb. 81, auf der von links dargestellt sind: *Trifolium repens, Salvia pratensis, Festuca sulcata, Viola arenaria, Trifolium montanum, Stipa ionannis, Carex verna, Ranunculus polyanthemus, Chrysanthe-*

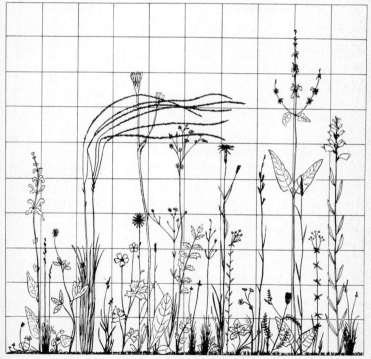

Abb. 81. Vertikalprojektion einer Wiesensteppe im Juni (nach ALECHIN). Quadrate in dm (aus WALTER 1968).

mum leucanthemum, Hypochoeris maculata, Anthoxanthum odoratum, Arenaria graminifolia, Filipendula hexapetala, Carex montana, Agrostis canina, Viola canina, Scorzonera purpurea, Euphorbia gracilis, Potentilla opaca, Festuca rubra, Astragalus danicus, Phlomis tuberosa, Koeleria delavignei, Galium boreale, Echium rubrum, Carex montana; am Boden Teppich von *Thuidium abietinum.*

Als Beispiel für die Vegetationsgliederung kann das Schema für die Fichtenwälder nach SUKATSCHEV dienen: Es werden 5 (6) Assoziationsgruppen (Piceeta) unterschieden, die sich in ökologischen Reihen anordnen lassen

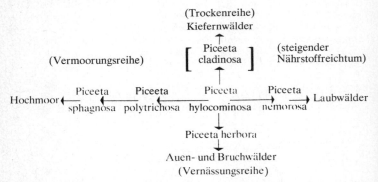

Die Hauptgruppe sind die Piceeta hylocominosa, Fichtenwälder mit einer geschlossenen Moosschicht.
Die Reihe nach links zeigt eine zunehmende Vermoorung durch mineralsalzarmes Wasser (Niederschläge) an und leitet zu den Hochmooren mit Kiefer über. Die Reihe abwärts hängt mit einer zunehmenden Vernässung durch kalkreiches Grundwasser zusammen. Die Reihe nach rechts kann man bei steigendem Nährstoffreichtum gut dränierter Böden beobachten; die Fichte wird dabei schließlich durch Laubhölzer verdrängt. Die Reihe nach oben mit zunehmender Trokkenheit auf Sand- oder Felsböden findet man nur im äußersten Norden; sonst wird die Fichte auf solchen Böden durch die Kiefer ersetzt (vgl. das oben angeführte Pinetum vacciniosum, das zum flechtenreichen Pinetum cladinosum überleitet.
Für die Fichtenwälder werden folgende bezeichnende Arten angegegen:
Mit Treuegrad 5: *Dryopteris phegopteris, Lycopodium selago, Circaea alpina, Moneses (Pyrola) uniflora, Epipogon aphyllus, Calypso bulbosa, Galium triflorum, Linnaea borealis.*

Mit Treuegrad 4: *Dryopteris linneana, Maianthemum bifolium, Oxalis acetosella, Ramischia (Pyrola) secunda, Hepatica triloba, Anemone nemorosa,*

Trientalis europaea, Goodyera repens, Stellaria frieseana, Melampyrum sylvaticum, Neottianthe cucullata.
Mit Treuegrad 3: *Dryopteris spinulosa, Lycopodium annotinum, Deschampsia flexuosa, Monotropa hypopitis, Corallorhiza trifida, Veronica officinalis, Solidago virgaurea, Rubus saxatilis, Pyrola rotundifolia, P. media, P. minor, Platanthera bifolia, Milium effusum, Luzula pilosa, Paris quadrifolia, Convallaria majalis, Actaea spicata, Asarum europaeum.*
Von den letzteren tendieren einige Arten zu dem Kiefernwald, andere zu den Laubwäldern, wobei sie mehr auf die südliche boreale Zone beschränkt sind.

Die Assoziationsgruppen bestehen aus mehreren Assoziationen, die nach der Zusammensetzung des Unterwuchses unterschieden werden. Als Beispiel bringen wir das genauer untersuchte Fichtenwaldgebiet der mittleren borealen Zone zwischen dem Südende des Onega-Sees und Wologda um den Beloje-See (60° N) herum; es war zu 95 % bewaldet und umfaßt eine Fläche von 100 000 km² auf kalkhaltigen Moränenablagerungen.

Die Piceta hylocominosa sind in diesem Gebiet durch 3 Assoziationen vertreten:

1. Das Piceetum myrtillosum, die verbreitetste Gesellschaft auf typischen Podsolböden,
2. das Piceetum myrtillo-herbosum auf podsoligen Moderböden und
3. das Piceetum oxalidoso-herbosum auf den besten Böden.

Die Assoziationen werden durch die floristische Zusammensetzung des Unterwuches charakterisiert. Die Baumschicht besteht stets aus *Picea abies* mit 60–70 % Kronenschluß. Der Holzzuwachs nimmt von 1 nach 3 zu. In der Krautschicht sind dominant aber von 1 zu 3 mit verschiedener Deckung:
Vaccinium myrtillus (Deck. 30 %, 25 %, 5 %), *V. vitis-idaea* (Deck. 5 %, 3 %, 1 %) und *Oxalis acetosella* (Deck. 3 %, 2 %, 30 %).

Für alle 3 Assoziationen sind bezeichnend: *Linnaea borealis, Trientalis europaea, Melampyrum sylvaticum, Equisetum sylvaticum, Lycopodium annotinum* u. a. In 2 und 3 kommen außerdem vor: *Rubus saxatilis, Galium boreale, Stellaria holostea, Milium effusum, Pulmonaria obscura, Aegopodium podagraria* u. a., dagegen nur in 3: *Galium odoratum* (= *Asperula odorata*), *Asarum europaeum, Orobus vernus, Paris quadrifolia, Carex digitata* u. a. Diese Kombinationen sind für uns ungewohnt; man kann diese Arten als Differenzialarten bezeichnen.

Die letzte Assoziation bildet schon den Übergang zu den Piceeta herbosa. Zu diesen gehören im Wologda-Gebiet 4 Assoziationen:

1. Das Piceetum herboso-myrtillosum auf torfigen Moder-Gleiböden in Senken,
2. das Piceetum herboso-uliginosum auf quelligen, stark zersetzten Torfböden,
3. das Piceetum filipendulosum an langsam fließenden Bächen und
4. das Piceetum magno-herbosum an rasch fließenden Bächen.

Die Baumschicht besteht wieder aus *Picea abies*, aber mit etwas *Betula pubescens* und *Alnus incana*, vereinzelt auch *Salix caprea* oder *Populus tremula*; der Kronenschluß erreicht 70–80 %.
In der Strauchschicht kommt bei 2–4 *Frangula alnus* und noch mehr *Prunus padus* vor, in der Krautschicht außer den Arten des P. oxalidoso-herbosum noch weitere der nassen Böden wie *Geum rivale, Ranunculus acris, Cirsium heterophyllum, Crepis paludosa*, bei 2–4 außerdem *Geranium sylvaticum, Filipendula ulmaria, Viola palustris, Athyrium filix-femina, Ranunculus cassubicus*. Dominant sind bei 2 *Athyrium*, bei 3 *Filipendula* (bis 40 % Deckung), bei 4 *Aconitum excelsum*, aber auch die anderen Hochstauden; es spielt das Mikrorelief eine Rolle mit kleinen, stark vernäßten baumwurzelfreien Stellen, auf denen sich die Hochstauden ohne Baumwurzelkonkurrenz üppig entwickeln können (Seite 96).
Diese kurzen Angaben müssen hier genügen.
Mit dieser Methode wurde nicht nur die Vegetation des gesamten Großraums mit den Gebirgen beschrieben, sondern auch eine vorbildliche, für den kleinen Maßstab sehr detaillierte Vegetationskarte auf 8 Blättern (1:4 Mill.) veröffentlicht mit einem 2bändigen Begleittext (E. M. LAVRENKO et V. B. SOCZAVA: Descriptio vegetationis URSS, Editio Academiae Scientiarum, 971 Seiten, 1956; russisch).
Für viele Teilgebiete liegen genaue Vegetationsmonographien vor, meist mit Vegetationskarten und Bodenkarten. Letztere erlauben eine Rekonstruktion der natürlichen Vegetation auch dort, wo sie nur noch in kleinen Resten vorhanden ist (z. B. in der Steppenzone). Denn der Bodentypus ist auch unter den in Kultur genommenen Flächen mit seinen Untertypen zu erkennen und die Parallelität zwischen Vegetation und Boden wurde in Osteuropa genau festgestellt.[1]

8 Sukzessionen und ökologische Reihen

Eine stabile Pflanzengesellschaft steht, wie schon erwähnt, mit ihrer Umwelt im Gleichgewicht und pendelt von Jahr zu Jahr hinsichtlich der Mengenverhältnisse der einzelnen Arten um einen gewissen Mittelwert herum. Sobald jedoch ein Umweltfaktor sich dauernd in einer bestimmten Richtung verändert, z. B. der Grundwasserstand langsam, aber ständig ansteigt, wird das Gleichgewicht gestört und die Wettbewerbsverhältnisse in der Gemeinschaft ändern sich ebenfalls. Einzelne Arten werden jetzt stärker unterdrückt und verschwinden schließlich ganz; an ihre Stelle treten neue Arten von außen hinzu. Mit der Zeit entsteht auf diese Weise eine neue Pflanzengemein-

---

[1] Verf. bereitet eine zusammenfassende Vegetationsmonographie von Osteuropa, Nord- und Zentralasien unter Auswertung der russischen Literatur vor, um diese im Westen leichter zugänglich zu machen.

schaft mit einer von der ursprünglichen deutlich unterschiedenen Artenzusammensetzung. Aber es sei betont, daß *stets einzelne Arten wechseln;* es wird nicht direkt eine Gemeinschaft von einer neuen abgelöst. Die Pflanzengemeinschaften sind keine festgefügten Einheiten.

Die Aufeinanderfolge von einzelnen Pflanzengesellschaften bezeichnet man als eine Sukzession und die Gesellschaften selbst als ihre Stadien. Geht der Anstoß zu der Sukzession von der Vegetation selbst aus, z. B. bei der Anhäufung von Torf auf einem Moor, so handelt es sich um *autogene Sukzessionen,* liegt dagegen die Ursache der Umweltänderung außerhalb der Pflanzengemeinschaft, z. B. bei der Absenkung des Grundwasserspiegels durch Tiefenerosion des Flußbettes, so spricht man von *allogenen Sukzessionen.* Diese sind die häufigeren, autogene dagegen sehr seltene Erscheinungen.

Die Sukzessionslehre wurde von COWLES in Nordamerika begründet und von CLEMENTS als Grundlage seiner dynamischen Vegetationskunde verwendet, wobei er sie jedoch mit so spekulativen theoretischen Betrachtungen verknüpfte, daß man sie in dieser extremen Form ganz entschieden ablehnen muß.

Nach CLEMENTS soll jede Pflanzengesellschaft ein zu einer primären Sukzession gehörendes Stadium sein. Die primären Sukzessionen beginnen nach ihm mit einem vegetationslosen Substrat (Wasser, Sand, Fels oder Salzboden), das besiedelt wird, und führen über viele Stadien in jedem Klimagebiet schließlich stets zu ein und demselben Endstadium der Sukzessionsserie – zu der *Klimaxgesellschaft.*

Diese rein theoretische Konzeption entspricht keineswegs den Tatsachen. Der größte Teil aller Kontinente ist seit Jahrmillionen von einer Pflanzendecke bedeckt, seit dem Tertiär mit Arten, die den heutigen entsprechen. Zwar wissen wir, daß die Vegetation während und nach dem Tertiär mannigfache Veränderungen erfuhr (Seite 45), aber das hat nichts mit primären Sukzessionen und mit der Besiedlung von vegetationslosen Flächen zu tun. Nur im Bereich der letzten pleistozänen Vereisung fand vor etwa 20 000 – 10 000 Jahren nach dem allmählichen Rückzug des Eises eine Wiederbesiedlung statt; aber die Vegetationsentwicklung in der Postglazialzeit kann auch nicht als eine primäre Sukzession angesehen werden, sondern vollzog sich auf sehr viel komplizertere Weise (vgl. Seite 59 ff.).

Zwar können wir in der Gegenwart die ersten Stadien der primären Sukzessionen beobachten, z. B. am Ufer eines verlandenden Sees oder an Schutthalden und Felswänden im Gebirge, aber schon diese Pionierstadien sind so stabil, daß es Jahrtausende dauert, bis ein See durch autogene Sukzession verlandet oder eine Felswand abgetragen wird. Während dieser langen Zeitspanne bleibt jedoch das Klima nicht konstant und dasselbe gilt für die theoretische Klimaxgesellschaft.

Anders verhält es sich mit den *sekundären Sukzessionen*, die dann einsetzen, wenn durch menschliche Eingriffe oder durch Katastrophen die Vegetationsdecke auf einer größeren oder kleineren Fläche zerstört wird, während der Boden erhalten bleibt, z. B. auf einem Kahlschlag, nach einem Waldbrand oder nach Windbruchschaden. In diesen Fällen setzt eine sehr rasch verlaufende Sukzession ein, die man von Jahr zu Jahr direkt beobachten kann. Auch wenn menschliche Eingriffe plötzlich eingestellt werden, lassen sich sekundäre Sukzessionen verfolgen, z. B. auf aufgelassenen Äckern, Kahlschlägen oder nicht mehr genutztem Grünland (Abb. 82). Eine dynamische Betrachtung der Vegetation ist in vielen Fällen durchaus berechtigt, sie muß jedoch bewiesen werden durch Vergleich mit alten Karten (Abb. 83) oder durch Untersuchung des Untergrundes. Wenn man z. B. unter einem Erlenbruchwald Torfschichten eines Moores

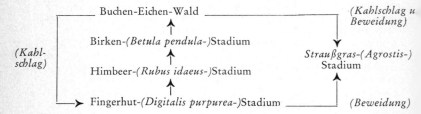

Abb. 82. Sekundäre Sukzessionen im südlichen Odenwald nach Kahlschlag und ev. nachträglicher Beweidung, die eine Wiederbewaldung verhindert (Ausbildung einer *Agrostis*-Rasengesellschaft). Nach R. KNAPP 1971.

und darunter die eines Röhrichts sowie ganz unten Seesedimente findet, dann ist es ein klarer Beweis für die Verlandung eines früheren Sees; über die Dauer derselben kann uns die Pollenanalyse oder die C_{14}-Methode Auskunft geben. Meistens reichen solche Verlandungen bis zum Beginn der Postglazialzeit zurück und werden durch Klimaschwankungen beeinflußt. Von Bergstürzen und Lavaströmen kennt man oft das Datum ihrer Entstehung und kann feststellen, wie langsam solche primäre Sukzessionen verlaufen.

Dagegen ist eine Zonation um einen See herum, die scheinbar den einzelnen Stadien einer Verlandungssukzession entspricht, noch kein Beweis für eine solche. Es handelt sich meistens um ökologische Reihen bedingt durch eine räumliche, nicht zeitliche Änderung eines Standortfaktors, z. B. zunehmende Tiefe des Grundwassers bei zunehmender Entfernung vom Seeufer, oder zunehmende Tiefgründigkeit des Bodens mit der Entfernung von einer Felswand, oder abnehmender Salzgehalt des Bodens an der Meeresküste landeinwärts.

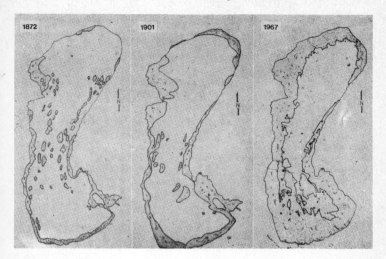

Abb. 83. Verlandung des Neusiedlersees an der österreichisch-ungarischen Grenze (nach BURIAN: Hydrobiologia 12, 203–218, Bucuresti 1971).

Die Darstellung von primären Sukzessionen, die auf einem solchen Nebeneinander beruhen, haben sich bis auf den heutigen Tag gehalten, weil sie sehr anschaulich die räumlichen Beziehungen der einzelnen Vegetationseinheiten zueinander zeigen. Wir wollen sie deshalb beibehalten, aber *nicht von Sukzessionen, sondern von ökologischen Reihen* sprechen und an Stelle der Pfeile nur Verbindungsstriche setzen, weil diese Zonationen meist sehr stabil sind und keine merkliche Verschiebung in einer bestimmten Richtung einzutreten braucht (vgl. Seite 138–141).

9 Zonale Vegetation und Höhenstufen

Der Klimaxbegriff stammt, wie erwähnt, von CLEMENS und ist an seine Theorie der primären Sukzessionen gebunden. Wenn man letztere ablehnen muß, wie wir es eben ausführten, so kann man nicht am Klimaxbegriff als einem Endstadium einer Sukzessionsreihe festhalten. Daß alle Sukzessionen im Endresultat zu einer einzigen Klimaxgesellschaft streben (Monoklimaxtheorie), wird heute kaum noch angenommen, aber die Anwendung von Hilfsbegriffen (edaphische Klimaxgesellschaft, Paraklimax, Klimaxgruppe usw.) vergrößert nur die Verwirrung.

An Stelle des Klimaxbegriffes sollte man deshalb ganz allgemein den Begriff der *zonalen Vegetation* verwenden, der frei von allen Spekulationen ist und in Osteuropa im Anschluß an die zonalen Bodentypen aufgestellt wurde. *Die zonale Vegetation findet man auf Eu-Klimatopen.* Diese definieren wir *als von Pflanzen bestandene ebene Flächen, auf denen das Groß- oder Regionalklima unverändert zur Auswirkung kommt,* d. h. daß auch die Niederschläge den Pflanzen ganz zur Verfügung stehen. Voraussetzung dafür ist, daß kein oberflächlicher Abfluß erfolgt, daß die Böden nicht zu durchlässig sind (kein Sand oder Kalkstein), aber auch nicht zur Staunässe neigen (kein Ton). Überschüssige Niederschläge im humiden Klima müssen natürlich abgeführt werden.

Wir wollen somit diese Bezeichnung auf die Großklimatope (entsprechend dem „Plakor" der russischen Geobotaniker) beschränken und die Kleinklimatope, z. B. an Hängen oder die Mikroklimatope, z. B. am Waldboden) nicht einbeziehen.

Einen guten Begriff von der zonalen Vegetation erhält man, wenn man im Flugzeug in geringer Höhe weite kontinentale Ebenen mit einer natürlichen Vegetation senkrecht zum Klimagefälle überfliegt. Nur dort, wo starke Versumpfung auftritt, weite Sandflächen oder Basalt- bzw. Lavadecken anstehen, wird die zonale Vegetation durch andere Vegetationstypen ersetzt. Da der zonalen Vegetation die zonalen Bodentypen entsprechen, läßt sie sich nach diesen auch dort rekonstruieren, wo die ganzen Flächen von Kulturen eingenommen sind, sofern der Bodentypus noch feststellbar ist. Auf den Vegetationskarten einzelner Kontinente wird gewöhnlich die zonale Vegetation dargestellt.

Man darf den Begriff der zonalen Vegetation nicht zu eng fassen. Es handelt sich nicht um bestimmte Assoziationen, eher schon um Verbände oder noch größere Vegetationseinheiten.

In Mitteleuropa werden die Eu-Klimatope landwirtschaftlich genutzt, die Wälder stocken auf extremen oder flachgründigen Böden. Als zonale Vegetation ist ein Laubmischwald mit vorherrschender Buche anzunehmen entsprechend den pollenanalytischen Ergebnissen (Abb. 55). Kompliziert werden die Verhältnisse in Mitteleuropa weiterhin durch das Mittelgebirgsrelief. Das Klima der Hanglagen mit verschiedener Exposition weicht von dem Großklima ab, was sich auch auf die Vegetationsverhältnisse auswirkt. Doch kann die zonale Vegetation auch außerhalb ihres Klimagebietes auftreten – und zwar als *extrazonale Vegetation* – wenn durch die lokalen Klimabedingungen der Standort dem auf den Eu-Klimatopen angeglichen wird. Z. B. kann die zonale Vegetation außerhalb ihres Klimagebietes weiter nördlich an warmen Südhängen mit tiefgründigen Böden oder weiter südlich an kühlen Nordhängen vorkommen. Zonale Wälder einer humiden Klimazone stoßen extrazonal als Galeriewälder weit in aridere Klimagebiete vor, wenn das Grundwasser in Flußnähe die fehlende Regenmenge ersetzt. Unsere Steppenheiden sind die letzten extrazonalen Außenposten der zonalen osteuropäischen Wiesensteppen in einem humiden Klimagebiet auf trockenen Sand- oder Kalkböden. Für die extrazonale Vegetation gilt das ökologische Gesetz von der relativen Standortkonstanz und dem Biotopwechsel (Seite 18). Die extrazonale Vegetation gibt uns somit die Möglichkeit, Aussagen über die zonale Vegetation der benachbarten Gebiete zu machen. Sie entspricht derselben um so mehr, je näher das benachbarte Gebiet liegt.

Die nicht zonale Vegetation, die man auf extremen Böden antrifft, z. B. im stehenden Wasser, auf Felsen, auf Sandflächen oder auf Salzböden usw. bezeichnet man als *azonale Vegetation*. Diese wird weniger durch das Klima, sondern in viel höherem Maße durch das Substrat, auf dem sie wächst, geprägt. Die azonale Vegetation kommt deshalb auf gleichen Böden in nur wenig veränderter Form in verschiedenen Klimagebieten vor. Die Wasserpflanzengesellschaften sind von der borealen Klimazone bis in die Tropen sehr ähnlich; die Vegetation auf Salzböden im Mittelmeergebiet unterscheidet sich kaum von der in den asiatischen Wüsten, auch der Bewuchs auf Sanddünen ist in verschiedenen Klimagebieten ziemlich gleich.

Das Klima ändert sich nicht nur in horizontaler Richtung, sondern auch in vertikaler. Dasselbe gilt für die Vegetation. *Der zonalen Vegetation in ebener Lage entsprechen die Höhenstufen im Gebirge.* Auch diese werden dort nur auf *Eu-Klimatopen* normal entwickelt sein, also auf Verebnungen mit tiefgründigen sandig-lehmigen Böden. In den Rocky Mountains Nordamerikas findet man selbst in 4000 m Höhe solche ebene Stellen. In den Alpen sind sie dagegen in größeren Höhen selten. Man hilft sich in einem solchen Falle, indem man die Höhenstufenfolge am Süd- und Nordhang vergleicht; die Grenzen liegen am Südhang höher, am Nordhang tiefer, das Mittel würde einer ebenen Lage entsprechen.

Bildet dagegen der Gebirgskamm eine scharfe Klimascheide, so sind die Höhenstufen der verschiedenen Hänge nicht vergleichbar. Man muß sie dann getrennt für die verschiedenen Hänge angeben und auf die anomale Lage hinweisen.

Es ist falsch anzunehmen, daß die Höhenstufengliederung eine kurze Wiederholung der Vegetationszonen von Süd nach Nord ist. Das scheint am Nordrand der Alpen der Fall zu sein, aber auch hier nur angenähert. Die Höhenstufen am Alpennordrand sind: Eichenwaldstufe – Buchenwaldstufe (mit Tanne im oberen Teil) – Fichtenwaldstufe – Krummholzstufe (mit Latschen oder Grünerle) – alpine Stufe. Vom Alpennordrand polwärts durch Skandinavien kommt dagegen die Eiche weiter nach Norden vor als die Buche und wird von der Fichte abgelöst, die Tanne fehlt im Tiefland ganz; über die Fichtengrenze hinaus geht in Lappland noch die Kiefer, die in den Alpen in höheren Lagen fehlt, und vor allen Dingen die Birke, auf die die baumlose Tundra folgt. Völlig anders ist die Hohenstufenfolge in den Zentralalpen (Abb. 90).

Das alpine Klima hat mit der Tundra nur die tiefere Jahrestemperatur und die kürzere Vegetationszeit gemeinsam, unterscheidet sich jedoch sonst im Hinblick auf die Tageslänge, den ausgeprägten Tagesrhythmus der Ein- und Ausstrahlung, die Niederschlagshöhe und den Schneereichtum grundlegend. Daraus ergeben sich gewisse Unterschiede im Verlauf der Verbreitungsgrenzen: Der Bergahorn (*Acer pseudoplatanus*) reicht in den Alpen fast bis zur Baumgrenze hinauf, bleibt dagegen nach Norden frühzeitig zurück und wird vom Spitzahorn (*Acer platanoides*) abgelöst, der in den Alpen weniger hoch hinaufgeht.

Völlig verschieden ist das Klima der Páramos in den Anden, also der alpinen Stufe der äquatorialen Gebirge, das keine Jahreszeiten aufweist und in dem Sommer und Winter sich alle 12 Stunden ablösen. Analoge Verhältnisse findet man sonst nirgends auf der Welt. Auch sonst zeigt jedes Gebirgsklima und somit auch die Vegetation je nach der Breitenlage und den vorherrschenden Winden spezifische Besonderheiten. Deswegen muß man die Vegetation jeder Klimazone stets dreidimensional behandeln, d. h. die Gebirge gleich im Anschluß an die Tieflagen.

Wir wollen das, was wir über die zonale, extrazonale und azonale Vegetation in diesem Abschnitt ausführten in aller Kürze am Beispiel von Mitteleuropa erläutern. Auf die eingehende Darstellung der „Vegetation Mitteleuropas mit den Alpen in kausaler, dynamischer und historischer Sicht" von ELLENBERG sei besonders hingewiesen.

10 Kurze Übersicht der wichtigsten mitteleuropäischen Vegetationseinheiten

Wir beginnen mit der zonalen Vegetation der Laubmischwälder und fügen die extrazonale, die aus den Nachbargebieten nach Mitteleuropa einstrahlt, hinzu. Dann gehen wir zur azonalen Vegetation über und ordnen sie in ökologischen Reihen an. Dadurch wird erreicht, daß die Vegetationseinheiten, die im Gelände nebeneinander vorkommen, auch in der Übersicht aufeinander folgen.

Zum Schluß fügen wir die auf starke menschliche Eingriffe beruhenden Gesellschaften des Grünlandes und der Ruderalstellen an, verzichten jedoch auf die Nennung der Unkrautgemeinschaften unserer Äcker, weil diese durch die Anwendung von Herbiziden zur Zeit in einer grundlegenden Umwandlung begriffen sind.

A. Zonale Vegetation

Urwälder gibt es in tiefen Lagen Mitteleuropas heute nicht mehr. Über die wahrscheinliche Struktur, den Aufbau und die Artenkombination der zonalen Vegetation können wir deshalb nur ganz ungefähre Angaben machen.

Es waren sicher buchenreiche Laubmischwälder mit den Baumarten: *Fagus sylvatica, Carpinus betulus, Quercus robur* und *Q. petraea*, sowie mehr vereinzelt *Fraxinus excelsior, Ulmus montana, Acer platanoides, Prunus avium* und *Tilia cordata*. Als untere Baumschicht war die Eibe (*Taxus baccata*) verbreitet. In der Strauchschicht kamen vor: *Lonicera, Euonymus, Cornus, Frangula, Daphne*, an lichteren Stellen auch *Corylus* u. a.

In der Kraut- und Bodenschicht waren Frühlingsgeophyten der *Ficaria verna*-Gruppe und der *Corydalis*-Gruppe sicher stark vertreten (Seite 110). Die übrigen Arten stellten wohl ein Gemisch von unseren Buchenwald- und Hainbuchen-Eichenwald-Pflanzen dar. Denn der Unterwuchs in den Urwäldern ist stets sehr heterogen, bedingt durch wechselnde Lichtverhältnisse unter einem unruhigen Kronendach von verschiedenaltrigen Bäumen, aber auch infolge heterogener Bodenverhältnisse. Vorwiegend waren es wohl gute Mullböden eines braunen zonalen Waldbodentyps, jedoch unregelmäßig durchsetzt mit bodensauren, durch sich zersetzende Holzmassen bedingten lokalen Stellen; durch lange intensive Holz- und Laubstreunutzung bzw. Waldweide degradierte Böden fehlten.

Eingeschlossen waren kleine oder größere lichte Stellen, hervorgerufen durch umgestürzte alte Baumriesen oder durch größere Windbruchschäden (Seite 212). Auf diesen vollzogen sich die sekundären Sukzessionen, wie wir sie jetzt noch auf den Waldschlägen beobachten können.

Einen Begriff vom Aufbau eines *primären Urwaldes* gibt uns der einzige größere Bestand von etwa 300 ha in Nieder-Österreich – der Rothwald bei Lunz am See am SE-Hang des Dürrensteins mit einer Verebnung in etwa 1000 m ü. d. M.[1] Es ist ein Mischwald von Buche, Tanne und Fichte auf Dachsteindolomit und -kalk mit Baumhöhen von 30–50 m, wobei die Buche der unteren Baumschicht angehört. Die Strauchschicht besteht hauptsächlich aus Buchen-Fichten-Jungwuchs, während die Jungtannen, da Raubtiere heute fehlen, stark vom Wild verbissen werden. Auffallend ist die Zusammensetzung der Krautschicht aus Arten, die man pflanzensoziologisch einerseits zum Abieto-Fagetum stellen würde (*Galium odoratum* = *Asperula odorata, Mercurialis perennis, Galeobdolon luteum, Mycelis muralis*,

---

[1] ZUKRIGL, K., ECKHARDT, G., und NATHER, J.: Standortskundliche und waldbauliche Untersuchungen in Urwaldresten der niederösterreichischen Kalkalpen. Mitt. Forstl. Bundes-Versuchsanst. Mariabrunn, Heft 62, Wien 1963, 244 S.

Dentaria enneaphylla, D. bulbifera, Elymus europaeus, Cardamine trifoliata u. a.), andererseits solche des Vaccinio-Piceions (*Vaccinium myrtillus, Lycopodium annotinum, Blechnum spicant, Listera cordata, Melampyrum sylvaticum* u. a.). Es handelt sich somit um ein Gemisch von Arten völlig verschiedener pflanzensoziologischer Klassen, die ein so kleines Mikromosaik bilden, daß eine Zerlegung in zwei „reine Gesellschaften" nicht möglich ist, weil die Wurzeln der einzelnen Bäume über die Grenzen der Mosaikeinheiten hinweggehen. Letztere sind nur vorübergehender Natur: *Vaccinium, Lycopodium* und *Blechnum* treten z. B. dort auf, wo in Bestandeslücken sich viel Schnee ansammelt und spät abtaut; sobald die Lücke geschlossen wird, verschwinden diese Arten und machen anderen Platz. Oder die Arten des sauren Bodens wachsen auf Moderansammlungen, die sich zeitweilig unter totem Holz bilden und später durch die Tätigkeit der Bodenorganismen (Regenwürmer u. a.) in Mull übergeführt werden. Im Gegensatz dazu ist im benachbarten Wirtschaftswald, der nach einmaligem Eingriff entstand, der Unterwuchs sehr homogen.

Die Verjüngung ist im Urwald gut, der Aufbau der ungleichalterigen Mischbestände lokal sehr wechselnd, je nachdem ob es sich um eine Verjüngungs-, Optimal- oder Alterungsphase handelt (Abb. 84–89). Deshalb findet man sowohl plenter- als auch femelschlagartige Bestände oder, aber sehr selten, solche mit einem fast gleichmäßig geschlossenem Kronendach.[1]

Die hervorstechendsten Merkmale des Urwaldes gegenüber unseren Wirtschaftswäldern sind somit die vielen toten Stämme und die natürliche Heterogenität – die Mikromosaikstruktur des Unterwuchses aus Einheiten, die pflanzensoziologisch nicht zusammen vorkommen sollten. Die Natur ist oft anders als die Theorie.

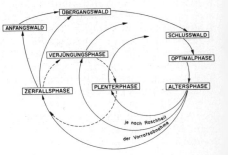

Abb. 84–89 aus Mitt. Forstl. Bund.-Versuchsanst. Wien (siehe Fußn. S. 129).

Abb. 84. Schematische Darstellung der Bestandesfolge im primären Urwald Rothwald bei Lunz am See in Niederösterreich (dazu Abb. 85–89).

---

[1] Der Altholzanteil ist im Urwald viel größer; denn im Wirtschaftswald werden die hiebreifen Bäume gleich genutzt. Der Altersunterschied der Urwaldbäume kann über 300 Jahre betragen.

Die wichtigsten mitteleuropäischen Vegetationseinheiten 131

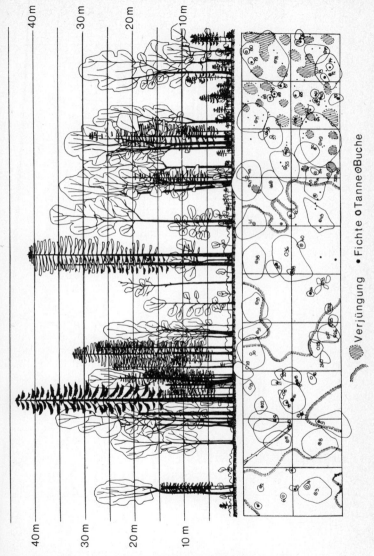

Abb. 85. Verjüngungsphase im Anfangsstadium des Urwalds.

132 Zönologische Geobotanik

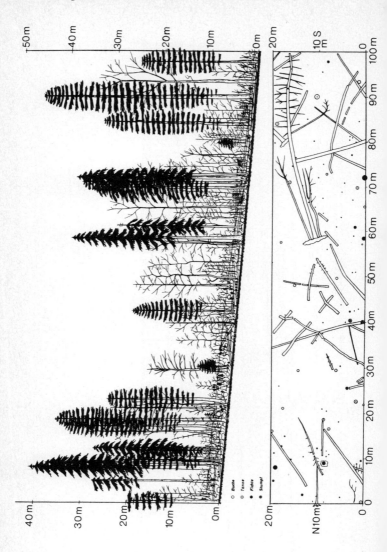

Abb. 86. Weiter fortgeschrittene Verjüngungsphase des Urwalds.

Die wichtigsten mitteleuropäischen Vegetationseinheiten 133

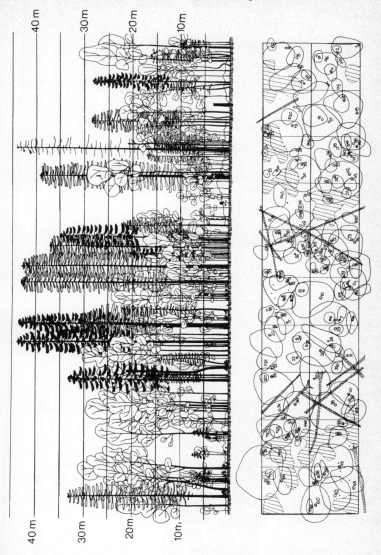

Abb. 87. Plenterartige Phase (Verjüngungsabschluß) des Urwalds.

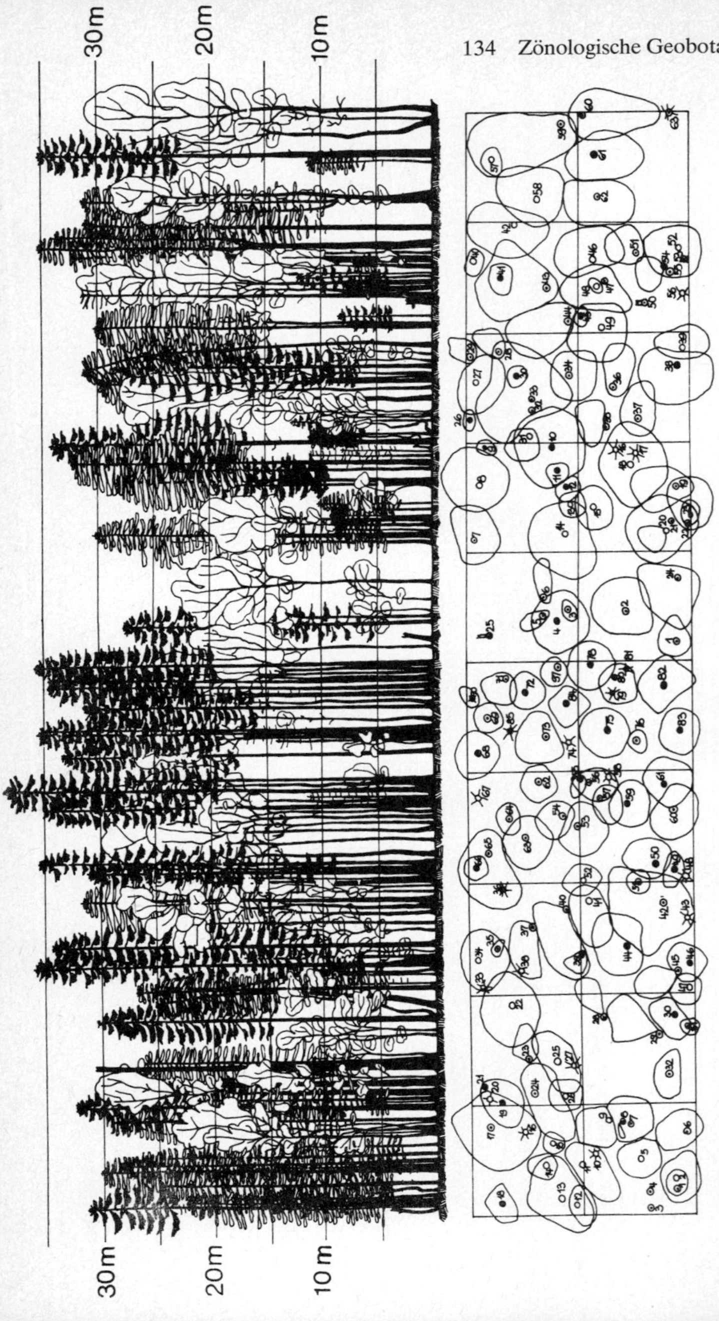

134 Zönologische Geobotanik

Abb. 88. Schichtschlußbestand (Optimalphase) des Urwalds

Die wichtigsten mitteleuropäischen Vegetationseinheiten 135

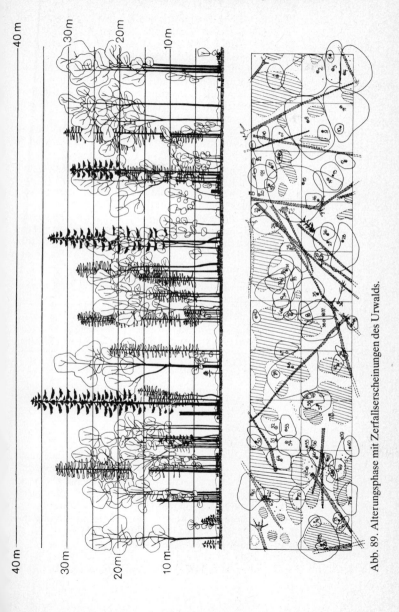

Abb. 89. Alterungsphase mit Zerfallserscheinungen des Urwalds.

Als Beispiel entnehmen wir 5 Bestandesprofile mit Grundrissen aus der auf Seite 129 genannten Arbeit. Die Verjüngungsphase auf Abb. 85 zeigt einen femelschlagartigen Aufbau mit horstweise verteiltem Jungwuchs an Windwurfstellen von Fichte und Tanne, die in dem flachgründigen Boden nicht tiefer als die Fichte wurzelt; die Buche gehört mehr zum Unterholz, überwiegt jedoch mit 58 % massenanteilmäßig, während auf Tanne und Fichte je 21 % entfallen. Stärker aufgelichtet ist der Bestand auf Abb. 86 mit alten und jüngeren Windwürfen; im Jungwuchs dominiert die Buche.

Die plenterartige Phase der Abb. 87 weist Altersunterschiede bis zu 300 Jahren auf; die Massenanteile sind: Buche 39 %, Tanne 34 % und Fichte 27 %.

Auf Abb. 88 ist eine seltene Form des Schichtschlußbestandes mit überwiegendem Nadelholz dargestellt; der Unterwuchs fehlt fast ganz bei viel Streu- und Grobmoderauflagen; die Massenanteile ergeben für Buche 26 %, für Fichte 36 % und für Tanne 38 %.

Abb. 89 gibt eine durch Überalterung bedingte Zerfallsphase wieder mit viel stehendem und liegendem toten Holz und z. T. größeren Lücken mit aufkommendem Jungwuchs; die Buche hat einen sehr hohen Massenanteil von 67 %, die Fichte mit 15 % und die Tanne mit 18 % einen geringen (vgl. auch Tab. 7).

Tab. 7. Verteilung der Stämme auf die nicht scharf geschiedenen Schichten und Holzvorrat für die verschiedenen Entwicklungsphasen

Bestand	Stammzahlverteilung in %			Vorratshaltung Vfm/ha
	Unterschicht (bis 15 m)	Mittelschicht (15–30 m)	Oberschicht (über 30 m)	
1. Verjüngungsphase	61	25	14	620
2. Plenterphase	58	30	12	850
3. Optimalphase	30	44	26	900
4. Zerfallsphase	51	37	12	430

B. Extrazonale Vegetation

a) Eichen-Hainbuchenwälder (Querceto-Carpinion)

In den klimatisch trockenen Beckenlandschaften Mitteldeutschlands tritt die Buche zurück. Hier spielt die Hainbuche eine größere Rolle entsprechend der zonalen Vegetation östlich von der Weichsel. Einen Begriff von dieser gibt uns der Bialowiesch-Urwald (vgl. ELLENBERG 1963, S. 190 ff.). Die Baum- und Strauchschicht waren früher mannigfaltiger, die Krautschicht ähnlich wie in den Buchen-reichen Laubmischwäldern.

b) Trockenheitsertragende Eichen-Mischwälder
(Quercion pubescentis)
Es handelt sich um extrazonale Wälder in Südlagen des zonalen

submediterranen Gebietes, die von Süden nach Mitteleuropa einstrahlen. In der Baumschicht sind als xerotherme Relikte vertreten: *Quercus pubescens, Sorbus domestica, Acer monspessulanum, Prunus mahaleb* – alles bei uns seltene Arten; häufiger sind *Sorbus torminalis, S. aria, Cornus mas* und oft vorherrschend *Quercus petraea* mit *Acer campestre*; außerdem bezeichnende Arten: *Clematis vitalba, Coronilla emerus, C. coronata, Dictamnus alba, Melittis melissophyllum* und die häufiger vorkommenden Arten der *Chrysanthemum corymbosum*-Gruppe (Seite 110) sowie *Campanula persicifolia, Melampyrum cristatum, Fragaria viridis, Lathyrus niger, Polygonatum odoratum, Digitalis lutea, Bupleurum falcatum, Inula conyza* u. a.

c) **Bodensaure Eichenwälder** (Quercion roboris-petreae)
Diese standen den zonalen atlantischen Wäldern in Westeuropa nahe. Bei uns sind sie jetzt meist Degradationsstadien auf armen sauren Böden. Sie zeichnen sich durch das Auftreten von kalkmeidenden atlantisch-subatlantischen Geoelementen aus: *Ilex aquifolium, Lonicera periclimenum, Hypericum pulchrum, Teucrium scorodonia, Genista pilosa,* aber auch Arten der Heide: *Calluna vulgaris, Sarothamnus scoparius, Melampyrum pratense* usw.

d) **Fichtenwälder** (Picion)
Die zonalen borealen Fichtenwälder des nördlichen Europas kommen extrazonal in tiefen Lagen Mitteleuropas nur im nordöstlichsten Teil an besonders kalten Standorten auf Rohhumusböden am Rande von Hochmooren vor, sonst ausschließlich in montanen Lagen der Mittelgebirge, ebenfalls auf besonderen Standorten (Kaltlufttälern, Blockhalden, kalte feuchte Schluchten) und als natürliche Höhenstufe in den Alpen unterhalb der Waldgrenze. Sehr verbreitet sind heute die gepflanzten Fichtenforsten, in denen jedoch nur wenige Arten der natürlichen Fichtenwälder zu finden sind, am häufigsten die Heidelbeere (*Vaccinium myrtillus*) oder *Maianthemum bifolium* und einige Moose.

C. Azonale Vegetation

Die folgenden ökologischen Reihen beginnen mit dem extremsten Boden und führen in der Richtung des sich immer mehr abschwächenden Bodenfaktors, also zur zonalen Vegetation hin.

1. **Hydroserie = ökologische Reihe vom Wasser ausgehend**
Das Endstadium dieser Reihe ist ein Bruchwald, in dem wenigstens im Frühjahr das Wasser über dem Boden steht. Steigt das Gelände weiter an, so daß die Überschwemmung ausbleibt, dann beginnt ein feuchter Laubwald, der bei noch tieferem Grundwasser in die zonale Waldvegetation überleitet.

a) *Stehendes eutrophes (nährstoffreiches) Wasser in Seen und Teichen.*

Submerse Gesellschaft: (Potamion)	*Potamogeton*-Arten, *Myriophyllum, Ceratophyllum, Elodea. Najas.*
Freischwimmende Gesellschaft: (Utricularion)	*Lemna*-Arten, seltener *Hydrocharis, Stratiotes, Utricularia.*
Schwimmblatt-Gesellschaft: (Nymphaeion)	*Nymphaea alba, Nuphar luteum, Potamogeton natans, Polygonum amphibium, Ranunculus aquatilis.*
Röhricht-Gesellschaften: (Pragmition)	*Schoenoplectus (Scirpus) lacustris, Phragmites communis, Typha* spp., *Rumex hydrolapatum* u. a.
Großseggen-Gesellschaften: (Magno-Caricion)	*Carex gracilis, C. acutiformis, C. vesicaria* u. a.
Weiden-Gebüsch: (Salicion auritae)	*Salix aurita, S. cinerea* u. a., *Frangula alnus.*
Erlen-Bruchwälder: (Alnion glutinosae)	*Alnus glutinosa, Prunus padus, Thelypteris palustris, Iris pseudacorus, Caltha palustris* u. a.

b) *Fließendes Wasser (mit Bächen beginnend bis zu Flußufern)*

Bachvegetation: (Ranunculion fluitantis)	*Ranunculus fluitans, Potamogeton densus* u. a., *Callitriche, Sagittaria, Butomus, Sparganium emersum* ssp. *fluitans.*
Schwaden-Bachröhricht: (Glycerio-Sparganion)	*Glyceria* spp., *Helosciadium (Apium) repens, Sparganium erectum, Nasturtium officinale, Sium (Berula) erectum, Scrophularia alata, Veronica beccabunga, V. anagallis-aquatica.*
Flußvegetation: (Phalaridion)	*Phalaris (Baldingera) arundinacea.*
Weiden-Aue: (Salicion albae)	*Salix alba, S. purpurea* u. a.
Pappel-Aue: (Populion)	*Populus alba, P. nigra.*
Harte Aue: (Fraxino-Ulmion)	

Die harte Aue gehört zu den artenreichsten Laubmischwäldern. In der Baumschicht findet man *Fraxinus excelsior, Ulmus minor (U. campestris)*, die am widerstandsfähigsten gegen Überschwemmungen sind, *Quercus robur, Acer campestre, A. platanoides, A. pseudoplatanus, Prunus padus* u. a. Die Baumschicht ist in eine obere und eine untere gegliedert, die Strauchschicht stark ausgebildet; dazu kommen als Lianen *Clematis vitalba, Humulus lupulus* und die heute seltene wilde Weinrebe (*Vitis vinifera* ssp. *sylvestris*). Die Krautschicht erinnert schon an die der zonalen Wälder. Die Frühlingsgeophyten sind sehr stark vertreten. Hören die Überschwemmungen auf und sinkt der Grundwasserspiegel tiefer ab, dann treten Schattenholzarten auf wie *Carpinus betulus* und *Fagus sylvatica*, die zu den zonalen Wäldern überleiten.

Diese Reihe kann eine Sukzessionsreihe sein, doch wird unter natürlichen Bedingungen das Flußbett so häufig verlagert, daß eine Vegetationsentwicklung in einer bestimmten Richtung nicht zu erfolgen braucht: Bald wird der Boden durch Aufschüttung erhöht, bald durch Abtragung erniedrigt. In der weichen Aue entstehen oft vegetationslose Kies- und Sandbänke, die rasch besiedelt werden. Infolge der fehlenden Konkurrenz können hier auf dem meist stickstoffreichen Boden auch eingeschleppte Arten Fuß fassen (*Solidago canadensis, Aster*-Arten, *Impatiens glandulifera = roylei, Rudbeckia laciniata* u. a.).

Heute sind bei uns die Flußläufe korrigiert und durch Hochwasserdämme in ein künstliches Bett gezwängt.

c) *Durch Regen gespeiste kleine Wasserbecken auf Mooren und in der Heide, sehr nährstoffarm*

Schlenken-Gesellschaft: (Scheuchzerion)	*Scheuchzeria palustris, Carex limosa, Sphagnum cuspidatum* u. a.
Rüllen-Gesellschaft: (Rhynchosporion)	*Rhynchospora, Drosera intermedia, Lycopodium inundatum.*
Bulten-Gesellschaft: (Oxycocco-Eriophorion)	*Sphagnum magellanicum, S. rubellum, Eriophorum vaginatum, Oxycoccus palustris, Andromeda polifolia, Carex pauciflora, Drosera rotundifolia* u. a.
Zwergstrauch-Gesellschaft: (Calluno-Vacciniion)	*Vaccinium uliginosum, V. myrtillus, Calluna vulgaris, Sphagnum* u. a., Moose.
Moor-Kiefernwälder: (Dicrano-Pinion)	*Pinus sylvestris, Vaccinium* spp., *Chimaphila umbellata, Pyrola* spp., *Goodyera repens*, versch. Moose und Flechten.

Im Alpenvorland stellt sich auf den Mooren *Pinus mugo (P. montana)* ein, entweder in der niederliegenden Latschenform oder als aufrechte Spirke, im Osten ist *Ledum palustre* sehr bezeichnend. Die Abgrenzung der Moorwälder auf dem nährstoffarmen Torfboden gegen die benachbarten Wälder auf mineralischem Boden ist sehr scharf.

2. Psammoserien = ökologische Reihen von Sandflächen ausgehend

a) *Ruhender, kalk- und nährstoffarmer Sand*

Silbergras-Flur: (Corynephorion)	*Corynephorus canescens, Spergula vernalis, Teesdalia nudicaulis, Rhacomitrium, Polytrichum, Ceratodon.*
Sandtrockenrasen: (Armerion elongatae)	*Festuca ovina, Armeria elongata, Helichrysum arenarium, Jasione montana, Rumex acetosella, Scleranthus perennis, Herniaria glabra, Thymus serpyllum* u. a.
Sand-Heide: (Calluno-Genistion)	*Calluna vulgaris, Deschampsia flexuosa, Sieglingia decumbens, Festuca ovina, Cladonia* spp., *Cetraria aculeata* und Moose.
Sand-Kiefernwälder: (Dicrano-Pinion)	Ähnlich den Moorkiefernwäldern.

Die Böden sind typische Podsolböden mit stark entwickeltem Bleichsandhorizont und oft mit Ortstein. Übergänge zu Wäldern mit besseren Böden bestehen nicht. Im westlichen Teil findet man unter natürlichen Verhältnissen auf Sandböden meistens Eichen-Birkenwälder, doch werden diese immer mehr mit Kiefern aufgeforstet.

b) *Ruhender kalkhaltiger Sand*
Eine ähnliche Reihe findet man in der Oberrheinischen Tiefebene von Karlsruhe bis ins Mainzer Becken, nur sind die Sande vor der Bewaldung kalkhaltig. *Corynephorus* tritt zurück, dafür spielt *Koeleria glauca* eine größere Rolle. Bekannt sind diese Sande für ihre pontischen Geoelemente, wie *Jurinea cyanoides, Silene otites, Stipa pennata, S. capillata, Onosma arenaria, Adonis vernalis;* verbreitet sind *Artemisia campestris, Euphorbia segueriana, Thymus angustifolius, Fumana vulgaris* neben *Helichrysum arenarium, Sedum acre, S. album.* Im Frühjahr treten viele interessante Ephemeren auf; der Boden ist von *Tortula (Syntrichia) ruralis* und vielen Bodenflechten bedeckt. Der Wald auf diesen Sandböden war ursprünglich ein Laubwald. Heute sind es Kiefernwälder mit *Pulsatilla vulgaris, Chimaphila* und *Pyrola*-Arten und einem *Festuca ovina*-Rasen. Doch wird der Sand durch die saure Streu leicht oberflächlich entkalkt, so daß man im Unterwuchs auch *Calluna, Sarothamnus* und andere acidophile Arten findet.

Die wichtigsten mitteleuropäischen Vegetationseinheiten 141

3. Haloserien = ökologische Reihen von Salzböden an der Meeresküste ausgehend

a) *Sandige Meeresküste (Sand durch Muschel- und Schneckenfragmente kalkhaltig)*

Submerse Seegras-Wiesen: *Zostera marina*
(Zosterion)

Sandstrand: Soweit dieser dauernd von Wellen umgelagert wird, ist er vegetationslos. Am oberen Rande bilden sich

Spülsaumgesellschaften: *Cakile maritimum, Salsola kali, Atri-*
(Cakilion) *plex litoralis, Sonchus arvensis.*

Primärdünen-Gesellschaft: *Agropyrum junceum, Minuartia pe-*
(Agropyro-Minuartion) *ploides, Eryngium maritimum.*

Weißdünen-Gesellschaft: Sand salzfrei, aber kalkhaltig; Wir-
(Elymo-Ammophilion) kung von versprühtem Meerwasser; *Ammophila arenaria, Elymus arenarius, Hieracium umbellatum, Lathyrus maritimus.*

Graudünen-Gesellschaft: Wirkung von versprühtem Meer-
(Corynephorion) wasser gering, *Koeleria glauca, Corynephorus canescens, Carex arenaria, Festuca rubra, Jasione montana.*

Sandheide-Gesellschaft: Diese tritt auf dem bereits ganz entkalktem Sande auf (vgl. Seite 140).

b) *Schlick-Meeresküste*

Queller-Fluren auf
Wattböden: *Salicornia europaea.*
(Thero-Salicornion)

Andelwiesen: *Puccinellia maritima, Spergularia sa-*
(Puccinellion) *lina, Aster tripolium, Plantago maritima* u. a.

Salzbinsen-Rasen: *Juncus gerardi, Glaux maritima,*
(Juncion gerardi) *Obione portulacoides, Triglochin maritimum, Festuca rubra f. litoralis, Armeria maritima, Artemisia maritima, Limonium vulgare* u. a.

Bei diesen Rasen handelt es sich um die Außenmarsch, die noch periodisch vom Meerwasser überflutet wird, so daß der Boden salzhaltig ist, wobei der Salzgehalt landeinwärts abnimmt. Wird die Marsch eingedeicht, dann tritt rasch eine Aussüßung ein und es bilden sich bei Beweidung mit Vieh typische Weidegesellschaften aus (vgl. diese).

D. Vegetation der Ruderalplätze

1. Extrem nitrophile Gesellschaften um Dungstellen (Arction): *Arctium lappa, Chenopodium bonus-henricus, Urtica dioica, Lamium album, Rumex obtusifolius, Conium maculatum* u. a.
2. Weniger nitrophile Gesellschaften auf Schuttplätzen und an Wegrändern (Artemision vulgaris): *Artemisia vulgaris, Ballota nigra, Melandrium album, Saponaria vulgaris, Tanacetum vulgare* u. a.
3. Gesellschaften auf kiesig-steinigen Halden und Bahndämmen, nicht nitrophil (Dauco-Melilotion): *Daucus carota, Melilotus albus, M. officinalis, Echium vulgare, Picris hieracioides, Oenothera biennis* (auf Sand), *Lepidium draba, Crepis* spp.
4. An Wegrändern und an Gartenzäunen (Hordeion murini): *Hordeum murinum, Bromus sterilis, Lepidium ruderale, Torilus anthriscus, Sisymbrium officinale* u. a.
5. Trittgesellschaften auf betretenen Pfaden, Sportplätzen, zwischen Pflastersteinen (Polygonion aviculare): *Polygonum aviculare, Plantago major, Poa annua, Matricaria matricarioides (M. discoidea), Potentilla reptans, Coronopus* u. a.

E. Grünlandgesellschaften (Halbkulturfomationen)

Auf allen Grünlandflächen können folgende Arten vorkommen:
Alopecurus pratensis, Avena pubescens, Festuca pratensis, F. rubra, Holcus lanatus, Poa pratensis, P. trivialis, Lathyrus pratensis, Trifolium pratense, Cardamine pratensis, Centaurea jacea, Plantago lanceolata, Prunella vulgaris, Rhinanthus pratensis, Ranunculus acris, Rumex acetosa.

Für das stärker gedüngte Grünland (Wiesen und Weiden) sind bezeichnend:
Bromus mollis, Dactylis glomerata, Trisetum flavescens, Trifolium dubium, Bellis perennis, Chrysanthemum leucanthemum, Pimpinella major.

Folgende Arten können als Kennarten der zweimähdigen Glatthaferwiesen gelten:
Arrhenatherum elatius, Campanula patula, Crepis biennis, Galium mollugo, Anthriscus silvestris, Heracleum sphondylium, Geranium pratense, Pastinaca sativa, Tragopogon pratensis bzw. *T. orientalis* (Trennarten bei verschiedener Feuchtigkeit s. Seite 108).

Kennarten für gedüngte Viehweiden sind:
Cynosurus cristatus, Phleum pratense, Trifolium repens, Bromus mollis, Cirsium arvense, Glechoma hederacea, Lolium perenne, Plantago major, Poa annua, Potentilla anserina, Veronica serpyllifolia. Da der

Verbiß durch das Vieh selektiv erfolgt, bleiben giftige, stachelige oder schlecht schmeckende Arten weitgehend verschont; sie fruchten und können sich ausbreiten (*Mentha, Verbena, Euphorbia, Cirsium, Ononis* u. a.).

Trennarten der wenig oder ungedüngten Weiden gegenüber den gedüngten sind:
Festuca rubra var. *fallax, Briza media, Campanula rotundifolia, Galium verum, Lotus corniculatus, Pimpinella saxifraga, Plantago media, Euphrasia rostkoviana, Potentilla erecta, Thymus serpyllum.*

Auf die nicht intensiv genutzten einmähdigen Wiesen (Mesobromion, Molinion) können wir nicht eingehen.

Sieht man sich die Bezeichnungen der vielen hier genannten pflanzensoziologischen Gesellschaften an, so erkennt man, daß für sie die aufbauenden Dominanten verwendet wurden. Die Unterschiede zwischen den verschiedenen vegetationskundlichen Schulen sind in der Praxis nicht so groß wie sie in den theoretischen Abhandlungen erscheinen. Man sollte eine Synthese anstreben, bei der jede Einseitigkeit vermieden wird, die sowohl die aufbauenden Dominanten als auch die Zeigerarten, insbesondere in der Form der ökologischen Gruppen berücksichtigt.[1] Doch darf man den Zeigerwert des Unterwuchses für die Baumschicht nicht überschätzen. Methoden sind kein Selbstzweck, sondern müssen der jeweiligen Fragestellung angepaßt werden. Je anschaulicher sie die gesamte Pflanzendecke eines Gebietes in ihrer landschaftlichen Gliederung und ihrer ökologischen Bedingtheit beschreiben, desto mehr erfüllen sie ihren Zweck; es sei denn, daß ein bestimmtes praktisches Problem untersucht wird.

F. Höhenstufen (Abb. 90).

Wir bringen die Höhenstufen in der Reihenfolge von unten nach oben und berücksichtigen dabei die Verhältnisse am Alpennordrand.

1. **Eichenwaldstufe:** In den tiefsten, wärmsten Lagen, in denen heute der Weinbau möglich ist, dürfte früher ein Eichenwald mit xerothermen Geoelementen verbreitet gewesen sein. Da in dieser Lage die günstigsten klimatischen Verhältnisse herrschen, sind von Wäldern nur geringe Reste erhalten geblieben.

2. **Buchenwaldstufe:** Im Ostseegebiet wachsen Buchenwälder im Tiefland, am Alpennordrand sind sie dagegen nur in montanen Lagen optimal ausgebildet. Diese Wälder wurden bereits bespro-

---

[1] Eine solche Synthese ist soeben von D. N. SABUROV (1972) versucht worden. In dem 15 000 km² großen Pinega-Gebiet, östl. Archangelsk ($64^{1}/_{2}°$ N), wurden auf Grund von 800 Bestandsaufnahmen etwa 30 Bioökogruppen von Waldpflanzen aufgestellt und durch sie 24 Waldgesellschaften charakterisiert.

chen; wir wiesen auch darauf hin, daß in den höheren Lagen dieser Stufe die Tanne (*Abies alba*) eine größere Rolle spielt. Der größte Teil des Schwarzwaldes gehört zu dieser Stufe. Am Feldberg bildet die Buche gerade noch die durch Windwirkung erniedrigte Waldgrenze (Abb. 122).

3. **Fichtenwaldstufe:** Diese natürliche subalpine Stufe ist am Nordrand der Alpen sehr gut ausgebildet, wenn auch heute forstlich bewirtschaftet. Es handelt sich um Bestände des Vaccinio-Piceion:
Baumschicht: dicht geschlossen aus *Picea abies (P. excelsa)* mit vereinzelten *Sorbus aucuparia* und *Betula verrucosa*.
Strauchschicht: schwach ausgebildet mit *Lonicera nigra, L. coerulea, Rosa pendulina*.
Krautschicht: *Vaccinium myrtillus, Deschampsia flexuosa, Blechnum spicant, Dryopteris austriacum, Athyrium filix-femina, Lycopodium annotinum, Calamagrostis villosa, Melampyrum sylvaticum, Potentilla erecta, Equisetum sylvaticum, Linnaea borealis* (selten), *Pyrola uniflora, P. secunda, Listera cordata, Corallorhiza trifida, Maianthemum bifolium, Luzula sylvatica, Geranium sylvaticum, Veronica latifolia, Knautia sylvatica, Rubus saxatilis* u. a.

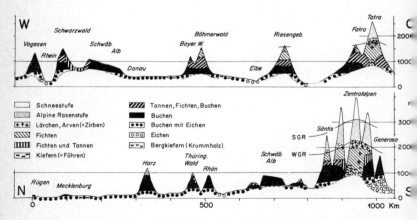

Abb. 90. Vegetationsprofile durch Mitteleuropa mit Höhenstufenangaben (aus ELLENBERG 1963): Buche bevorzugt ein ozeanisches Klima (im Westen, Alpenränder), die Fichte ein kontinentales (im Osten, Zentralalpen); die Tanne kommt auch in den Vogesen vor, die Fichte nicht. Die Höhenstufenfolgen in den Nord-, Zentral- und Südalpen unterscheiden sich stark. (WGR = Waldgrenze, SGR = Schneegrenze.

Moosschicht: *Hylocomium splendens, Ptilium crista-castrensis, Rhytidiadelphus triqueter, Rh. loreus, Pleurozium schreberi, Polytrichum formosum, Plagiothecium undulatum, Bazzania trilobata, Plagiochila asplenioides, Dicranum scoparium* u. a.

Waldgrenze:
Diese wird in den Nordalpen durch die Fichtenwälder gebildet, doch ist sie heute infolge der Almwirtschaft um etwa 100–200 m gesenkt. In den Zentralalpen folgt auf die Fichtenstufe noch eine Lärchen-Arvenstufe (Abb. 90).

4. **Alpine Stufe:** Den Übergang von den Waldstufen zu der baumfreien alpinen Stufe bilden die Krummholzbestände, die man auch noch zur subalpinen Stufe rechnen kann. Sie werden an trockenen Hängen (Kalkgestein) durch die Latsche (*Pinus mugo = P. montana*), an feuchteren durch die Grünerle (*Alnus viridis*) gebildet. Unter Latschen findet man Arten des sauren Rohhumusbodens, unter Grünerlen dagegen eine anspruchsvolle Hochstaudenvegetation, da die Grünerle stickstoffbindende Wurzelknöllchen besitzt. Zu diesem Adenostilion gehören: *Adenostyles alliariae, Carduus personata, Chaerophyllum hirsutum, Doronicum austriacum, Rumex arifolius, Veratrum album, Saxifraga rotundifolia, Mulgedium alpinum, Peucedanum ostruthium, Aconitum napellus, Ranunculus platanifolius, Epilobium alpestre* u. a.

Die weitere Gliederung der alpinen Stufe geben wir nur in groben Zügen wieder (ausführlicher bei ELLENBERG 1963):

Untere alpine Stufe:	Zwergsträucher.
Mittlere alpine Stufe:	Geschlossene alpine Rasen auf Verebnungen.
Obere alpine Stufe:	Rasen infolge Solifluktion sich auflösend, Schneeböden.
Subnivale Stufe:	Polsterpflanzen und kleine Rasenflecken.
Schneegrenze (klimatische)	
Untere nivale Stufe:	Polster- und Felsspaltenpflanzen noch vorhanden, sonst nur Moose und Flechten.
Obere nivale Stufe:	Außer Moosen und Flechten nur ganz vereinzelte Phanerogamen.

Ökologische Geobotanik

1 Biosphäre, Ökosysteme und Biogeozön

Die Schicht an der Erdoberfläche, in der sich die lebenden Organismen dauernd aufhalten, wird als Biosphäre bezeichnet. Wir werden nur den Teil derselben behandeln, der das feste Land überzieht; mit den Gewässern beschäftigt sich die Hydrobiologie als selbständiger Wissenschaftszweig.

Die *Biosphäre des festen Landes* umfaßt die oberste Schicht der Erdkruste – den Boden – soweit wie die Pflanzenwurzeln hinabreichen, ebenso wie die bodennahe Schicht der Atmosphäre mit den pflanzlichen und tierischen Organismen. Zwar können sich flugfähige Tiere aktiv über diese unterste Luftschicht erheben und Mikroorganismen oder gewisse Pflanzenteile (Samen, Sporen, Pollen) durch Luftströmungen in sehr große Höhen emporgeweht werden, aber sie halten sich nur vorübergehend oder im latenten Lebenszustand in diesen Höhen auf, so daß die Biosphäre nach oben allgemein durch die Wipfel der höchsten Pflanzen begrenzt wird, also maximal eine Dicke von rund 100 m meist aber nur 30 oder wenige Meter erreicht.

Die Biosphäre setzt sich aus drei Komponenten zusammen:
1. der abiotischen Umwelt – dem *Ökotop*
2. der Gesamtheit der pflanzlichen Organismen – der *Phytomasse*
3. der Gesamtheit der tierischen Organismen – der *Zoomasse*.

Der Mensch wird bei der Untersuchung natürlicher Verhältnisse zunächst außer acht gelassen. Diese drei Komponenten stehen in engen wechselseitigen Beziehungen zueinander. Sie bilden ein *Ökosystem*, in dem sich ein ständiger Stoffkreislauf und Energiefluß vollzieht. Mit diesen Wechselbeziehungen zwischen den Organismen untereinander und zur Umwelt beschäftigt sich die *Ökologie*.[1]

---

[1] Auf die soeben erschienenen ökologischen Einführungen sei hingewiesen: KREEB, K.: Ökophysiologie der Pflanzen. Jena 1973; LARCHER, W.: Ökologie der Pflanzen (UTB 232 Stuttgart 1973); WINKLER, S.: Einführung in die Pflanzenökologie (UTB 169 Stuttgart 1972); vgl. auch LERCH, G.: Pflanzenökologie (WTB 27). Berlin 1965.
Im Englischen gehört zu „Ecology" auch die Vegetationsbeschreibung und Gliederung. Um die engere Fassung bei uns zu unterstreichen, wird neuerdings oft die Bezeichnung „Ökophysiologie" benutzt – ein messendes und experimentelles Wissensgebiet mit kausaler Fragestellung.

Zur Untersuchung dieser Beziehungen wählt man gewisse kleine Ausschnitte der Biosphäre aus. Wird zur Begrenzung eine möglichst natürliche Pflanzengemeinschaft oder *Phytozönose* (mit den tierischen Organismen = *Biozönose*) zugrunde gelegt, so nennt man diesen Ausschnitt der Biosphäre, der auch ein Ökosystem darstellt, Biogeozönose oder kürzer ein *Biogeozön*.
Schematisch ist ein solches Biogeozön auf Abb. 91 dargestellt. Es ist kein geschlossenes System, weil von außen eine Energiezufuhr durch Sonnenstrahlung und eine Stoffzufuhr durch Niederschläge, Gaswechsel, Staubablagerung usw. stattfindet. Anderseits wird Ener-

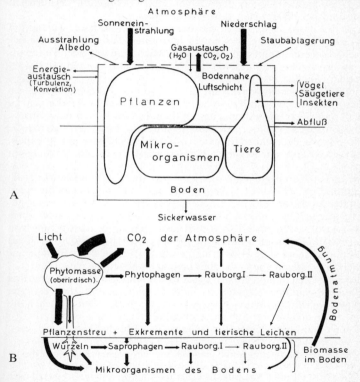

Abb. 91. Schema eines Ökosystems oder Biogeozöns (nach WALTER 1968): A Das Biogeozön umrandet im Austausch mit der Umgebung; B mit Darstellung der Nahrungsketten im Walde und des Kreislaufs des Kohlenstoffs, zu dem parallel auch der Energiefluß stattfindet (dicker Pfeil ganz links = kurzer Kreislauf, sonst langer Kreislauf).

gie durch Ausstrahlung, Turbulenz usw. nach außen abgegeben, ebenso wie auch Stoffverluste durch Gasaustausch, Sickerwasser oder Abfluß, durch Verwehung von Pflanzenteilen oder bewegliche Tiere eintreten.
In bezug auf die Rolle, die sie im Stoffkreislauf des Biogeozöns spielen, unterscheidet man unter den Organismen:
1. Die *Produzenten*, d. h. die autotrophen Pflanzen, vor allen Dingen die chlorophyllführenden, die mit Hilfe des Sonnenlichts aus CO_2 und H_2O organische Verbindungen aufbauen und dabei die Lichtenergie als chemische Energie festlegen.[1] Die Gesamtheit der vor allem von den dominanten Arten der Gemeinschaft gebildeten organischen Substanz bezeichnet man als *primäre Produktion*.[2]
2. Die *Konsumenten*, d. h. die tierischen Organismen, welche die Pflanzen als Nahrung verwenden und einen Teil derselben in tierische Substanz umbilden. Sie können wiederum anderen Tieren als Nahrung dienen. Die gesamte gebildete tierische Substanz ist die *sekundäre Produktion*.[3]
3. Die *Destruenten* werden oft als Reduzenten bezeichnet, aber sie reduzieren nicht, sondern oxidieren organische Verbindungen zu H_2O und CO_2. Es sind die zum größten Teil im Boden befindlichen heterotrophen Mikroorganismen (Bakterien, Pilze, Protisten), die alle pflanzlichen und tierischen Reste im Endeffekt völlig abbauen, also *mineralisieren*, wodurch der Kreislauf der Stoffe geschlossen wird.
Dieser Stoffkreislauf läßt gewisse *Nahrungsketten* erkennen, die schematisch auf Abb. 91 dargestellt sind. Wir unterscheiden einen kurzen Stoffkreislauf und einen langen. Beim *kurzen Kreislauf* gelangt der größte Teil der primären Produktion als Streu oder totes Holz in den Boden und wird dort unter teilweiser Mitwirkung von tierischen Organismen durch die Destruenten (Bakterien und Pilze) mineralisiert oder in Humus umgewandelt, der sich im Boden anreichert, um dann ebenfalls, aber langsamer abgebaut zu werden.
Der *lange Kreislauf* verläuft wesentlich komplizierter. Die von den Pflanzen gebildete organische Substanz wird dabei zunächst von *Phytophagen* (Herbivoren) gefressen oder von den *Saprophagen*, die von toter organischer Substanz leben, als Nahrung verwendet.[3] Zu diesen gehören auch die *Koprophagen* bzw. die *Nekrophagen*, deren

---

[1] Zu den Produzenten gehören ebenfalls die autotrophen Bakterien, die jedoch wegen der geringen Umsätze vernachlässigt werden können.
[2] Die primäre Produktion wird auch gleich „Netto-Produktion" gesetzt, doch verwendet man letztere oft in anderem Sinne, und zwar gleich Phytomasse-Zuwachs oder sogar als die vom Menschen nutzbare Produktion (z. B. Holzertrag); sie ist also nicht eindeutig definiert.
[3] Hierher wären auch die parasitären oder saprophytischen heterotrophen Pflanzen zu rechnen.

Nahrung aus den Exkrementen der Tiere bzw. deren Leichen besteht. Alle diese tierischen Organismen dienen als Nahrung für die *Rauborganismen* erster Ordnung, diese für solche zweiter Ordnung. Mengenmäßig nimmt jede folgende Gruppe in dieser Nahrungskette um etwa eine Zehnerpotenz ab, wobei durch Veratmung dauernd eine Abgabe von CO_2 erfolgt. Schließlich wird alles, was von der Phytomasse und den tierischen Organismen übrig bleibt, durch die Mikroorganismen endgültig mineralisiert, bis alle Nährstoffelemente wieder in anorganischer Form (H_2O, CO_2, NH_3, NO_3', SO_4'', PO_4''') vorliegen.

Mit dem Kreislauf des Kohlenstoffs, auf den im Mittel 45 % der Trockensubstanz entfallen, geht ein änlicher Kreislauf des Stickstoffs, Schwefels und Phosphors einher, ebenso ein Kreislauf der Kationen, die jedoch nur teilweise am Aufbau von organischen Verbindungen teilnehmen (Mg im Chlorophyll).

Die von den lebenden Pflanzenwurzeln und Bodenorganismen, dem *Edaphon*, abgegebenen Atmungs- und Gärungs-CO_2 diffundiert aus dem Boden, als sogenannte *Bodenatmung* in die Atmosphäre und kann von den grünen Pflanzen assimiliert werden.

Die Dicke der Pfeile auf Abb. 91 zeigt, daß dem kurzen Kreislauf die Hauptbedeutung zukommt. Wir werden uns hauptsächlich mit ihm beschäftigen und den langen Kreislauf, der über den Rahmen der Geobotanik hinausgreift und von zoologischer Seite quantitativ noch wenig untersucht wurde, nur gelegentlich streifen. Wie gering die Zoomasse im Vergleich zur Phytomasse in einem Biogeozön ist, zeigen Berechnungen von DUVIGNEAUD für einen westeuropäischen Laubmischwald (Angaben als Trockengewicht): In diesem betrug die vorhandene Phytomasse 235 t/ha, die Zoomasse der Vögel und Säugetiere nur 8,5 kg/ha (die der Wirbellosen konnte nicht bestimmt werden).[1] Allerdings entfällt bei einem Walde der größte Teil der trockenen Phytomasse auf das fast nur aus totem Gewebe bestehende Stammholz (ca. 200 t/ha), aber auch wenn man dieses nicht berücksichtigt, ist die Phytomasse über tausendmal größer als die Zoomasse. Das dürfte auch für krautige Pflanzengemeinschaften (Steppen, Wiesen usw.) gelten.[2]

---

[1] Vgl. die neuesten Angaben von der bisher besten Bearbeitung eines Biogeozöns: „La chênaie mélangée calcicole de Virelles-Blaimont, en haute Belgique (Sommaire)", S. 635–665 in UNESCO 1971: Productivité des écosystemes forestiers, Actes Coll. Bruxelles 1969 (red. P DUVIGNEAUD).

[2] HUXLEY (1962) nennt folgende Zahlen für die Zoomasse:
a) in der Tundra 8 kg/ha, b) in den Wäldern der gemäßigten Zone 10 kg/ha, c) in der Halbwüste 3,5 kg/ha, d) in den wildreichen Grasländern der Tropen 150–250 kg/ha (vgl. auch Seite 154).

Parallel zu dem Stoffkreislauf vollzieht sich im Biogeozön auch der Energiefluß. Von der gesamten einfallenden Strahlung werden nur ein bis wenige Prozent für die Photosynthese der grünen Pflanzen verwendet und in chemische Energie umgewandelt. Diese dient allen heterotrophen Organismen, die sie mit der Nahrung aufnehmen, als Energiequelle für ihre Lebensfunktionen. Dabei wird diese chemische Energie bei der Atmung oder den Gärungen ständig in nicht ausnutzbare Wärmeenergie umgewandelt, bis sie bei völliger Mineralisierung der organischen Substanz ganz aufgebraucht ist.

Der weitaus größte Teil der Strahlung, soweit er nicht rückgestrahlt wird (Albedo), wird absorbiert und für die Verdunstung von Wasser verbraucht bzw. in Wärme umgewandelt, wodurch sich die Temperatur im Biogeozön erhöht (vgl. Seite 155), was für den Ablauf aller Lebensfunktionen der Organismen von Bedeutung ist. Bei geringer Einstrahlung in den Wintermonaten der höheren Breiten sind die Temperaturen so niedrig, daß die Organismen sich in einem Ruhezustand befinden.

2 Die primäre Produktion

Die bei der Photosynthese gebildeten Assimilate (die Netto-Assimilation) sind nicht der primären Produktion gleichzusetzen. Denn ein Teil der Assimilate dient zur Deckung der Atmung von den nicht grünen lebenden Pflanzenteilen und der Atmung von Blättern während der Nacht. Somit ist:

Primäre Produktion = Netto-Assimilation −
Atmungsverluste der Pflanzen.

Man erhält sie, wenn man auf einer repräsentativen Fläche des Biozöns den jährlichen Zuwachs der oberirdischen und unterirdischen Teile sowie den jährlichen Abfall (Streu und absterbende Wurzeln) bestimmt.[1] Ausgedrückt wird sie durch die jährlich gebildete Trockensubstanzmenge pro Hektar oder als gespeicherte chemische Energie in kcal/ha. In letzerem Falle muß man die Verbrennungswärme der Trockensubstanz kennen. Im Durchschnitt beträgt sie 4,5 kcal pro g Trockensubstanz, im einzelnen können jedoch bei eiweiß- oder ölhaltigen Geweben starke Abweichungen auftreten (4,1–4,9 kcal/g).

Bei natürlichen Dauergesellschaften, vor allen Dingen soweit es sich um die zonale Vegetation handelt, wird die gesamte primäre Produktion wieder mineralisiert, so daß die Phytomasse unverändert bleibt. Das gilt jedoch nur als Durchschnitt von großen Flächen. Untersucht

---

[1] Es ist nicht sinnvoll, den Abfall mit zur „Netto-Produktion" zu rechnen, ohne diesen entspricht sie dem Phytomassezuwachs.

man kleine Ausschnitte z. B. in einem Urwald, so kann an lichten Stellen, die durch das Absterben alter Bäume bedingt wurden, mehrere Jahre hintereinander eine Zunahme der Phytomasse festgestellt werden, auf Flächen mit überalterten Bäumen oder mit starker Schädlingsentwicklung dagegen eine Abnahme.
Eine Zunahme der Phytomasse findet auch bei den einzelnen Stadien einer Sukzession statt, solange bis das Endstadium einer Dauergesellschaft erreicht ist. In einzelnen Fällen, z. B. bei einem versumpfenden Wald kann auch eine Abnahme stattfinden. Bei den von Menschen genutzten Biozönen wird ein Teil der primären Produktion in bestimmten Abständen entzogen (Viehweiden, Mähwiesen, Forsten usw.). Dadurch wird der verlustlose Kreislauf der Stoffe gestört (vgl. Seite 240 ff.).
Die primäre Produktion der Dauergesellschaften, die der zonalen Vegetation entsprechen, hängt vom Klima ab. Dabei bestehen keine direkten Beziehungen der primären Produktion zur Phytomasse der einzelnen Vegetationszonen; denn die Phytomasse ist von der Lebensform der dominanten Arten abhängig. Während bei den krautigen Arten, aus denen z. B. die Steppen bestehen, fast die gesamte primäre Produktion jährlich als Streu abgestoßen wird und der Verwesung unterliegt, wird bei den Holzpflanzen der größte Teil als totes Holz im Pflanzenkörper gespeichert und geht in die Phytomasse ein.
Erst wenn ein Baum abstirbt, unterliegt auch dieses tote Holz der Mineralisierung. Deshalb ist die Phytomasse der Biozöne relativ um so größer, je erheblicher der Anteil an Holzpflanzen im Pflanzenbestand ist. Das geht aus den Zahlen der Tab. 8 (Kolonne 4, mittlere Phytomasse in t/ha) hervor.

In dieser Tabelle nach BAZILEVIC, RODIN und ROZOV werden auf dem Festland der Erde 5 Wärmezonen unterschieden (Abb. 92): 1. die polare, 2. die boreale, 3. die gemäßigte, 4. die subtropische und 5. die tropische. Die Zonen 3–5 werden jeweils in drei Unterzonen je nach den Feuchtigkeitsverhältnissen unterteilt: h = humide, s = semiaride und a = aride. In der borealen Zone und in den humiden Unterzonen der anderen bilden Wälder die zonale Vegetation, d. h. in ihnen herrscht die Baumform vor. Daraus erklärt sich die unverhältnismäßig große Phytomasse, die mit zunehmend günstigeren Temperaturverhältnissen von 189 t/ha in der borealen Zone bis auf 440 t/ha in der tropischen Zone ansteigt.
Obgleich die Wälder nur 39 % der Fläche aller Kontinente einnehmen, entfallen auf sie 82 % der Phytomasse auf dem Festland.
Betrachtet man dagegen die Zahlen für die primäre Produktion (Tab. 8 letzte Kolonne), so sind die Unterschiede zwischen den humiden und semiariden Zonen nicht so groß. In den humiden Unterzonen steigt die primäre Produktion ebenfalls äquatorwärts an. Zu-

Tab. 8. Verteilung der potentiellen Produktivität auf der Erde (nach BAZILEVIC, RODIN und ROZOV*

Klimazonen		Fläche in 10^6 km²	Phytomasse gesamte in 10^9 t	Phytomasse mittlere in t/ha	primäre Produktion gesamte in 10^9 t pro Jahr	primäre Produktion mittlere in t/ha pro Jahr
polare		8,05	13,8	17,1	1,33	1,6
boreale		23,2	439	189	15,2	6,5
gemäßigte	h	7,39	254	342	9,34	12,6
	s	8,10	16,8	20,8	6,64	8,2
	a	7,04	8,24	11,7	1,99	2,8
subtropische	h	6,24	228	366	15,9	25,5
	s	8,29	81,9	98,7	11,5	13,8
	a	9,73	13,6	13,9	7,14	7,3
tropische	h	26,5	1166	440	77,3	29,2
	s	16,0	172	107	22,6	14,1
	a	12,8	9,01	7,0	2,62	2,0
Landmasse		133	2400	180	172	12,8
Gletscher		13,9	0	0	0	0
Seen und Flüsse		2,0	0,04	0,2	1,0	5,0
Ozeane		361	0,17	0,005	60,0	1,7

* Um keine zu große Genauigkeit der angeführten Werte vorzutäuschen, haben wir alle Zahlen auf drei Stellen abgerundet.

nächst verdoppelt sie sich jeweils, während der Unterschied zwischen der subtropischen und tropischen Zone geringer ist. In den semiariden Unterzonen steigen die Werte ebenfalls in der Richtung zum Äquator, während bei den ariden Unterzonen die Produktion in der tropischen Zone am geringsten ist, weil sich Trockenheit kombiniert mit hohen Temperaturen für die pflanzliche Produktion besonders ungünstig auswirkt.

Vergleicht man die gesamte Phytomasse auf dem Lande ($2400 \cdot 10^9$ t) mit der gesamten jährlichen primären Produktion ($172 \cdot 10^9$ t), so macht letztere etwa 7 % der ersteren aus. Im Gegensatz dazu ist die primäre Produktion der Ozeane ($60 \cdot 10^9$ t) über 300mal größer als die Phytomasse mit nur $0,17 \cdot 10^9$ t. Letztere besteht vorwiegend aus einzelligen Algen des Planktons, die dauernd in Teilung begriffen sind, also bei sehr geringer Masse eine enorme Produktion besitzen.

Die primäre Produktion 153

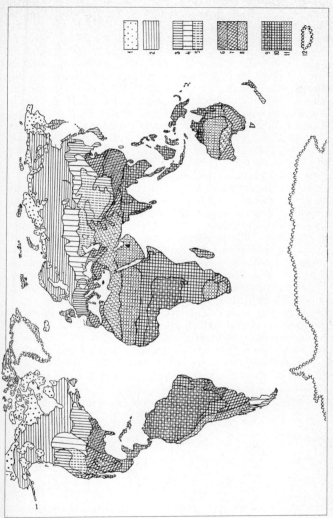

Abb. 92. Bioklimazonen nach BAZILEVIC, RODIN und ROSOV: 1 polare, 2 boreale, 3–5 gemäßigte (3 humide, 4 semiaride, 5 aride), 6–8 subtropische (6 humide, 7 semiaride, 8 aride), 9–11 tropische (9 humide, 10 semiaride, 11 aride), 12 Innlandeis.

Dieser Vergleich zeigt, wie ganz anders der Stoffkreislauf in den Gewässern verläuft. Das geht auch aus dem Verhältnis der Masse der Konsumenten und Destruenten im Vergleich zur Phytomasse hervor. Die Zoomasse wird auf allen Kontinenten auf $20 \cdot 10^9$ t geschätzt, was weniger als 1 % der Phytomasse ausmacht. In den Weltmeeren soll sie etwa $3 \cdot 10^9$ t betragen; sie ist also vielmals größer als die Phytomasse. Im Gegensatz zur Phytomasse besteht die Zoomasse der Konsumenten in den Weltmeeren zu einem Teil aus großen tierischen Organismen, sogar aus den größten (Wale), die man für die menschliche Ernährung ausbeutet. Die primäre jährliche Produktion auf dem Lande beträgt im Mittel 12,6 t/ha und ist damit mehr als 7mal so hoch wie in den Ozeanen; sie erreicht das 2,5fache von der in Seen und Flüssen, in denen neben dem Plankton auch höhere Wasser- und Sumpfpflanzen eine Rolle spielen.

Die gesamte potentielle primäre Produktion der Biosphäre auf dem Lande, in den Ozeanen sowie in Seen und Flüssen wird auf Grund unserer heutigen Kenntnisse auf $233 \cdot 10^9$ t geschätzt. Wir sprechen von der *potentiellen Produktion*, weil auf weiten Flächen der Kontinente die natürliche Pflanzendecke durch den Menschen zerstört wurde, so daß die tatsächliche primäre Produktion heute geringer ist.

Die Biomasse der Menschen (Bevölkerungszahl 3 Milliarden) macht $0,2 \cdot 10^9$ t aus. Die Menschheit verbraucht für die Ernährung $2,8 \cdot 10^{15}$ kcal (entsprechend der landwirtschaftlichen Produktion), was etwa 0,7 % vom Ernergiegehalt der primären Produktion ausmacht. Dieser Betrag wird in Zukunft infolge der explosionsartigen Bevölkerungszunahme beträchtlich ansteigen.

Die Höhe der primären Produktion hängt von allen auf sie einwirkenden Faktoren – ihrer *Umwelt* – ab. Die abiotischen Umweltfaktoren, von denen die Entwicklung der Pflanzen oder der Pflanzengemeinschaften abhängt, bezeichnet man als ihren *Standort* oder

Tab. 9. Beziehungen zwischen primären und sekundären Faktorengruppen

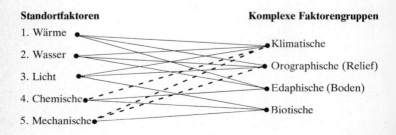

Ökotop. Man denkt dabei vor allem an die meßbaren Faktoren, wie Wärme, Wasser, Licht, chemische und mechanische, während Klima, Relief und Boden komplexe Faktorengruppen darstellen, die man in die primären Standortsfaktoren zerlegen kann, wobei die letzteren auch durch die Organismen der Biozönose verändert werden, wie es schematisch auf S. 154 in der Tabelle 9 dargestellt ist.

Für die Pflanze ist es gleichgültig, ob günstige Wärmeverhältnisse am Standort durch das Großklima bedingt werden oder orographisch durch den Biotop, z. B. an einem Südhang, bzw. edaphisch durch leicht erwärmbaren Sandboden. Ebenso können günstige Wasserverhältnisse klimatisch auf hohe Niederschläge oder orographisch auf eine feuchte Tallage, bzw. edaphisch auf einen hohen Grundwasserstand zurückzuführen sein (vgl. Seite 182). Der mechanische Faktor Feuer kann durch den Menschen oder das Klima (Blitzschlag) bedingt werden.

Mit den primären Faktoren und ihrer ökologischen Bedeutung müssen wir uns deshalb in den nächsten Abschnitten ausführlich beschäftigen. Dabei zeigt es sich, daß die oft gemachte Trennung der Ökologie in Synökologie, die sich auf die Gemeinschaften bezieht, und Autökologie, die sich mit der Einzelpflanze beschäftigt, in der Praxis nicht möglich ist. Jede Pflanze ist ein Teil einer Gemeinschaft und letztere ist keine geschlossene Einheit, sondern setzt sich aus Einzelpflanzen zusammen. Es handelt sich mehr um eine theoretische Trennung. Es gibt nur eine Ökologie.

3 Der Wärmefaktor oder die Temperaturverhältnisse

a Einstrahlungstypus

Für die Temperaturverhältnisse in einem Biogeozön ist im wesentlichen die Bilanz zwischen der Einstrahlung und der Ausstrahlung von Bedeutung. Sie wechselt je nach der Tages- und Jahreszeit sowie den Witterungsverhältnissen. Wir betrachten zunächst den Wärmehaushalt von einem einfachen Biogeozön, z. B. von einem nackten Boden mit nur vereinzelten Pflanzen, an klaren Tagen um die Mittagszeit mit wenigen Wolken am Himmel (Abb. 93). Die Sonnenstrahlung an der oberen Grenze der Atmosphäre, die sog. Solarkonstante beträgt rund 2 cal/cm^2 in der Minute. Von der direkten Sonnenstrahlung wird ein Teil durch die Atmosphäre absorbiert, andererseits durch die Luftmoleküle und die in der Luft schwebenden Staubteilchen und Wassertröpfchen diffus zerstreut (diffuses Licht), wobei ein Teil wieder in den Weltraum zurückgeht. Außerdem wird die Strahlung auch von den Wolken zurückgeworfen. Der Rest der direkten Sonnenstrahlung und der diffusen Himmelsstrahlung erreicht die Bodenoberfläche und wird durch Absorption in Wärme übergeführt.

156 Ökologische Geobotanik

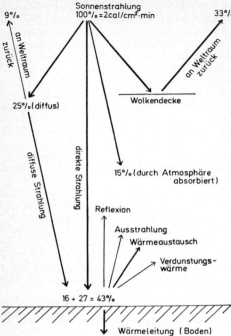

Abb. 93. Schema des Wärmeumsatzes bei Einstrahlung auf einen kaum bewachsenen Boden. Der Wärmehaushalt unterliegt einem Tagesgang und ist um die Mittagszeit bei klarem Himmel am ausgeprägtesten. Die Zahlen geben den Jahresdurchschnitt des Strahlungsumsatzes an. Ein Teil der auf die Wolken fallenden Strahlung geht durch sie als diffuse Strahlung durch. Weitere Erläuterungen im Text.

An klaren Tagen ist die Einstrahlung sehr groß, an trüben gering. Im Mittel für ein ganzes Jahr können wir für Mitteleuropa folgende Angaben machen: Setzen wir die Solarkonstante gleich 100, so werden von der Atmosphäre 15 % absorbiert und 25 % diffus zerstreut, wobei 9 % davon an den Weltraum zurückgehen, so daß 16 % des diffusen Lichtes im Jahresmittel den Erdboden erreichen. Von der direkten Sonnenstrahlung gehen 15 + 25 = 40 % verloren und dazu kommen 33 %, die von der Wolkendecke im Mittel zurückgeworfen werden, so daß 27 % bis zur Erdoberfläche gelangen. Diese erhält somit im Mittel 16 + 27 = 43 % der gesamten Sonnenstrahlung an der oberen Atmosphärengrenze. Davon wird ein Teil reflektiert, während der Rest in einer sehr dünnen „aktiven" Oberflächenschicht des Bodens absorbiert wird und diese stark erwärmt.
Die Reflektionszahl der Bodenoberfläche (Albedo) ist bei weißem Kalkboden hoch, bei dunklem Moorboden gering. Dunkler Boden erwärmt sich deshalb stärker als heller. Sie beträgt bei einer frischen Schneedecke 80–88 % der Einstrahlung, bei Sandboden etwa 25 %.

Die Energiezufuhr ist um so größer, je steiler die Sonnenstrahlen auf die Erdoberfläche treffen. Die Strahlung beträgt bei uns deshalb an klaren Tagen um 12^h im Juni 1,113 cal/cm² · min, im Dezember dagegen nur 0,240 cal/cm² · min. Sie nimmt aus demselben Grunde mit abnehmender Breite zu:

Tab. 10. Direkte Sonnenstrahlung auf der Nordhemisphäre in kcal/cm² (nach IVANOFF)

Zeitspanne	4 Sommermonate	ganzes Jahr
Arktische Zone (80° N)	13,6	16,8
Boreale Zone (59°–60° N)	30,6	43,6
Gemäßigte Zone (48°–52° N)	36,5	54,7
Südliche Zone (39°–45° N)	40,9	81,9

Zwar wird die diffuse Strahlung polwärts stärker, aber ihr Anteil an der Gesamtstrahlung ist relativ gering.

Mit der Höhe über dem Meere nimmt die direkte Strahlung ebenfalls zu. Die größten Verluste erleidet sie in den unteren dunsterfüllten Luftschichten.

Die Erwärmung der „Aktiven Bodenoberfläche" führt sofort zu einer Wärmeabgabe und zwar: 1. durch Wärmeableitung in den Boden, 2. durch Wärmeausstrahlung gegen die Atmosphäre, 3. durch Wärmeaustausch mit den angrenzenden Luftschichten und 4. als Verdunstungswärme, sofern der Boden feucht ist (vgl. Seite 158).

1. Die *Wärmeableitung* hängt von der Wärmeleitfähigkeit des Bodens (λ) ab. Sie ist bei festem Fels am größten, bei sehr lufthaltigem Boden sehr gering. Je nasser der Boden ist (Poren mit Wasser gefüllt), desto größer ist λ, zugleich nimmt damit aber auch die spezifische Wärme des Bodens stark zu, so daß die *Temperaturleitfähigkeit* bei lufthaltigem Boden größer ist. Deshalb steigt die Temperatur in der lockeren Laubwaldstreu im Frühjahr, wenn die Bäume unbelaubt sind, an sonnigen Tagen besonders rasch an, wodurch die Entwicklung der Frühlingsflora am Waldboden begünstigt wird.

Infolge der Wärmeableitung machen sich im Boden Tages- und Jahresschwankungen der Temperatur bemerkbar. Mit zunehmender Tiefe nimmt ihre Amplitude ab und die Tagesmaxima treten verspätet auf: bei Sandboden in 20 cm Tiefe erst bei Sonnenuntergang und in 40 cm um Mitternacht, wobei die Amplitude höchstens nur noch 2 °C beträgt. Dasselbe gilt für die Jahresschwankungen. In Norddeutschland machen sie sich noch in 7,5 m mit $1^1/_2$ °C bemerkbar, wobei das Jahresmaximum in die Wintermonate fällt.

Im äquatorialen Gebiet, in dem temperaturbedingte Jahreszeiten fehlen, weist der Boden nur Tagesschwankungen auf, die bei etwa

60-70 cm Tiefe ausklingen; die Temperatur ist in dieser Tiefe das ganze Jahr hindurch konstant und entspricht bei beschatteter Bodenoberfläche der mittleren Lufttemperatur, bei besonnter einer um 2–3 °C höheren.
In Gebieten mit einer isolierenden Schneedecke im Winter bleibt der Boden wärmer als die Luft.

2. Bei der *Wärmeausstrahlung* von der Bodenoberfläche handelt es sich infolge der niedrigen Temperaturen der letzteren um nicht sichtbare langwellige Strahlen. Diese werden im Gegensatz zu den sichtbaren von der Luft stark absorbiert und führen zu einer gewissen Erwärmung der unteren Luftschichten.

3. Eine größere Bedeutung für eine solche Erwärmung hat jedoch der *Wärmeaustausch*. Die unmittelbar an die Bodenoberfläche grenzende Luftschicht wird durch Wärmeleitung stark erhitzt. Sie ist dann leichter und steigt auf, während kühlere schwerere Luftmassen absinken und sich ihrerseits zu erwärmen. Das führt zu einer Instabilität der unteren Luftschichten, die sich in einer *Turbulenz* äußert. Sie kann zur Schlierenbildung (Flimmern) führen; im Extrem bilden sich Kleintromben (Staubwirbel).
Diese Turbulenz über dem Boden und die Wärmeableitung in den Boden bedingen bei Einstrahlung ein steiles Temperaturgefälle von der als Heizplatte dienenden Bodenoberfläche aufwärts und abwärts (Abb. 96, rechts).
Die Bodenoberfläche selbst erwärmt sich oft bis auf 60 °C. In den Sanddünen bei Heidelberg wurden in einer trockenen, schlecht wärmeableitenden Moosschicht sogar 72 °C gemessen.

4. Die *Verdunstungswärme* beeinflußt sehr stark die Temperatur der Bodenoberfläche; sie kann ein Drittel des gesamten Wärmeumsatzes ausmachen. Nasser Boden bleibt deshalb immer kühler als trockener. Trockener Boden erwärmte sich z. B. in Süd-Afrika mittags auf 67,7 °C, demgegenüber stieg die Temperatur beim gleichen, aber nassen Boden nur auf 41,0 °C. Die höhere Wärmeableitung des letzteren ist an dieser Differenz von über 25° mitbeteiligt.
Wie die von der Bodenoberfläche absorbierte Strahlung sich als Wärme auf den Boden und die Atmosphäre in Abhängigkeit von der Bodenart verteilt, zeigt Abb. 94. Während sich die Luft über dem Ozean kaum erwärmt, wird sie über einer Torfmoosdecke und über Laubstreu besonders warm. Dasselbe gilt auch für gelockerten Boden, auf dem deshalb der Schnee rascher abtaut, als auf dichtem Boden. Andererseits kann man feststellen, daß sich auf lockerem Boden besonders leicht Reif bildet, d. h. er kühlt sich in der Nacht stärker ab.

Abb. 94. Verwertung der zugestrahlten Wärme durch verschiedene Bodenarten: Die Luft über dem Meer erhält fast keine Wärme, die über Laubstreu fast die gesamte.

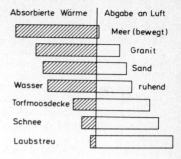

b Ausstrahlungstypus

Die Ausstrahlung macht sich besonders in klaren Nächten bemerkbar. Da das Produkt aus der absoluten Temperatur und der Wellenlänge, bei der das Strahlungsmaximum liegt, eine Konstante ist (WIENsches Gesetz) und die absolute Sonnentemperatur (60000°) etwa 20mal höher ist, als die der Erde (14 °C = 287° abs.), so liegt das Maximum der Erdstrahlung bei einer 20mal größeren Wellenlänge (für Sonnenlicht bei 0,5 μm, für die Erdstrahlung bei 10 μm), d. h. im Ultrarot. Dieses wird von der Luft und namentlich dem CO_2 sowie Wasserdampf stark absorbiert, so daß nur 12 % in den Weltraum hinausgehen, d. h. die Lufthülle der Erde wirkt wie ein Glashaus: sie läßt die Lichtstrahlen hinein, die Wärmestrahlung jedoch nicht hinaus.

Abb. 95. Der Wärmeumsatz an der Erdoberfläche in klaren Nächten (Ausstrahlungstypus). Die 12 % Verlust sind ein Mittel. Weitere Erläuterungen im Text.

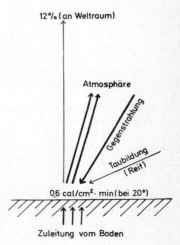

160 Ökologische Geobotanik

Die von der Luft absorbierte Wärme kommt als Gegenstrahlung der Atmosphäre teilweise zur Bodenoberfläche zurück. Die „effektive" Ausstrahlung ist somit gleich der Differenz zwischen Gesamtausstrahlung und Gegenstrahlung (Abb 95). Die Ausstrahlung ist im Winter infolge der niedrigen Bodentemperatur zwar geringer als im Sommer (bei $-20\,°C$ gleich 0,339 cal/cm$^2 \cdot$ min, bei $+20\,°C$ gleich 0,609 cal/cm$^2 \cdot$ min), aber ihre Dauer ist in den langen Winternächten größer und damit die gesamte Abkühlung stärker.

In den Wüsten mit trockener Luft und klarem Himmel ist die Gegenstrahlung gering und deshalb die effektive Ausstrahlung besonders groß.

Die Ausstrahlung ist am stärksten gegen den Zenit. Wird dieser Teil des Himmels durch eine Baumkrone abgeschirmt, so fällt die Ausstrahlung auf einen kleinen Bruchteil ab.

Die Ausstrahlung hat zur Folge, daß die Lufttemperatur in Bodennähe am niedrigsten ist. Es kann deshalb hier zur Wasserkondensation kommen (Tau, Reif), wodurch Wärme frei wird und die weitere Abkühlung langsamer verläuft. Die Hauptwärmezufuhr erfolgt jedoch durch Wärmezuleitung vom Boden aus, wobei diese wieder von dessen Wärmeleitfähigkeit abhängt. Der schlecht Wärme leitende Boden, der am Tag sich am stärksten erwärmt, kühlt sich deshalb nachts besonders tief ab.

Die Luftschichtung über dem Boden ist bei Ausstrahlung sehr stabil, denn es herrscht Temperaturinversion (t nimmt mit der Höhe zu). Diese ist in windstillen Nächten besonders ausgeprägt, wie es die flachen unbeweglichen Nebelbänke deutlich beweisen. Die Temperaturverteilung über und unter der Bodenoberfläche zeigt Abb. 96 (links).

Einstrahlung und Ausstrahlung wechseln sich nicht bei Sonnenaufgang und -untergang ab, sondern die Ausstrahlung überwiegt schon einige Stunden vor Sonnenuntergang und hält noch einige Stunden nach Sonnenaufgang an, so daß bei den kurzen klaren Tagen im Winter die Einstrahlung sich kaum auswirkt.

c Wärmeumsatz und Temperaturverhältnisse in einer Vegetationsschicht

Wenn die Pflanzendecke niedrig und sehr locker ist, dann entsprechen die Wärmeverhältnisse denen, die wir oben besprachen, z. B. in Wüsten, auf Felsen und auf offenem Sandboden, aber auch in jungen Kulturen auf Äckern und Waldschonungen. Junge Pflänzchen sind in diesem Falle in Bodennähe den Maximaltemperaturen bei Einstrahlung ausgesetzt, so daß bei trockenen Humusböden Hitzeschäden auftreten können (Abb. 97). In Wüstengebieten leidet die Aussaat auf bewässerten Parzellen, wenn diese zwischendurch oberflächlich abtrocknen und sich stark erhitzen.

Der Wärmefaktor oder die Temperaturverhältnisse 161

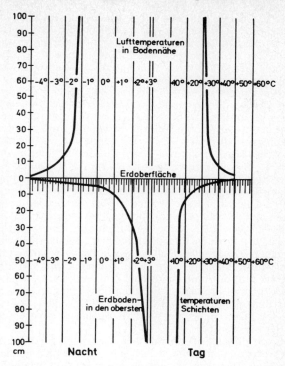

Abb. 96. Vergleich der Luft- und Bodentemperatur an der Bodenoberfläche bei Ausstrahlung (links) und bei Einstrahlung (rechts, t-Skala 10mal kleiner).

Abb. 97. Buchenkeimling an der Stengelbasis infolge zu hoher Bodenoberflächentemperatur abgetötet.

Sobald der Boden von den Pflanzen bedeckt ist, ändert sich der Wärmeumsatz. Die Reflexionszahl (Albedo) wird verringert. Durch die Transpiration der Pflanzen wird viel Verdunstungswärme verbraucht (bei 25 °C pro g Wasser 582 cal). Da eine Rasenfläche an heiteren Tagen 2,15 l/m² = 0,215 g/cm² transpiriert, so beträgt die Verdunstungswärme 125 cal/cm², was über $^1/_3$ der im Mittel an Sommertagen eingestrahlten Wärme von 300 cal/cm² entspricht. Viel stärker werden die Temperaturverhältnisse an der Bodenoberfläche dadurch beeinflußt, daß bis zu ihr nur ein geringer Anteil der Strahlung gelangt. Der größte Teil der Strahlung wird von den oberen Pflanzenteilen absorbiert. Es ist also keine aktive Oberfläche vorhanden, sondern ein „aktiver Absorptionsraum", der bei horizontal stehenden Blättern weniger tief ist als bei vertikal stehenden. Je höher der Bestand wird, desto höher rückt auch der Absorptionsraum, der natürlich nicht so extreme Temperaturen erreicht wie eine Bodenoberfläche, da sich die Wärme stärker verteilt. Unterhalb dieses Raumes fällt die Temperatur beim Einstrahlungstypus ab; nur an der Bodenoberfläche kann wieder eine leichte Erhöhung eintreten, falls die Strahlung durch die Pflanzen nur wenig abgeschwächt wird.

In dichten Heidekrautbeständen oder in Polsterpflanzen können bei starker Einstrahlung oft sehr hohe Temperaturen von 30–40° erreicht werden, die weit über den Lufttemperaturen liegen. Das ist für die Pflanzen in polaren Gebieten oder in der alpinen Stufe von großer Bedeutung. In NE-Grönland (77° N) fand A. WEGENER zwischen den Pflanzen eine um 8–9°, ja sogar 16° höhere Temperatur als in der Luft darüber.

Im Prinzip dieselben Verhältnisse gelten auch für Baumbestände. Die Absorption der Strahlung erfolgt im obersten Kronenbereich, wo die höchsten Temperaturen gemessen werden. Ein zweites Maximum kann an der Bodenoberfläche z. B. in lichten Kiefernbeständen auftreten (Abb. 98), nicht jedoch in schattigen Laubwäldern:

Tab. 11. Mittlere Tageswerte der Temperatur und Luftfeuchtigkeit in einem 27jährigen Eichenwald (9,2 m hoch) in Osteuropa während der Vegetationszeit (aus SUKATSCHEV und DYLIS)

Höhe über dem Boden	mittlere Temperatur °C	mittleres Maximum °C	mittleres Minimum °C	mittlere rel. Luftfeuchtigkeit
11,2 m	17,0	25,8	5,1	75 %
9,2 m	*17,2*	*33,6*	*2,6*	77 %
4,0 m	16,3	26,7	4,4	85 %
2,0 m	15,9	24,9	4,4	86 %
0,05 m	15,6	22,7	4,7	92 %
0,00 m	15,3	21,9	5,8	98 %

Der Wärmefaktor oder die Temperaturverhältnisse 163

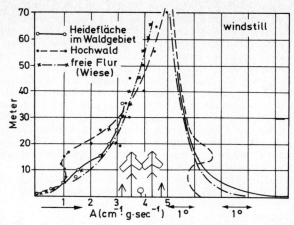

Abb. 98. Temperaturverteilung in einem Kiefernwald (rechts) im Vergleich zur Heide und Wiese. Links: Austauschgröße (Turbulenz).

Die starke Temperaturerhöhung im Kronendach tritt beim Temperaturmaximum besonders deutlich hervor, aber auch die mittlere Temperatur ist, wenn auch nur leicht, erhöht.
Nachts geht die Ausstrahlung vom Kronendach aus. Dieses kühlt sich deshalb ab, was durch das tiefere mittlere Minimum angezeigt wird. Die Abkühlung ist jedoch nicht sehr groß, weil die abgekühlte Luft des oberen Kronenraums schwerer ist und in den Stammraum „abtropft", so daß auch in diesem eine Abkühlung gegenüber dem Minimum der Lufttemperatur (5,1 °C) erfolgt. Am Boden ist es infolge der Wärmezuleitung von unten wieder etwas wärmer. Die Abkühlung des Kronendaches hat in den feuchten Tropen fast jede Nacht eine starke Betauung und ein Abtropfen des Taues in das Bestandesinnere zur Folge, wodurch dort die Luft meist auch am Tage dampfgesättigt bleibt.
Besonders extreme Minima können kleine Lichtungen im Wald aufweisen, weil infolge der Luftruhe die Ausstrahlung sich voll auswirkt. Auch bei niedrigeren Beständen kühlt sich die Oberfläche der Vegetationsschicht bei Ausstrahlung am stärksten ab. Da jedoch bei einem Grasbestand die kalte Luft absinken kann, findet man das Temperaturminimum etwas unter den Halmspitzen dort, wo die Blätter dichter zusammenschließen. Die Wassertröpfchen morgens an den Blattspitzen von Rasenflächen sind keine Tautröpfchen, sondern die Folge von Guttation. Sie treten daher besonders stark in trüben, feuchten und warmen Nächten auf.

164 Ökologische Geobotanik

Diese Ausführungen beziehen sich auf die Luft in der Vegetationsschicht und nicht auf die Temperatur der Pflanzenteile selbst. Die Absorption der Strahlung erfolgt durch die Blätter der Pflanzen. Da diese transpirieren, wird ein großer Teil der Wärme wieder verbraucht. Deshalb hängt ihre Temperatur sowohl von der Intensität der Strahlung als auch von der Höhe der Transpiration ab, aber der Wärmeaustausch, der durch Wind gefördert wird, spielt ebenfalls eine Rolle. Meistens liegt die Temperatur der Blätter nachts etwas unter der Lufttemperatur aber auch am Tage bei geringer Strahlung und hoher Transpiration. Bei starker Strahlung weisen die Blätter gegenüber der Luft Übertemperaturen auf, die bei starker Transpiration gering sind, bei schwacher oder fehlender, z. B. bei Sukkulenten oder welken Pflanzen dagegen sehr hoch: 10–15°, im Hochgebirge sogar über 20 °C.

Wie sehr die Übertemperaturen von der Wasserversorgung und damit von der Transpirationsintensität abhängen, zeigt Abb. 99.

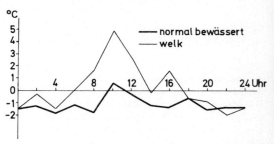

Abb. 99. Temperaturdifferenz bei Baumwollblättern (in Turkestan) im Vergleich zur Lufttemperatur bei verschiedener Wasserversorgung.

Hitzeschäden werden durch diese Übertemperaturen bei den Blättern unter natürlichen Verhältnissen nicht verursacht. Durch Selektion kommen an solchen gefährdeten Standorten nur Pflanzen vor, die hitzeresistent sind, d. h. die letalen Temperturen liegen bei ihnen noch höher als die gemessenen Temperaturmaxima der Blätter. Dagegen können bei Buchen Hitzeschäden durch Rindenbrand und bei verschiedenen Kulturen und Sämlingen und an jungen Früchten in extremen Jahren beobachtet werden; bei uns war das z. B. 1947 der Fall.

d Einfluß der Geländeform und der Exposition auf die Temperatur

Die Temperaturwerte des Groß- und Regionalklimas werden durch Messungen in der meteorologischen Hütte, also unter Strahlenschutz 2 m über einer Rasenfläche und in ebenem Gelände ermittelt. Daneben müssen wir ein Klein- oder Lokalklima unterscheiden, das von besonderen orographischen Verhältnissen abhängt und natürlich auch das Standorts- oder Mikroklima im Biogeozön mitbestimmt.

Der Einfluß der Geländegestaltung auf die Wärmeverhältnisse ist bei Tage und in der Nacht ganz verschieden.
Bei Einstrahlung hängt die Wärmemenge, die der Boden oder Bestand erhält, von der Exposition und Neigung eines Hanges ab. Verschieden ist vor allem die direkte Sonnenstrahlung, während die diffuse keine großen Unterschiede aufweist. Dabei spielt die geographische Breite eine Rolle. Wenn am Äquator die Sonne mittags im Zenit steht, verschwinden die Expositionsunterschiede ganz. Die größten Wärmemengen erhalten vor- bzw. nachmittags die Ost- bzw. Westhänge. Mit zunehmender Breite werden auf der Nordhemisphäre die Süd- und auf der Südhemisphäre die Nordhänge begünstigt. Steile Südhänge werden selbst in der Arktis senkrecht von den Sonnenstrahlen getroffen, so daß sich die Bodenoberfläche bis 50° erwärmen kann (SØRENSEN und BÖCHER). In den Alpen hat TURNER in 2000 m Höhe bei dunklem Humusboden an einem SW-Hang (35° Neigung) in 1 cm Bodentiefe eine Bodentemperatur von 79,8 °C gemessen; 1 Stunde lag sie über 75° und 4 Stunden über 55°.
Die Hangneigung macht sich bei uns am meisten im Frühjahr bemerkbar und beschleunigt dann die Entwicklung der Pflanzen. Die höchsten Temperaturen findet man meistens an SW-Hängen, weil der Boden nachmittags trockener ist, sich also stärker erwärmt und weil die Lufttemperatur ebenfalls um diese Zeit ihre höchsten Werte aufweist. Die tiefsten Temperaturen werden stets am Nordhang gemessen.
Im Elbsandsteingebirge hat SCHADE die Temperaturextreme in den Jahren 1910–1917 in Moosrasen an Felswänden in schattiger NE-Exposition und nur 50 m entfernt in voll besonnter S-Exposition gemessen. In diesem Zeitraum betrug das mittlere Jahresmaximum am ersten Standort 15,9 °C (max. 17,0 °C), in Südexposition dagegen 52,6 °C (max. 56,8 °C). Die Minima waren weniger verschieden: NE-Exposition −3,6 °C (tiefstes Min. −6,0 °C) und S-Exposition −6,1 °C (tiefstes −9,7 °C). Das sind gewaltige klimatische Unterschiede, die sich allerdings nur an klaren Tagen deutlich bemerkbar machen.
Was den Neigungswinkel anbelangt, so wird auf dem 45° nördlicher Breite im Sommer ein Südhang mit einer Neigung von $21^{1}/_{2}°$ mittags senkrecht von den Sonnenstrahlen getroffen, im Frühjahr dagegen ein solcher mit einer Neigung von 45°. Die großen klimatischen Unterschiede, die durch die Hanglage bedingt werden, kommen sowohl in der Zusammensetzung der natürlichen Pflanzengemeinschaften als auch der Kulturen zum Ausdruck (z. B. Weinberge oder Obstbäume an Südhängen und Wald an Nordhängen).
Die Gegensätze der verschiedenen Expositionen machen sich im Gebirge mit der Höhe immer mehr bemerkbar, da sowohl die Einstrahlung als auch die Ausstrahlung zunehmen.

Ganz anders wirkt sich die Geländegestaltung nachts aus. Die kalte, bei Ausstrahlung am Boden liegende Luft ist schwerer als die warme darüber und hat deswegen in unebenem Gelände das Bestreben abwärts zu fließen. Man darf jedoch das Fließen der Kaltluft nicht mit dem des Wassers vergleichen. Die Dichteunterschiede sind bei Kaltluftströmen geringer. Auf wenig geneigten Flächen bleibt die Kaltluft liegen; die Strömungen vollziehen sich langsam, an steileren Hängen kommt es leicht zu Wirbelbildungen und damit zur Durchmischung mit wärmeren Luftmassen; dichtere Pflanzenbestände werden nicht durchflossen und führen ebenso wie Geländeschwellen zum *Kaltluftstau*. Voraussetzung ist stets Windstille. In solchen Nächten füllen sich die Geländemulden mit kalter Luft, so daß sich *Kälteseen* bilden. Dadurch kommen erhebliche Temperaturunterschiede zwischen Höhen- und Tiefenlagen zustande.

Ein großer Kältesee bildet sich oft in der Baar, dem Becken (700 bis 800 m NN) zwischen Schwarzwald und Jura, in dessen Frostlöchern im Jahre 1949 nur 12 frostfreie Tage festgestellt wurden, während es in Hanglage 170 waren. Auch der Kältepol der Erde Oimekon in Sibirien ist ein von Bergketten umrahmtes Becken. Hier wurden Lufttemperaturen von $-70\,°C$ gemessen. Das absolute Minimum auf der Erde stellte man 1957/58 in der Antarktis mit $-81,2\,°C$ fest. Aber auch in den Ostalpen bei Lunz am See (Nieder-Österreich) wurde in einer Doline in 1270 m Höhe die für Mitteleuropa tiefste Temperatur von $-51\,°C$ gemessen. Selbst im Hochsommer können an diesem Standort Fröste auftreten. Dadurch kommt es zu einer Inversion der Höhenstufen: Während am oberen Rand der Doline noch Wald wächst, weist der Dolinenboden keinen Baumwuchs auf. Solche Inversionen findet man überall im Karstgebiet. (Abb. 100)

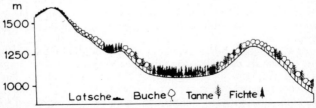

Abb. 100. Einfluß der Temperaturinversion auf die Vegetation: In frostgefährdeten Muldenlagen (Kaltluftseen) wächst Fichtenwald, an weniger gefährdeten Hängen dagegen Buchenwald z. T. mit Tannen (aus R. KNAPP 1971).

Sehr deutlich werden Kaltluftseen durch die in klaren windstillen Nächten in den Tälern unbeweglich liegenden Nebelbänke angezeigt.

Im Lauf solcher Nächte nimmt die Tiefe des Kaltluftsees immer mehr zu. Er wird besonders gefährlich für alle in seinem Bereich liegenden Kulturen (Wein, Obst), die deshalb bei uns meist auf die etwas höheren Hanglagen beschränkt bleiben.
Aus den Kaltluftströmen entwickeln sich in größeren Räumen die nächtlichen Talwinde.
Vergleicht man Gipfellagen mit Tallagen, so sind letztere nicht nur nachts durch die Kaltluft kälter, sondern an Strahlungstagen heißer, d. h. sie weisen größere Temperaturschwankungen auf.

e Die Gefährdung der Pflanzen durch tiefe Temperaturen

Wie wir erwähnten, sind Hitzeschäden an Pflanzen durch Übertemperaturen unter natürlichen Verhältnissen kaum bekannt. Dagegen werden Kälteschäden häufiger beobachtet, insbesondere bei Kulturen (Wein, Obst, Zierpflanzen).
Die Pflanzen der frostfreien Tropen können schon bei Temperaturen über null Grad irreversibel geschädigt werden. Man spricht in diesem Falle von *Erkältung*. Die Ursache ist noch nicht geklärt, doch scheinen die an der Eiweißsynthese beteiligten Enzyme bei diesen Arten durch Temperaturen unter einem bestimmten Minimum inaktiviert zu werden, wodurch ein langsames Vergilben eintritt. Da die keinen Jahresgang aufweisenden Temperaturen in den Tropen mit der Höhe abnehmen, wird auf diese Weise eine floristische Gliederung der Höhenstufen bedingt. Z. B. ist ein Vorholz auf Waldlichtungen der unteren Lagen Venezuelas der Balsa-Baum (*Ochroma lagopus*) mit dem leichtesten Holz, während es in höheren aber ebenfalls frostfreien Lagen verschiedene *Cecropia*-Arten sind. Schäden durch Erkältung unter natürlichen Bedingungen sind nicht bekannt, wohl aber wenn bei uns Warmhauspflanzen vorübergehend tieferen Temperaturen über Null ausgesetzt werden. Eine Abhärtung von tropischen Arten wurde nicht beobachtet.
Eine zweite Gruppe bilden die Arten des mediterranen Klimas, die kurz andauernde nicht zu starke Fröste aushalten, aber durch extreme Kälteeinbrüche in den mediterranen Raum geschädigt werden können, z. B. Ölbaumkulturen. Eine Abhärtung erfolgt nur in sehr geringem Ausmaße.
Die Arten der winterkalten Gebiete mit einer mehr oder weniger langen Frostperiode zeigen im Gegensatz dazu einen sehr ausgesprochenen *Jahresgang der Frosthärte*, wobei wir unter letzterer die niedrigste Temperatur verstehen, der die Pflanzenteile $1^1/_2$ Stunden ausgesetzt werden können, ohne Schäden aufzuweisen.
Die Zunahme der Frosthärte im Herbst ist ein Abhärtungsvorgang, bedingt durch die ersten kühlen Tage und Nächte. Im Frühjahr dagegen tritt als Folge der höheren Temperaturen eine *Enthärtung* oder

168 Ökologische Geobotanik

Verwöhnung ein (Abb. 101). Man kann die Abhärtung künstlich verstärken durch Einwirkung von tiefen Temperaturen, ebenso die Verwöhnung durch höhere Temperaturen (Zimmertemperatur). Wassergesättigte Pflanzenteile sind weniger frosthart (Abb. 102). Die Ab-

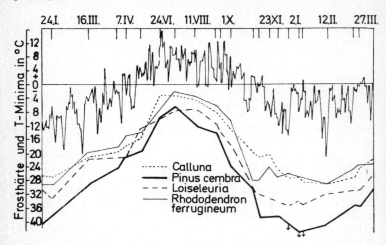

Abb. 101. Jahresgang der Frosthärte bei einigen alpinen Arten (nach ULMER). Oben: Kurve der Temperaturminima.

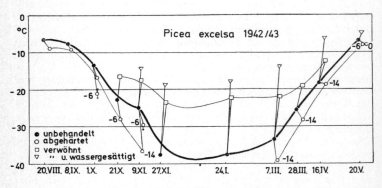

Abb. 102. Jahresgang der Frosthärte der letztjährigen Nadeln von Fichte (*Picea abies*) bei unbehandelten, zusätzlich abgehärteten, verwöhnten und wassergesättigten Proben (nach PISEK u. SCHIESL). Zahlen bei Kurven = die bei der zusätzlichen Abhärtung angewandte Temperatur.

härtung ist mit noch nicht genau bekannten Veränderungen im Protoplasma und einer Erhöhung des Zuckerspiegels im Zellsaft sowie mit einem Übergang in einen gewissen Ruhezustand verknüpft, während die Enthärtung einer Aktivitätszunahme entspricht; dabei wird der Zuckerspiegel im Zellsaft wieder gesenkt.

Die Zunahme der Frosthärte ist im Winter um so ausgeprägter je tieferen Temperaturen die Pflanzenteile unter natürlichen Bedingungen ausgesetzt sind. Während die Nadeln der Fichte (*Picea abies*) oder der Arve (*Pinus cembra*) an der oberen Baumgrenze in den Alpen im Sommer schon bei Frösten von etwa $-7\,°C$ geschädigt werden, halten sie im Winter Temperaturen bis etwa $-40\,°C$ aus. In Sibirien am Kältepol werden von Nadelhölzern noch Fröste von $-70\,°C$ ertragen.[1]

Die Frosthärte von dem immergrünen Heidekraut (*Calluna vulgaris*) oder der Alpenrose (*Rhododendron*), die noch über der Baumgrenze vorkommen, ist dagegen relativ gering (um $-25\,°C$). Diese zunächst merkwürdig erscheinende Tatsache wird verständlich, wenn man weiß, daß die Zwergsträucher nur an Standorten mit Schneebedeckung vorkommen und daß unter Schnee die Temperaturen nie so tief sind wie die Lufttemperaturen. Z. B. werden für Leningrad folgende Werte angegeben: Schneedecke 52 cm, Lufttemperatur $-17\,°C$; Temperatur im Schnee in einer Tiefe von 1 cm = $-15\,°C$, 5 cm = $-11{,}2\,°C$, 12 cm = $-9{,}2\,°C$, 23 cm = $-8{,}4\,°C$, 42 cm = $-3\,°C$ und 52 cm = $-1{,}6\,°C$.

Es ist z. B. bezeichnend, daß die blattlosen Sprosse der Heidelbeere (*Vaccinium myrtillus*) bei Heidelberg mit milden Wintern, aber oft Frösten ohne Schneedecke sehr häufig Frostschäden aufweisen, während sie im Norden und in der subalpinen Stufe der Alpen unter dem Schnee normal überwintern. Der Jahresgang der Frosthärte läßt sich auch bei Zweigen von Laubholzarten sowie bei den krautigen Arten beobachten. Für die Buche werden Winterwerte der Frosthärte von $-22\,°C$, in besonders kalten Wintern sogar von fast $-30\,°C$ angegeben. Die Frosthärte ist bei Arten mit nördlicher Verbreitung größer als bei solchen mit mehr südlicher Verbreitung. Z. B. bei der Winterlinde (*Tilia cordata*) fast $-35\,°C$, bei der Sommerlinde (*T. platyphyllos*) nur $-25\,°C$. Sehr empfindlich sind bei allen Laubbäumen die austreibenden Knospen und jungen Blätter. Deshalb werden diese durch Spätfröste von nur wenigen Graden unter Null abgetötet. Solche Frostschäden kann man an der alpinen Buchen-

---

[1] Nicht alle Coniferen sind abhärtungsfähig und kälteresistent, z. B. die im mediterannen Klima vorkommenden *Pinus*- sowie *Cupressus*-Arten und auf die Tropen beschränkte Nadelhölzer wie *Pinus caribea* u. a., *Agathis*-, *Podocarpus*-, *Dacridium*-Arten. Auch die *Araucaria*-Arten sind kälteempfindlich und werden nur in Gebieten mit relativ milden Wintern angepflanzt.

170 Ökologische Geobotanik

grenze beobachten. Auch die jungen Fichtentriebe sind gegen Fröste sehr empfindlich.

Überhaupt ist die Frosthärte der einzelnen Pflanzenteile oft sehr verschieden, namentlich, wenn sie ungleichen Wintertemperaturen ausgesetzt sind, wie bei krautigen Arten, die über der Erde, an der Erdoberfläche oder unter der Erde überwinternde Teile besitzen. (Abb. 103.)

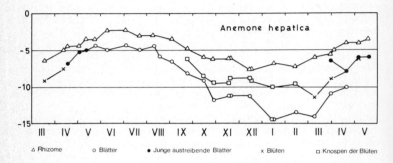

Abb. 103. Jahresgang der Frosthärte beim Leberblümchen (nach TILL, aus WALTER 1968).

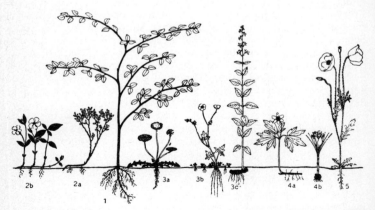

Abb. 104. Schema der RAUNKIAER'schen Lebensformen: 1 Phanerophyten, 2a und 2b Chamaephyten, 3a–c Hemikryptophyten, 4a u. 4b Kryptophyten und 5 Therophyten. Überwinternde Teile schwarz (gez. E. WALTER).

f Raunkiaersche Lebensformen

Aus diesen Ausführungen folgt, daß für die Überwinterung der Arten in Klimagebieten mit kalten Wintern die Lage der Erneuerungsknospen, d. h. die Höhe über dem Boden eine sehr große Rolle spielt. Dieser Gesichtspunkt ist der Unterscheidung von den folgenden *Lebensformen nach Raunkiaer* zu Grunde gelegt (Abb. 104).

1. *Phanerophyten (P)*, d. h. Bäume und Sträucher, deren Erneuerungsknospen mehr oder weniger hoch über dem Boden an den in die Luft herausragenden Trieben sitzen und einer ev. Frosteinwirkung ungeschützt ausgesetzt sind.
2. *Chamaephyten (Ch)*, deren Knospen an den Trieben sich nicht über 25 (50) cm über den Boden erheben und bei regelmäßiger Schneedecke im Winter geschützt sind. Hierher gehören die immergrünen oder sommergrünen Zwergsträucher.
3. *Hemikryptophyten (H)*, Stauden, bei denen die Erneuerungsknospen unmittelbar an der Bodenoberfläche sitzen, so daß sie bereits durch eine sehr geringe Schneedecke oder durch Streu im Winter Schutz erhalten. Die oberirdischen Sprosse sterben ganz ab (Pflanzen ohne Rosetten) oder bleiben zum Teil erhalten, soweit sie unmittelbar auf dem Boden liegen (Pflanzen mit Halbrosetten oder Rosettenpflanzen oder mit plagiotropen Wintersprossen).
4. *Kryptophyten (K)*. Es sind Pflanzen, die während der ungünstigen Jahreszeit einziehen, d. h. die Erneuerungsknospen liegen in einer bestimmten Tiefe im Boden (Geophyten) oder aber im Wasser, wie bei den Sumpfpflanzen (Helophyten) bzw. den Wasserpflanzen (Hydrophyten). Zu den Geophyten gehören die Knollen-, Zwiebel- oder Rhizompflanzen. Die unterirdischen Organe dienen zugleich der Speicherung von Reservestoffen. Die Kryptophyten sind auch besonders geeignet, längere Trockenperioden zu überdauern. Man findet sie deshalb vielfach in ariden Gebieten.
5. *Therophyten (T)* oder annuelle Arten, die während der ungünstigen Jahreszeit ganz absterben und diese als Samen überdauern. Der Nachteil ist, daß sie ihre Entwicklung jedes Jahr mit den sehr geringen Reservemengen im Samen beginnen müssen. Sie brauchen also eine gewisse Zeit, bis das vegetative Sproßsystem aufgebaut ist und sie zur Blüte und Frucht gelangen. In kalten Gebieten geht die Entwicklung zu langsam vor sich. Man findet sie deshalb hauptsächlich in Trockengebieten mit einer kurzen, aber warmen günstigen Jahreszeit. Bei uns gehören viele Unkräuter zu ihnen.[1]

---

[1] Zum Teil besteht hier eine Anpassung an die Bodenbearbeitung, durch die die Vegetationszeit der Unkrautpflanzen häufig sehr verkürzt wird.

172 Ökologische Geobotanik

Da die Lebensformen eine gewisse Anpassung an das Überdauern der ungünstigen Jahreszeit darstellen, so ist zu erwarten, daß in den einzelnen Klimagebieten bald die einen, bald die anderen Lebensformen der Flora überwiegen werden. Das ist auch tatsächlich der Fall.

Raunkiaer und nach ihm viele andere Autoren haben für bestimmte Gebiete berechnet, wie viele Arten in v. H. der Gesamtzahl auf die einzelnen Lebensformen entfallen. Man erhält auf diese Weise die *Biospektren*, die ein guter Ausdruck für die klimatischen Verhältnisse sind (s. Tab. 12).

Tab. 12. Biospektren verschiedener Zonen

		P	Ch	H	K	T
Tropische Zone:	Seychellen	*61*	6	12	5	16
Wüstenzone:	Lybische Wüste	12	21	20	5	*42*
	Cyrenaika	9	14	19	8	*50*
Mediterrane Zone:	Italien	12	6	29	11	*42*
Gemäßigte Zone:	Pariser Becken	8	6,5	*51,5*	25	9
	Schweizer Mittelland	10	5	*50*	15	20
	Dänemark	7	3	*50*	22	18
Arktische Zone:	Spitzbergen	1	22	*60*	15	2
Nivale Höhenstufe:	Alpen	–	24,5	*68*	4	3,5

Für die Phanerophyten ist ein Klima ohne ungünstige Jahreszeit am besten geeignet, deshalb sind in den feuchten Tropen 61% aller Arten Phanerophyten, in der Wüstenzone sind dagegen 42–82% der Arten Therophyten; auch in dem mediterranen Klima mit dem warmen feuchten Frühjahr bilden letztere die Hauptgruppe. Mitteleuropa hat ein typisches Hemikryptophytenklima mit einer starken Vertretung der Kryptophyten. Im arktisch-alpinen Klima werden neben den Hemikryptophyten noch die Chamaephyten begünstigt, da sie im Winter sicheren Schneeschutz erhalten.

Für die subtropisch-tropischen Gebiete ohne kalte Winterzeit befriedigt die Einteilung in Raunkiaersche Lebensformen nicht ganz. Andere Anpassungstypen kommen hinzu. In den ariden Gebieten z. B. das Auftreten von sukkulenten Arten mit Wasserspeichern oder die Art und das Ausmaß der Reduktion von der transpirierenden Oberfläche während der langen Trockenzeit bei den Phanerophyten und Chamaephyten. In den feuchten Tropen ist auch der Anteil vom Epiphyten und Lianen an der Gesamtartenzahl von Interesse usw.

g Die Frosttrocknis

Während der kalten Jahreszeit können nicht nur Kälteschäden durch tiefe Temperaturen auftreten, sondern auch durch Frosttrocknis. Es handelt sich um eine indirekte Wirkung des Frostes, der die Wasser-

aufnahme durch die Wurzeln und den Nachschub des Wassers von den Wurzeln zu den transpirierenden Organen blockiert. Zwar ist die Transpiration bei tiefen Temperaturen sehr gering, aber nicht nur bei immergrünen Pflanzen, sondern auch bei Zweigen von laubabwerfenden Arten durchaus meßbar. Sie wird namentlich bei starker Einstrahlung, wenn die aus dem Schnee herausragenden Sproßteile hohe Übertemperaturen aufweisen, begünstigt. Versuche in N-Rußland haben dabei ergeben, daß die immergrünen Nadelbäume trotz der Benadelung pro Flächeneinheit oder pro Frischgewicht berechnet schwächer transpirieren als die blattlosen Zweige der Laubbäume mit ihren Knospen, Blattnarben und Lentizellen. Man versteht es deshalb, daß die Nadelbäume besser eine langandauernde Frostperiode in der borealen Zone aushalten, während Laubbäume in Europa vorwiegend in Mitteleuropa mit kürzeren Wintern anzutreffen sind. Während der langen Kältezeit läßt sich infolge der Transpiration bei fehlendem Wassernachschub eine langsame Wasserabnahme der Pflanzenorgane, bzw. ein Ansteigen der Zellsaftkonzentration beobachten, insbesondere im Spätwinter bei schon ansteigenden Lufttemperaturen und stärkerer Einstrahlung, aber noch festgefrorenem Boden. Deswegen treten Schäden durch Frosttrocknis nicht zur Zeit der tiefsten Temperaturen im Hochwinter auf, sondern erst viel später. Man erkennt sie im ersten Frühjahr, wenn die geschädigten immergrünen Teile braun werden und die Knospen nicht austreiben. Auch die Schäden durch Frosttrocknis treten häufiger an sonnigen Südhängen auf, als an Nordhängen. Für sie ist oft die Zeitspanne zwischen dem Einsetzen des warmen Vorfrühlingswetters und dem Auftauen des Bodens, also dem möglichen Beginn der Wasseraufnahme von Bedeutung. In dieser Beziehung sind die Verhältnisse bei Humusböden besonders ungünstig, weil sie im Frühjahr noch längere Zeit gefroren bleiben.
Mit der Frage der Frosttrocknis hängt auch das Problem der *Baumgrenze* in vielen Gebirgen zusammen. Wird sie von Fichten(*Picea*)-Arten gebildet, so ist sie meist sehr scharf ausgeprägt. In einer bestimmten Höhe hört plötzlich der baumförmige Wuchs der Fichte auf und nur niedrige Fichtenkrüppel reichen vielleicht 50 m höher hinauf. Diese Erscheinung ist sehr merkwürdig, weil die klimatischen Faktoren an der Baumgrenze keinerlei sprunghafte Veränderung aufweisen.
Untersuchungen im Felsengebirge Nordamerikas und später genauere in den Alpen haben deutliche Anzeichen von Frosttrocknis bei den Nadeln der Fichte ergeben. Die Zellsaftkonzentration steigt bei diesen im Laufe des Winters an, insbesondere in den Hochlagen, wobei die Höchstwerte an der Baumgrenze erst im April erreicht werden. Besonders stark steigen die Werte bei den Fichtenkrüppeln an, was wiederum eine plötzliche Steigerung der Frosttrocknisgefahr

anzeigt. Diese Erscheinung ist darauf zurückzuführen, daß bei der Kürze der Vegetationszeit an der Baumgrenze die Nadeln nicht voll ausreifen, d. h. keine normal ausgebildete Cuticula besitzen, wodurch der Transpirationswiderstand bei ihnen erniedrigt ist und sie leichter Wasserverluste erleiden.

Die scharfe Ausprägung der Baumgrenze kommt also durch das Zusammenwirken von zwei Faktoren zustande: 1. Die mit der Höhe abnehmende Länge der Vegetationszeit und dadurch bedingte mangelhafte Ausbildung der Cuticula und 2. die zunehmende Länge der Frostperiode und damit eine Vergrößerung der Frosttrocknisgefahr. In einer ganz bestimmten Höhe führt das dazu, daß die Nadeln vertrocknen, womit die Baumgrenze erreicht ist (Abb. 105).

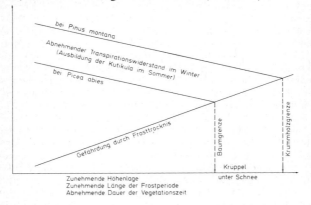

Abb. 105. Erläuterung des Zustandekommens einer scharfen oberen Fichtenwald- und Krummholzgrenze von Pinus montana (= mugo) durch das Zusammenwirken von 2 Faktoren: Abnehmen des Transpirationswiderstands der Nadeln im Winter und zunehmende Frosttrocknisgefahr in höheren Gebirgslagen.

Einen sicheren Schutz vor Frosttrocknis bedeutet das Überwintern unter Schnee. Eine Schneedecke bedeutet somit nicht nur einen gewissen Kälteschutz, sondern sie verhindert auch Wasserverluste während des Winters. Auf windgefegten schneefreien Buckeln halten im Gebirge nur gegen Frosttrocknis resistente Arten aus, während die empfindlichen Zwergsträucher auf der Leeseite von Erhebungen zu finden sind, wo im Winter viel Schnee abgelagert wird. Das komplizierte Vegetationsmosaik in den Alpen läßt sich nur verstehen, wenn man die Schneeverhältnisse im Winter kennt. Bei zu mächtigen Schneeablagerungen dauert es allerdings sehr lange, bis sie im Frühjahr abgetaut sind. Infolgedessen wird die schneefreie Zeit (Aperzeit) so stark verkürzt, daß nur kleine Arten mit kurzer Entwicklungszeit an solchen Standorten wachsen können (*Schneeboden- oder Schneetälchen-Vegetation*).

h Phänologische Beobachtungen

Die Messung der Temperatur durch die Meteorologen gibt nicht die Wärmeverhältnisse wieder, denen die Pflanzen ausgesetzt sind. Deswegen ist es richtiger, ihre Entwicklung, die temperaturabhängig ist, als relativen Maßstab für die Temperaturverhältnisse am Standort zu benutzen. Eine bestimmte Entwicklungsstufe, z. B. der Blütenbeginn einer Art, wird in warmen Jahren bei günstigen Temperaturen früher erreicht als in kühlen, ebenso an sonnigen Standorten früher als in kalten schattigen. Man bezeichnet solche Angaben des zeitlichen Eintritts eines bestimmten Entwicklungsstadiums als *phänologische Beobachtungen*. Sie sind besonders aufschlußreich im Frühjahr und Frühsommer, weil in dieser Jahreszeit die Temperatur der wesentlichste Faktor für die Geschwindigkeit der Entwicklung ist. Das Entwicklungsstadium tritt ein, wenn eine bestimmte „Wärmesumme" erreicht ist. Man hat versucht, diese zu berechnen, indem man die Tagesmittel vom Beginn des Wachstums bis zum Eintritt des Entwicklungsstadiums summierte. Aber die *Temperatursummen* geben nur einen sehr groben Anhaltspunkt. Denn die Mittelwerte gelten für die meteorologische Hütte und weichen von den Pflanzentemperaturen stark ab; dazu kommt, daß zwischen Temperatur und Wachstum keine linearen Beziehungen bestehen. Die Pflanzen führen die Summation in einer für sie spezifischen Weise durch.

Stellt man auf Grund von vieljährigen Beobachtungen die mittlere Eintrittszeit gewisser Entwicklungsstadien (Laubentfaltung, Blütezeit, Fruchtreife) bei möglichst vielen, allgemein verbreiteten Arten fest, so läßt sich auf Grund eines solchen phänologischen Kalenders eine genaue Gliederung der Jahreszeiten vornehmen. Für Mitteleuropa gilt folgende Einteilung:

Vorfrühling vom Beginn der Blüte der Hasel bis zum Beginn der Blüte der Osterglocken (*Narcissus pseudonarcissus*)

Erstfrühling vom Anfang der Laubentfaltung der Roßkastanie bis zum Beginn der Apfelblüte

Vollfrühling vom Blühbeginn des Bergahorns bis zu dem des Pfaffenhütchens

Frühsommer vom Beginn der Winterroggenblüte bis zum Blühbeginn des Ligusters

Hochsommer vom Fruchtbeginn der Roten Johannisbeere bis zu dem des Hollunders

Frühherbst vom Blühbeginn der Herbstzeitlosen bis zur Fruchtreife der Roßkastanie

176 Ökologische Geobotanik

Spätherbst von der Laubverfärbung des Spitzahorns bis zu der von Stieleichen

Trägt man das Eintrittsdatum bestimmter phänologischer Phasen auf einer Karte ein, so läßt sich z. B. eine Frühlingseinzugskarte zeichnen. Abb. 106 zeigt diese für Mitteleuropa. Sie gibt die klimatisch bedingten Wärmeverhältnisse in diesem Gebiet wieder, so wie sie von den Pflanzen registriert werden. Der Frühlingsanfang fällt mit der Apfelblüte zusammen, von der das früheste mittlere Datum (22. April) im Rheintal registriert wird; in den höheren Lagen der Mittelgebirge beginnt das Frühjahr dagegen im Mittel erst nach dem 20. Mai. Der Westen ist gegenüber dem Osten im Frühjahr deutlich begünstigt, im Spätsommer ist es umgekehrt. Mit einer Zunahme der Höhenlage um 100 m verspätet sich der Frühling im allgemeinen um 3–4 Tage. Die Großstädte sind ihrer Umgebung durch das sich stärker erwärmende Häusermeer um einige Tage voraus. Auf Abb. 107 ist der Frühlingseinzug für ganz Europa wiedergegeben, wobei als Kriterium der Beginn der Fliederblüte (*Syringa vulgaris*) dient. Im Mittelmeergebiet beginnt diese schon Anfang April, in Lappland (66° N) erst Ende Juli.

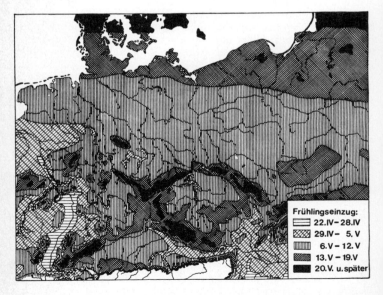

Abb. 106. Frühlingseinzug (Aufblühzeit des Apfels) in Mitteleuropa.

Der Wärmefaktor oder die Temperaturverhältnisse 177

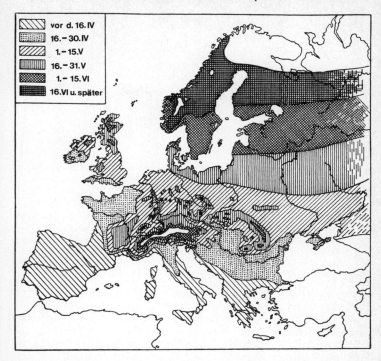

Abb. 107. Frühjahrseinzugskarte (Beginn der Fliederblüte) von Europa. In Lappland 66° N) blühte der Flieder 1950 erst am 28. Juli auf.

Auf die Einzugskarten der anderen Jahreszeiten können wir nicht eingehen. Erwähnt sei nur, daß man auf Grund von schon einjährigen phänologischen Beobachtungen eine sehr feine wärmeklimatische Gliederung eines kleineren Gebietes, z. B. des Schwarzwaldes (ELLENBERG), durchführen kann, wobei die durch Hanglage, Bodenverhältnisse, Höhenlage usw. bedingten Unterschiede sehr deutlich hervortreten. Solche Karten sind für die Planung von Obstanlagen und die Sortenauswahl sehr nützlich. Auch eine phänologische Weltkarte der Weizenernte wurde entworfen (SCHNELLE). Sie zeigt, wo und in welchem Monat Weizen für den Export zur Verfügung steht.
Wie stark sich die Temperaturverhältnisse, vor allem die Minima hemmend auf die Stoffproduktion auswirken, sollen die bei Innsbruck durchgeführten Versuche zeigen (Abb. 108). Zweige der Fichte wurden während des ganzen Winters dort von Bäumen in

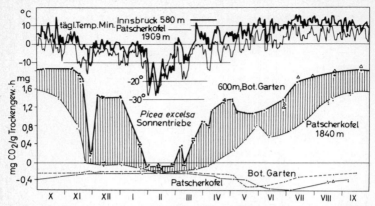

Abb. 108. Unterschiede des Assimilationsvermögens von Fichten aus 600 m Höhe (dicke Kurve) und aus 1840 m Höhe (nach PISEK u. WINKLER). Oben: tägliche Temperaturminima in der Nähe der Probenentnahme. Ganz unten: Atmungswerte. Die schraffierte Fläche zeigt, um wieviel höher das Assimilationsvermögen der Fichten in tiefen Lagen im Vergleich zu denen an der Baumgrenze ist (Näheres im Text; aus H. WALTER 1968).

600 m und 1840 m ü. M. entnommen und im Laboratorium bei 12 °C und 10 000 Lux auf ihre Fähigkeit, CO_2 zu assimilieren, geprüft. Die Kurven der Temperaturminima (oben) zeigen, daß bis auf einen Kälteeinbruch Ende November die Kälteperiode in 580 m Höhe erst Ende Januar beginnt und bis Ende Februar anhält, wobei ein kurzer Kälterückschlag Anfang März noch hinzukommt. Nur in dieser Zeit befindet sich die Fichte der tiefen Lagen in Winterruhe. Im Gegensatz dazu liegen am Patscherkofel die Minima ständig von Mitte November bis fast Mitte April unter Null. Die Winterruhe dauert somit 5 Monate, und in dieser Zeit zeigen die Nadeln ein gelbliches Aussehen und vermögen beim Auftauen nicht gleich CO_2 zu assimilieren. Auch sonst ist die Fähigkeit zur Photosynthese der Nadeln an der Baumgrenze in 1840 m Höhe das ganze Jahr hindurch etwas geringer, vielleicht weil die Atmung bei gleicher Temperatur etwas intensiver ist. Das Atmungsvermögen zeigt keinen deutlichen Jahresgang; selbst im Winterzustand scheiden die Nadeln gleich nach dem Auftauen CO_2 aus. Deshalb hat eine kurze Erwärmung während der Winterruhe selbst am Licht eine CO_2-Ausscheidung zur Folge. Die schraffierte Fläche auf der Abbildung zeigt sehr deutlich die Abnahme des Assimilationsvermögens mit der Höhenlage. Der Stoffgewinn der Fichte an der Baumgrenze ist sehr gering. Die Bäume wachsen langsam in die Höhe, und die Jahresringe sind äußerst schmal.

4 Der Wasserfaktor oder die Hydraturverhältnisse

a Allgemeines

Der zweite für die Entwicklung der Pflanzen im Biogeozön besonders bedeutsame Grundfaktor ist das Wasser. Die höheren Landpflanzen sind in das Dampfdruckgefälle (Wasserpotentialgefälle) zwischen Boden und Atmosphäre eingeschaltet, indem sie mit den Wurzeln in den feuchten Boden und mit den transpirierenden Organen in die oft trockene Atmosphäre hineinragen. Sobald die Blätter transpirieren, entsteht in den Zellen eine Saugspannung (= Abnahme des Wasserpotentials), die durch den Kohäsionszug in den Gefäßen auf die Wurzeln übertragen wird, in diesen ebenfalls eine Spannung erzeugend, wodurch eine Wasseraufnahme aus dem Boden einsetzt. Auf diese Weise läßt sich der Transpirationsstrom auf rein physikalischer Grundlage kausal erklären. Die Pflanze braucht für denselben keine Energie zu liefern. Doch müssen wir die Transpiration vor allem als ein „notwendiges Übel" betrachten – als eine Folge des für die Photosynthese benötigten Gaswechsels. CO_2 kann nur bei geöffneten Stomata in das Blatt diffundieren, wobei gleichzeitig Wasserdampf aus dem Blatt herausdiffundiert. Die oft angeführte Bedeutung der Transpiration für die Vermeidung einer Überhitzung der Blätter bei Einstrahlung spielt nur in wenigen Fällen eine Rolle. Normalerweise tritt in Trockenzeiten und starker Strahlung Wassermangel ein; die Pflanze schließt die Spalten und schränkt die Transpiration ein, so daß der Kühleffekt fortfällt.

Auch für den Transport der mineralischen Nährstoffe von der Wurzel zum Blatt würde schon ein geringer Wasserstrom in den Gefäßen genügen, wie er bei großer Luftfeuchtigkeit durch Guttation zustandekommt. Eine starke Transpiration ist deshalb mehr ein Anzeichen eines regen Gaswechsels und einer hohen Photosynthese-Intensität. Solche Pflanzen können viel organische Substanz produzieren und rasch wachsen. Schwach transpirierende Pflanzen dagegen, wie z. B. die Sukkulenten, wachsen sehr langsam, weil ihre CO_2-Assimilation gering ist.

Bei der rein kausalen Betrachtung des Wasserhaushaltes, wie sie üblich ist, werden die Vorgänge im lebenden Protoplasma außer Betracht gelassen und die Rolle des Plasmas auf die einer semipermeablen Membran reduziert.

Aber das Plasma mit allen seinen submikroskopischen Organellen ist ein Quellkörper, der ebenso wie die toten Quellkörper nur bei einer hohen *relativen Aktivität des Wassers* stark gequollen ist. Als Maß der relativen Aktivität (a) dient in der Thermodynamik die *relative Dampfspannung* a = p/p_o; drückt man sie in % aus (Wasser = 100%), so spricht man von der *Hydratur*, die zugleich der *Luftfeuchtigkeit* entspricht.

Die relative Aktivität des Wassers im Protoplasma oder kürzer die Hydratur des Protoplasmas ist gleich der des angrenzenden und durch den semipermeablen Tonoplasten getrennten Zellsaftes. Erhöht sich die Konzentration des Zellsaftes, d. h. steigt der potentielle osmotische Druck und erniedrigt sich dessen relative Dampfspannung, so nimmt auch die Hydratur des Protoplasmas und damit dessen Quellungszustand (Hydratationsgrad) ab. Das wirkt sich in quantitativer und qualitativer Weise auf den Ablauf der Lebensfunktionen und somit auch auf die Wachstumsvorgänge aus. Letztere führen zu funktionellen Anpassungen der Einzelpflanzen an die jeweiligen Wasserverhältnisse und sind damit ökologisch von besonderem Interesse. Es handelt sich hierbei kybernetisch betrachtet um Regelkreise (vgl. Seite 192–195).

Wir müssen zunächst bei der Betrachtung des Wasserhaushalts zwei grundverschiedene Typen von Pflanzen unterscheiden:

1. Die wechselfeuchten oder *poikilohydren Arten*. Es sind niedere Landpflanzen (Algen, Pilze, Flechten, Moose)[1], bei denen die Hydratur des Protoplasmas sich der jeweiligen Hydratur (Luftfeuchtigkeit) der umgebenden Luft angleicht. Bei hoher Luftfeuchtigkeit ist das Protoplasma stark gequollen und im aktiven Zustand. Ist die Luft dagegen trocken, so trocknet auch das Protoplasma ohne abzusterben aus, und geht dabei in einen latenten Lebenszustand über. Die Austrocknungsfähigkeit der Zellen dieser Pflanzen hängt mit sehr kleinen oder ganz fehlenden Vakuolen zusammen, wodurch beim Austrocknen nur geringe Volumänderungen eintreten und die Struktur des Protoplasmas erhalten bleibt. Bei den Samenpflanzen besitzen die Embryonen im Samen vakuolenfreie Zellen und damit auch diese Austrocknungsfähigkeit.

2. Die eigenfeuchten oder *homoiohydren* höheren Landpflanzen weisen viel kompliziertere Verhältnisse auf. Ihre Zellen besitzen große mit Zellsaft gefüllte Vakuolen, die wir in ihrer Gesamtheit als Vakuom bezeichnen, und ein wandständiges Protoplasma. Sie leiten sich phylogenetisch von Wasseralgen mit großen Vakuolen ab; der Zellsaft bildet für ihr Protoplasma ein inneres wäßriges Medium, das ihnen ein aktives Leben außerhalb des Wassers auch in trockener Luft erlaubt. Zu dieser Gruppe gehören die Gefäßpflanzen, die im feuchten Boden wurzeln und bei denen, wie oben dargestellt, der Wasserhaushalt so gesteuert wird, daß die Zellsaftkonzentration stets niedrig bleibt (potentieller osmotischer Druck sehr selten über 50 atm), so daß die Hydratur des Protoplasmas unabhängig von den Außenbedingungen stets hoch (über 96 %) ist. Diese Pflanzen besitzen

---
[1] Als Ausnahme gehören auch einige Farngewächse und ganz wenige Angiospermen, die in ariden Gebieten sekundär zur poikilohydren Lebensweise übergegangen sind, hierher.

die Fähigkeit zum Austrocknen nicht mehr. In den ariden Gebieten haben sich verschiedene ökologische Gruppen entwickelt, die auf verschiedene Weise selbst eine lange Trockenzeit im aktiven Zustand zu überdauern vermögen:

A. *Malakophylle Xerophyten*, die weiche Blätter haben und stark transpirieren. Während der Trockenzeit vertrocknen die meisten Blätter und es werden nur kleine, oft stark behaarte gebildet, oder es bleiben nur die Knospen erhalten, d. h. die transpirierende Fläche wird stark reduziert, der potentielle osmotische Druck steigt merklich an und damit sinkt die Hydratur des Protoplasmas etwas ab. Beispiele sind viele Labiaten-(*Thymus, Teucrium*) und Compositen-Zwergsträucher sowie *Cistus*-Arten u. a.

B. *Sklerophylle Xerophyten* oder Hartlaubgewächse, die meist kleine harte Blätter besitzen. Nach Verschluß der Stomata bei größerem Wassermangel ist die Transpiration so gering, daß auch ohne Verkleinerung der transpirierenden Oberfläche bei nur sehr geringer Wasseraufnahme aus dem Boden, ebenso wie bei Gruppe A, die Wasserbilanz ausgeglichen werden kann. Der potentielle osmotische Druck und die Hydratur des Plasmas ändern sich während der Dürrezeit wenig. Beispiele sind *Buxus*, die Hartlaubgewächse des Mittelmeergebietes wie der Ölbaum, die immergrünen Eichen, Rutensträucher mit kleiner transpirierender Oberfläche usw.

C. *Stenohydre Xerophyten*, die zu Beginn des Wassermangels ihre Spalten sofort schließen und damit den Gaswechsel und die Photosynthese unterbinden. Längere Dürre bedeutet für sie eine Hungerzeit. Dafür nimmt die Hydratur des Plasmas nicht ab. Mit der Zeit vertrocknen die Blätter nicht, sondern als Folge des Hungerzustandes vergilben sie. Beispiele sind Pflanzen mit Milchsaft wie *Euphorbia*-Arten und Asclepiadaceen, aber auch Umbelliferen oder Liliaceen, von denen nach Vergilben der Blätter nur die Fruchtstände übrig bleiben. Sie leiten zu der nächsten Gruppe über.

D. *Sukkulenten*, die ebenfalls die Wasserverluste extrem reduzieren, die jedoch während der günstigen Jahreszeit Wasser speichern, wie die Crassulaceen, Kakteen, Agaven usw., und ohne jede Wasseraufnahme viele Monate, selbst ein Jahr und mehr, am Leben bleiben. Für viele ist ein Öffnen der Stomata in der Nacht mit einer Absorption von CO_2 und dessen Assimilation am Tage bei geschlossenen Spalten nachgewiesen worden (de Saussure-Effekt oder diurnaler Säurezyklus).

E. Eine besondere Gruppe, die erst später behandelt wird, sind die *Halophyten*, sukkulente oder nicht sukkulente Salzpflanzen, die auf Böden mit leicht löslichen Salzen (NaCl, Na_2SO_4 u. a.) wachsen und Salz in ihren Vakuolen speichern. Für sie ist meist der

Salzhaushalt wichtiger als der Wasserhaushalt (Seite 208). Man darf sie nicht zusammen mit einer der Gruppen A–D behandeln. Da in Mitteleuropa eine eigentliche Dürreperiode fehlt, findet man nur an trockenen Standorten wenige und keine typischen Vertreter dieser Gruppen, wie z. B. *Teucrium montanum* (malakophylle Art), *Cynanchum vincetoxicum* (stenohydre Art), *Sarothamnus* (Rutenstrauch), *Sedum* und *Sempervivum* (sukkulente Arten). Man sollte deshalb nur unter Vorbehalt von Xerophyten sprechen. Harte Blätter haben zwar immergrüne Arten wie *Vaccinium vitis-idaea*, unsere Coniferen u. a., aber sie sind keine typischen sklerophyllen Xerophyten, sondern Arten, die im Winter Frosttrocknis vertragen.

b Die Wasseraufnahme

Die Pflanzen des Biogeozöns nehmen das Wasser aus dem Boden auf. Gut durchfeuchteter Boden im Bereich der Pflanzenwurzeln ist die Voraussetzung für das Wachstum und die Aktivität der Pflanzen. Das gilt auch für die Wüstengebiete. Die direkte Wasseraufnahme durch die von einer Kutikula bedeckten oberirdischen Teile bei Benetzung durch Regen, Tau oder Nebel ist so minimal, daß sie ökologisch keine Rolle spielt. Nur die niederen poikilohydren Pflanzen, z. B. die Flechten, nehmen das Wasser mit der ganzen Körperoberfläche auf, sogar schon bei sehr hoher Luftfeuchtigkeit ohne eine direkte Benetzung.

Von den Wassermengen, die bei Niederschlägen auf ein Biogeozön fallen, ist nur ein Teil für die Pflanzen ausnutzbar. Außer den mit dem Regenmesser erfaßbaren Niederschlägen spielen in einzelnen Fällen auch die unmeßbaren eine Rolle. Der Tauniederschlag ist stets gering und beträgt in einer Nacht meistens nur 0,1–0,2 mm (max. 0,7 mm), dagegen kann der Nebelniederschlag oft große Werte erreichen, wenn wasserübersättigter Nebel durch Wind gegen ein Hindernis getrieben wird, insbesondere gegen einen Waldrand, wobei die Baumzweige die Wassertröpfchen „auskämmen" und zum Abtropfen bringen. Ein Beispiel von der nebelreichen Küste Kaliforniens soll das zeigen: Vom Waldrand im Luv nahm die Nebelkondensation in den regenlosen Sommermonaten im Waldesinneren auf geringe Entfernung rasch ab, und zwar wurden folgende Niederschläge unter den Bäumen mit zunehmender Entfernung vom Waldrand gemessen: 1500 mm, 435 mm, 225 mm, 180 mm und 46 mm. Auf dem Tafelberg bei Kapstadt zeigte während 6 stürmischen Tagen mit Nebel der gewöhnliche Regenmesser einen Niederschlag von 4 mm an, der Regenmesser mit hineingesteckten Zweigen, an denen das kondensierte Wasser ablief, dagegen einen solchen von 152 mm. Nebelniederschläge spielen in der Wolkenstufe bewaldeter Gebirge eine große Rolle.

Das Schicksal der auf eine Fläche fallenden Niederschläge ist schematisch auf Abb. 109 dargestellt: Durch direkte Verdunstung von den befeuchteten Pflanzenteilen und der Bodenoberfläche sowie durch den oberflächlichen Abfluß geht ein Teil der Niederschläge sofort verloren. Der Rest dringt in den Boden ein und sinkt der Schwerkraft folgend zum Grundwasser ab. Nur ein Teil wird vom Boden durch Adsorptions-, Quellungs- oder Kapillar-Kräfte als *Haftwasser* zurückgehalten, bis die Feldkapazität des Bodens erreicht ist. Dieses Haftwasser steht der Pflanze bis auf einen kleineren nicht ausnutzbaren Teil, als *Welkepunkt* bestimmt, zur Verfügung. Der Welkepunkt ist nicht für alle Pflanzen gleich. Für unsere Getreidearten ist er bei Grobsand = 1 %, bei Feinsand = 3,4 %, bei sandigem Lehm

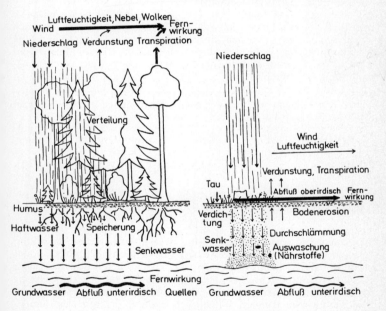

Abb. 109. Wasserhaushalt im Walde (links): Regenwasser dringt in den lockeren Boden ein, wird in diesem gespeichert und speist das Grundwasser sowie die Quellen; die starke Verdunstung erhöht die Luftfeuchtigkeit und fördert die Wolkenbildung sowie die Niederschläge in den im Lee liegenden Gebieten.
Wasserhaushalt nach Entwaldung (rechts): Der Regen verdichtet die Bodenoberfläche, fließt oberflächlich ab, bewirkt Bodenerosion und erhöht die Hochwassergefahr. Das Senkwasser wäscht die Nährstoffe aus dem nicht durchwurzelten Boden aus und speist die Quellen nur schwach oder unregelmäßig.

= 6,2%, bei Lehm = 10,3% und bei Mergel = 14,7%. Beim Welkepunkt entspricht die Saugspannung im Boden in diesem Falle etwa 15 atm. Pflanzen trockener Standorte können das Haftwasser meist besser ausnutzen, die feuchter Standorte schlechter.
Laubbäume, die höhere Saugspannungen in den Wurzeln entwickeln als die krautigen Pflanzen des Waldbodens, sind im Wettbewerb um das Wasser den letzteren überlegen. Deswegen fehlt an der Trockengrenze der Buchenwälder in diesen jeglicher Unterwuchs (Fagetum nudum), weil die Bäume alles verfügbare Wasser für sich verwenden. Der Unterwuchs stellt sich jedoch auf einer Probefläche ein, wenn man die Konkurrenz der Baumwurzeln durch deren Abstechen um die Probefläche herum ausschaltet (vgl. Seite 98).
Es zeigt sich, daß schon sehr geringe Saugspannungen im Boden merklich das Wachstum der Pflanzen hemmen. Bei einem Versuch mit *Pinus sylvestris* wurden die Pflanzen erst bewässert, wenn eine bestimmte geringe Saugspannung im Boden von 0,1–5,0 atm erreicht wurde. Die Ergebnisse gibt Tab. 13 wieder, aus der die Wachstumshemmung ersichtlich ist.

Tab. 13. Entwicklung von *Pinus sylvestris*-Jungpflanzen bei verschiedener Saugspannung des Bodens (nach SANDS und RUPPER)

Saugspannung	0,1 atm	0,5 atm	1,5 atm	5,0 atm
Sproßhöhe	17,6 cm	16,7 cm	13,6 cm	13,5 cm
Nadellänge	5,0 cm	4,35 cm	4,4 cm	3,7 cm
Trockengewicht im 3. Jahr	32,2 g	29,5 g	26,2 g	22,8 g
Netto-Assimilation g/dm² je Woche	0,414	0,393	0,342	0,308

Der maximale Haftwassergehalt bei Feldkapazität ist um so größer, je kleiner die Korngröße und je höher der Humusgehalt des Bodens ist, z. B. bei Sandboden wenig über 10%, bei tonigen Böden oft über 50%, bei Moorböden sogar über 100% des Bodentrockengewichts.
In Gebieten mit häufigem Regen läßt sich das Haftwasser schwer von dem Senkwasser trennen, namentlich bei feinkörnigen und humusreichen Böden, bei denen es Wochen dauern kann, bis alles überschüssige Regenwasser abgesunken ist. Bei solchen Böden kommt es leicht zu zeitweiligem Wasserstau.
Da die Wasseraufnahme nur durch die nicht verkorkten Wurzelspitzen erfolgt, ist das Gewicht des Wurzelsystems kein Maß für sein Aufnahmevermögen. Wichtiger ist es, den durchwurzelten und von Wurzelspitzen durchsetzten Raum zu bestimmen. Die Wurzelspitzen wachsen ständig in die feuchten Bodenschichten hinein, wodurch diese von ihnen nach Wasser „abgeweidet" werden. Eine kapillare

Nachleitung des Bodenwassers zu der aufnehmenden Wurzel findet nur auf kürzeste Entfernungen statt, dagegen können sich die Wurzelspitzen um 1 oder mehrere cm täglich verlängern. Insbesondere in Trockengebieten, aber auch sonst läßt sich eine Zweiteilung des Wurzelsystems unterscheiden: 1. in Wurzeln, die der Verlängerung dienen, und 2. in zahlreiche kleine an ihnen als Seitenwurzeln entstehende kurzlebige Saugwurzeln, die beim Austrocknen der Bodenschichten absterben und bei Wiederbefeuchtung in kürzester Zeit neu gebildet werden. Es besteht somit eine Analogie zu dem Sproßsystem mit den Zweigen und an ihnen sitzenden kurzlebigen Blättern.

Durch ein sehr *intensives*, d. h. den Boden dicht durchwurzelndes Wurzelsystem zeichnen sich die Gräser aus. In einem dichten Rasen ist deshalb die Wurzelkonkurrenz für andere Arten sehr groß, wenn sie nicht mit ihren Wurzeln in tiefere Bodenschichten ausweichen.

Die Wurzelsysteme verschiedener Arten zeigen spezifische morpho-

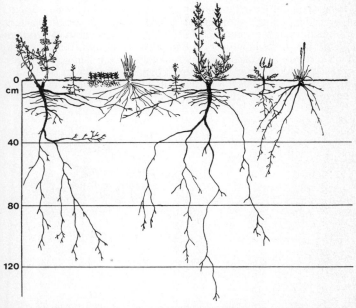

Abb. 110. Wurzelsysteme von Pflanzen des Sandbodens bei Heidelberg. Von links nach rechts: *Stachys recta, Erophila (Draba) verna, Tortula ruralis, Corynephorus (Weingaertneria) canescens, Holosteum umbellatum, Artemisia campestris, Erodium cicutarium, Koeleria gracilis.*

logische Merkmale, die jedoch nach der Bodenart Abänderungen erfahren. In Biogeozönen sind meistens Arten vergesellschaftet, deren Wurzelsysteme komplementär sind, d. h. sich in verschiedener Bodentiefe ausbreiten, wodurch die Wurzelkonkurrenz geringer wird. Man kann z. B. im Laubwald Arten unterscheiden mit einer Hauptwurzelmasse in 5 cm Tiefe (*Anemone nemorosa, Galium odoratum = Asperula odorata, Viola reichenbachiana = V. sylvestris, Sanicula europaea* u. a.) oder solche mit Wurzeln in über 15 cm Bodentiefe (*Primula elatior, Pulmonaria officinalis, Carex sylvatica* u. a.), während die Wurzeln der Bäume und Sträucher bedeutend tiefer reichen.

Wie verschieden im einzelnen die Wurzelsysteme sind, zeigen die Abb. 110–113.

In semiariden Gebieten mit ausgesprochener Trockenzeit, aber Niederschlägen, die sehr tief den Boden durchfeuchten, findet man Pflanzenarten mit tiefgehenden Pfahlwurzeln von mehreren Metern. Dagegen werden die Wurzelsysteme in ariden Gebieten zunehmend flacher, wenn der Regen nur in die oberen Bodenschichten eindringt; dafür breiten sie sich aber seitlich sehr weit aus. Deswegen besteht bei offenen Pflanzengemeinschaften mit großen Abständen zwischen den einzelnen Individuen oft doch noch Wurzelkonkurrenz, weil die Wurzelsysteme sich berühren. Es sind somit eigentlich geschlossene Gesellschaften, in denen für weitere Pflanzen kein Raum ist. Im allgemeinen sind wir jedoch über die Wurzelsysteme noch ungenügend unterrichtet.

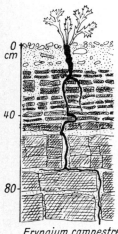
Eryngium campestre

Lactuca perennis

Abb. 111. Pfahlwurzel von Pflanzen auf Wellenkalk bei Würzburg.

Abb. 112. Wurzelsystem von *Paronychia jamesii* auf einer Geröllhalde in USA.

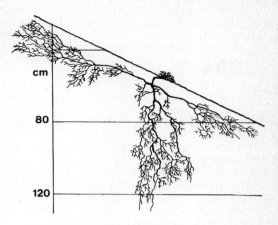

Abb. 113. Sehr flaches Wurzelsystem von *Ferocactus wislizenii* in Arizona. Unten: Vertikalprofil (Wurzeln in nur 2 cm Tiefe). Oben: Grundriß des Wurzelsystems derselben Pflanze.

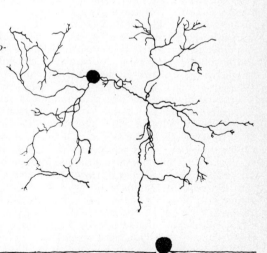

c Die Wasserabgabe an die Atmosphäre

Es handelt sich dabei um die Verdunstung (Evaporation) von Wasser, deren Menge stets proportional dem Dampfdruckgefälle zwischen der verdunstenden Oberfläche und der angrenzenden Luft ist. Da bei der Verdunstung von Wasser viel Wärmeenergie verbraucht wird (582 cal pro g H_2O bei 25 °C), kühlt sich der verdunstende Körper ab und der Dampfdruck an seiner Oberfläche sinkt, bis die ihm zugeleitete Wärme gleich der verbrauchten Verdunstungswärme ist. Wird dagegen durch Einstrahlung dem Körper viel Wärme zugeführt, so kann er sich trotz der Verdunstung erwärmen, der Dampfdruck nimmt zu, und entsprechend auch die verdunstete Menge. Diese Gesetzmäßigkeiten gelten auch für die transpirierenden Blätter der Pflanzen, sofern keine Regulierung durch die Stomata eintritt.

Da die verschiedenen feuchten Körper die Strahlung nicht in demselben Ausmaße absorbieren, so kann man für die Evaporationsgröße in bestimmten Klimagebieten keine absoluten Zahlen nennen, sondern muß sich mit relativen für bestimmte, standardisierte Evaporimeter geltende Werte begnügen.

Für großklimatische Messungen wird heute meistens der Tank Typ A benutzt. Die mit ihm gewonnenen Werte sind wegen des „Oasis-Effekts" größer als bei der Verdunstung einer Seeoberfläche. Deshalb werden die Tankwerte mit einem Korrekturfaktor multipliziert. Dieser Faktor ist für semiaride Gebiete 0,7, für humide größer (0,8 bis 0,9), für aride kleiner (0,6–0,5).

Für mikroklimatische Messungen hat sich das Piche-Evaporimeter mit einer grünen Filtrierpapier-Scheibe (3 cm ∅) bewährt. Die grüne Farbe soll die Absorption der Strahlung derjenigen durch ein Blatt möglichst angleichen. Mit diesem Evaporimeter sind stündliche Ablesungen möglich, so daß man Tagesgänge der Evaporation erhalten kann. Von besonderem Interesse sind die Maximalwerte bei starker Einstrahlung um die Mittagszeit. Sie betragen bei uns im Sommer wenig über 1 ml/h. In ariden Gebieten überschreiten die Werte oft 2 ml/h, wobei die hohen Werte viele Stunden anhalten. Der höchste bisher gemessene Wert wurde kurz vor einem Sandsturm in Port Sudan bei 40,5 °C mit 5,0 ml/h erhalten. Mißt man die Verdunstung im Biogeozön innerhalb der Pflanzengesellschaften, so erkennt man, daß die größten Unterschiede zwischen besonnten und schattigen Standorten bestehen (Abb. 114–115). Das gilt auch für die Transpiration der Pflanzen bei optimaler Wasserversorgung.

Sehr zahlreiche Untersuchungen liegen für die Wasserabgabe der Pflanzen, d. h. ihre Transpiration vor; verwendet wurde meistens die Methode der kurzfristigen Messungen mit abgeschnittenen Blättern oder kleinen Zweigen, wobei die Berechnung der Transpirations-

werte pro dm² Blattfläche oder pro g Frischgewicht der Blätter erfolgt.
Bei optimaler Wasserversorgung verläuft die Tagestranspirationskurve parallel zur Evaporationskurve. Die Transpiration steigt an klaren Tagen nach Sonnenaufgang, wenn die Spalten sich photoaktiv öffnen, rasch an, erreicht ein Maximum kurz nach Mittag und sinkt abends mit einsetzenden Schließbewegungen der Stomata rasch ab; nachts sind die Wasserverluste gering.
Bei zunehmender Erschwerung der Wasserversorgung in Trockenperioden macht sich die hydroaktive Spalten-Reaktion bemerkbar: Zunächst schließen sich die Stomata nur um die Mittagszeit, so daß die Transpirationskurve zweigipflig wird; bei weiterer Erschwerung des Wassernachschubs tritt jedoch der Verschluß schon vormittags

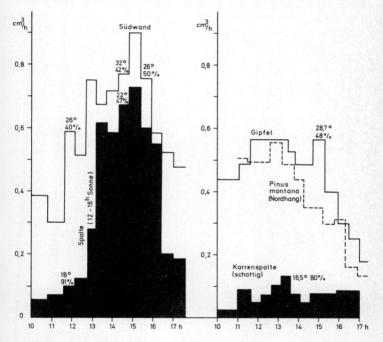

Abb. 114. Evaporationsmessungen auf dem Gipfel des Dürrensteins (1877 m ü. M.) in den Ostalpen bei Lunz am See bei klarem Wetter am 19. September. Unregelmäßigkeit der Kurven durch wechselnden kühlen Wind bedingt. Zahlen = Temperatur (° C) und Luftfeuchtigkeit (%) an Meßstelle. In der schattigen Karrenspalte wachsen hygrophile Hochstauden.

ein, so daß die Transpirationskurve sehr flach mit einem Maximum in den Vormittagsstunden verläuft. Die Koppelung der Transpiration einerseits mit der Photosynthese und ihre Abhängigkeit andererseits von der Wasserversorgung geht aus diesem Verhalten deutlich hervor.

Die Bestimmung der Blattflächentranspiration wurde in Verbindung mit dem Xeromorphieproblem vorgenommen und sollte die Beziehungen zur Blattstruktur erhellen. Es zeigt sich jedoch, daß auch xeromorphe Blätter bei guter Wasserversorgung infolge der großen Spaltendichte sehr intensiv transpirieren, also einen regen Gaswechsel besitzen, was für sie notwendig ist, um die relativ kurze günstige Jahreszeit voll für die Photosynthese und damit die Stoffproduktion auszunutzen. Nur in Zeiten des Wassermangels können xeromorphe Blätter nach Verschluß der Stomata die Transpiration stärker herabsetzen als die hygromorphen, weil ihre kutikuläre Transpiration geringer ist.

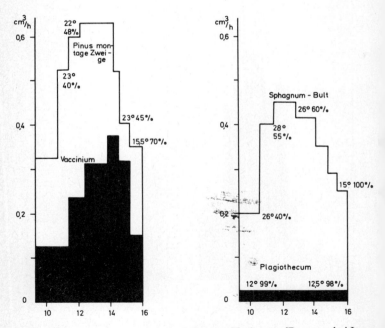

Abb. 115. Evaporationsmessungen auf einem Hochmoor (Rotmoos bei Lunz am See) am wolkenlosem, windstillen 18. IX. Bei *Plagiothecium* unter Fichten ist die Luft fast dampfgesättigt und die Evaporation kaum meßbar.

Für das Verständnis des Wasserhaushalts der Pflanzen ist die Kenntnis der Blattflächen- oder Frischgewichttranspiration nicht genügend, denn es kommt auf die Gesamttranspiration der Pflanze an und diese hängt in noch höherem Maße von der Gesamtblattfläche ab. Will man die Beziehungen zu der Niederschlagshöhe oder besser zu den Wasservorräten im Boden ermitteln, so sollte die Transpiration namentlich der Pflanzen eines Biogeozöns pro Einheit der bedeckten Bodenfläche, also pro m² oder Hektar berechnet werden. Denn der Niederschlag in mm bedeutet eine Wassermenge in Litern pro m² Bodenfläche.

Wir werden auf den Blattflächenindex (BFI), d. h. das Verhältnis der gesamten Blattfläche eines Bestandes zu der von ihr bedeckten Bodenfläche noch genauer zu sprechen kommen (Seite 201). Es sei jedoch schon hier erwähnt, daß er deutliche Beziehungen zu der Niederschlagshöhe oder den lokalen Wasserverhältnissen aufweist. Es fällt ohne weiteres auf, daß mit zunehmender Aridität des Klimas die Pflanzengemeinschaften immer lichter werden, d. h. der BFI ständig abnimmt und in den Wüsten tief unter 1 sinkt. Ebenso können wir bei uns feststellen, daß feuchte Wälder sehr dicht sind, Wälder an trockenen Standorten dagegen licht; feuchte Wiesen besitzen eine größere Blattfläche als trockene. Auf wasserarmen Sand- oder Felsstandorten findet man eine offene Vegetation mit kleinem BFI.

Beim Vergleich von einigen Pflanzengemeinschaften arider Gebiete, die aus Pflanzen derselben Lebensform, z. B. nur Gräsern, bestehen und unter denselben Temperaturverhältnissen, aber bei verschiedenen Regenmengen wachsen, hat es sich gezeigt, daß der BFI proportional mit den Niederschlägen abnimmt. Daraus folgt, daß die Wasserversorgung der Blattflächeneinheit unabhängig von der Höhe der Niederschläge gleich bleibt, d. h. daß *die wesentlichste Anpassung der Pflanzendecke an zunehmende Trockenheit in einer Reduktion der transpirierenden Fläche besteht.* Im feuchten Klima sind die Niederschläge zwar sehr viel höher, aber dafür stehen die Pflanzen sehr dicht beieinander und jede Pflanze hat nur einen sehr kleinen Wurzelraum zur Verfügung, während in trockenen Gebieten dieser sehr viel größer ist. In N-Tunesien mit 800 mm Regen pflanzt man 100 Ölbäume pro ha, im Süden bei 200 mm Regen nur 25 Bäume der viermal geringeren Niederschlagsmenge entsprechend. Die Wasserversorgung des einzelnen Baumes ist in beiden Fällen dieselbe und der Ertrag pro Baum der gleiche. Die Dichte der Vegetation ist meistens ein Spiegelbild der Wasservorräte im Boden.

Die Transpiration der Pflanzenbestände, denen kein Grundwasser zur Verfügung steht, kann nie größer sein als die Wasservorräte im Boden, nimmt also mit der Aridität des Klimas ab. Wir verfügen in dieser Beziehung nur über wenig gesicherte Zahlen, wollen aber einige anführen:

Tab. 14. Jahrestranspiration einiger Pflanzengemeinschaften in mm

Wälder (nach verschiedenen Autoren)
Mitteleuropäischer Buchenwald . . . . 350– 400 mm
Osteuropäischer Eichen-Hainbuchenwald . . . . . 250– 300 mm
Eichenwald in der Waldsteppe . . . . 150– 250 mm
Bewässerte Pappelkulturen in der Halbwüste . . . . 1000–1650 mm

Wiesen, mitteleuropäische (nach PISEK und CARTELLIERI)
Trockenwiesen . . . . 195 mm
Frische Fettwiesen . . . . 325 mm
Nasse Wiesen (mit hohem Grundwasserstand) . . . 1165 mm

Unsere Laubwälder transpirieren nur im belaubten Zustand stark, sie verbrauchen dabei im Sommer praktisch alles Wasser, das bei Niederschlägen in den Boden eindringt. Dem Grundwasser werden vorwiegend die Niederschläge im Winter zugeführt, wenn die Transpiration der Wälder fast Null ist.

d Die Anpassungen der Pflanzen an erschwerte Wasserversorgung

Nicht nur die gesamte Blattfläche eines Pflanzenbestandes paßt sich an die für die Wasseraufnahme zur Verfügung stehende Wassermenge an, sondern es trifft auch für die einzelnen Pflanzen zu, wobei es sich, wie man in der Kybernetik sagt, um einen Regelkreis handelt. Die früher in der Ökologie vorherrschende teleologische Betrachtungsweise wies stets auf die Zweckmäßigkeit der Anpassungen hin. Da man sich dabei aber vielfach damit begnügte, auf Grund von Überlegungen eine plausible Erklärung für die Zweckmäßigkeit bestimmter anatomisch-morphologischer Merkmale zu finden, diese jedoch oft durch spätere experimentelle Nachprüfungen nicht bestätigt werden konnte, geriet die teleologische Forschungsrichtung als unwissenschaftlich in Mißkredit. An ihre Stelle trat die physiologisch ausgerichtete kausale Analyse. Aber auch diese befriedigte vom ökologischen Standpunkt nicht ganz, weil sie für die offensichtlichen Anpassungen keine Erklärung geben konnte und sie unberücksichtigt ließ.

Einen Ausweg brachte erst in letzter Zeit die Kybernetik, die es erlaubt, die Organismen mit gesteuerten Mechanismen oder Regelkreisen zu vergleichen. Regeln kann man jedoch nur einen Vorgang, wenn ein bestimmtes Ziel vorgegeben ist, nämlich die Regelgröße. Solche Vorgänge sind also nicht, wie man früher sagte, zweckmäßig, sondern zielstrebig und dienen der Aufrechterhaltung eines bestimmten Zustandes, z. B. bei den Anpassungen der Pflanzen an die Trockenheit der Aufrechterhaltung der Wasserbilanz und eines möglichst hohen Hydraturzustandes des Protoplasmas. Es genügt aber nicht, das Ziel zu nennen, vielmehr muß der ganze Regelkreis als eine Kausalkette aufgeklärt werden. In der Biologie gelingt es meist nicht 100prozentig, sobald im Tierreich Vorgänge im Zentralnervensystem oder im Pflanzenreich solche im lebenden Protoplasten eine Rolle spielen. Aber die Aufhellung muß, so weit heute möglich, in jedem Falle versucht werden.

Abb. 116. *Encelia farinosa* mit xeromorphen Blättern in Arizona.

Als Beispiel wählen wir den in einem Trockengebiet Nordamerikas wachsenden Halbstrauch *Encelia farinosa* (Abb. 116), der sehr verschieden große und verschieden behaarte Blätter aufweisen kann (Abb. 117): Während der Winterregenzeit werden bei guter Wasserversorgung große, wenig behaarte, also hygromorphe Blätter gebildet. Ihr potentieller osmotischer Druck (π^*) beträgt 22–23 atm. Wenn in der darauffolgenden Trockenzeit die Wasserversorgung schlechter wird, so steigt π^* auf 28 atm; zugleich werden alle neugebildeten Blätter kleiner und stärker behaart, also mesomorph. Erhöht sich π^* weiter auf 32 atm, so bildet die Pflanze nur noch sehr kleine, dicht weiß behaarte xeromorphe Blätter, wobei die hygromorphen absterben und abfallen. Unter extremen Bedingungen, bei $\pi^* = 40$ atm werden alle Blätter abgeworfen und es verbleiben nur die Knospen an den Zweigenden mit dicht behaarten winzigen Blättern. Nach Eintritt der Regenzeit zeigen bei niedrigen π^*-Werten die neugebildeten Blätter wieder eine hygromorphe Ausbildung.

Die *Regelgröße* ist in unserem Falle die Wasserbilanz, die nicht auf die Dauer negativ sein kann, da die Pflanze sonst vertrocknet. Die *Störgröße*, d. h. der einwirkende Außenfaktor ist die Trockenheit. Der *Sollwert* ist eine Wasserbilanz gleich 1, wobei die Hydratur des Plasmas möglichst hoch bleiben soll. Als *Fühler* müssen wir das lebende Protoplasma der Blattzellen bezeichnen, das bei Störung der Wasserbilanz eine der Erhöhung von π^* entsprechende Hydraturabnahme erfährt. Natürlich hat das Plasma der Zellen ausgewachse-

Abb. 117. Verschiedene Blattausbildung bei *Encelia*: Oben wenig behaarte hygromorphe Blätter, unten rechts mesomorphe und links xeromorphe Blätter; in der Mitte Zweige nur mit Endknospen (alle Blätter in der Dürrezeit abgeworfen).

ner Blätter keinerlei Einfluß auf die Ausbildung der neugebildeten Blätter, vielmehr ist als *Regler* das Protoplasma der Meristemzellen an den Sproßscheiteln zu betrachten.

Die Meristemzellen sind vor direkten Wasserverlusten durch die Blattanlagen der Knospen geschützt. Trotzdem werden sie eine Hydraturabnahme durch die bei Störung der Wasserbilanz ansteigende Kohäsionsspannung in den Gefäßen erfahren, die auch durch die Erhöhung von π^* angezeigt wird. Da die Meristemzellen noch plastische Wände besitzen und vakuolenfrei sind, entspricht die Hydratur des Protoplasmas bei fehlendem Turgor der Saugspannung der Zelle; diese wiederum ist der mittleren Kohäsionsspannung in den jüngsten Gefäßen der Sproßenden gleichzusetzen. Da diese Gefäße in einiger Entfernung von Meristem aufhören, werden sich die Tagesschwankungen der Kohäsionsspannung nur stark gedämpft auf die Meristemzellen auswirken.

Die länger andauernde Hydraturabnahme des Protoplasmas der Meristemzellen hat zur Folge, daß die neugebildeten Blätter eine entsprechend xeromorphe Struktur erhalten. Wir wissen, daß die quantiativen xeromorphen Merkmale allgemein in einer Verkleinerung der Epidermiszellen, Erhöhung der Zahl der Stomata und der Haare pro mm^2, einer Verdichtung der Aderung und einer Abnahme des Anteils der Interzellularen bestehen. Es handelt sich somit im Wesentlichen um eine Entwicklungshemmung, wenn auch gewisse qualitative Veränderungen ebenfalls eine Rolle spielen, z. B. stärkere Ausbildung der Palisaden, die mehrschichtig werden können, wodurch die Blattdicke zunimmt. Vom Plasma der Meristemzellen gehen somit Impulse aus, die eine negative Rückwirkung haben. Die Stellgröße wird auf das Stellglied, die jungen in Entwicklung begriffenen Blätter übertragen, wodurch diese kleiner und xeromorpher werden, was zum Ausgleich der Wasserbilanz führt.

Diese Reduktion der transpirierenden Fläche mit xeromorpher Ausbildung der Blätter bei Trockenheit ist auch bei uns eine allgemein verbreitete Erscheinung; wir brauchen nur bei Pflanzen sonniger Hänge die Frühlingsblätter mit den Sommerblättern zu vergleichen oder Blätter bei Pflanzen derselben Art an feuchten bzw. trockenen Standorten.

Auch zwischen den hygromorphen Schatten- und den mehr xeromorphen Sonnenblättern unserer Bäume bestehen ähnliche Unterschiede. Hierbei ist zu beachten, daß die Struktur derselben nicht von den Außenbedingungen während der Entfaltung abhängt, sondern bereits im Jahre vorher beim Anlegen der Knospen festgelegt wird. Schon daraus folgt, daß das Licht nicht der auslösende Faktor für die Strukturausbildung sein kann, denn das Meristem in den Knospen wird vom Licht nicht getroffen. Es muß sich vielmehr um eine Änderung des Wasserhaushalts handeln. Besonnte Zweige transpirieren mehr als Schattenzweige; deshalb wird in ihnen die Kohäsionsspannung höher sein als in Schattenzweigen; das wirkt sich auf die Hydratur des Protoplasmas in den Meristemzellen der im Sommer angelegten Knospen der Sonnenzweige aus. Tatsächlich gelang es durch Erschwerung der Wasserversorgung von Schattenzweigen, indem man deren Leitbahnen durch Einschnitte blockierte, beim Austreiben der Knospen im nächsten Jahre Blätter mit Sonnenblattcharakter im tiefen Schatten zu erhalten.

Als weiteres Beispiel für die Anpassungen an Wassermangel soll die Entwicklung von Keimlingen in Sandboden mit verschiedenem Wassergehalt besprochen werden.

Bei einem Versuch mit Rapssamen hatte der Sandboden einen Wassergehalt von 15,5, 6,7, 4,3, 2,5 und 1,3 % des Trockengewichts. Nach der Keimung der vorgequollenen Samen erreichten die Sprosse nach 5 Tagen eine Länge, die vom höchsten zum tiefsten Wassergehalt von 19 mm auf 7 mm abnahm, während die Wurzellänge im Gegensatz zu den Sprossen von 21 mm beim höchsten Wassergehalt auf 38 mm beim tiefsten zunahm. Dabei handelt es sich nur um die Länge der Hauptwurzel. Diese ist bei geringem Wassergehalt unverzweigt, während bei hohem die Hauptwurzel zwar kürzer bleibt, aber dafür frühzeitig Seitenwurzeln ausbildet. Der potentielle osmotische

Druck π^* steigt bei abnehmendem Wassergehalt des Bodens an. Auch in diesem Falle wird also eine Hydraturabnahme des Protoplasmas von den Sproß- und Wurzelmeristemzellen eintreten. Das Längenwachstum des Sprosses wird dadurch verlangsamt; die Xeromorphie der Wurzel besteht dagegen in einer Hemmung der Seitenwurzelbildung, während die Hauptwurzel zwar eine größere Länge erreicht, aber dünner bleibt. Dadurch gelangt die wasseraufnehmende Wurzelspitze rascher in die tieferen feucht bleibenden Bodenschichten, was für die Wasserversorgung der Pflanze günstig ist.

Diese Regelung ist für die Ephemern (Therophyten) in den Wüsten von großer Bedeutung. In guten Regenjahren entwickeln sie sich üppig und bilden in den oberen feuchten Bodenschichten viele Seitenwurzeln aus; in regenarmen bleiben sie zwergig, aber die lange Hauptwurzel gelangt doch in die tieferen Bodenschichten und kann die kleine Pflanze vor dem Vertrocknen bewahren. Dasselbe läßt sich bei uns bei annuellen Arten auf Sandboden oder bei Ackerunkräutern beobachten. Auch sie bleiben bei Trockenheit zwergig. Außerdem treten auch qualitative Änderungen ein: Die Sproßachsen werden bei Trockenheit nicht nur im Wachstum gehemmt, sondern sie bilden frühzeitig Blüten aus, selbst bei Zwergpflanzen.

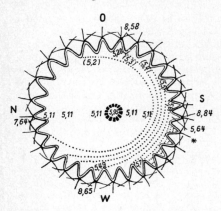

Abb. 118. Isosmosem (= Linien gleichen pot. osmot. Druckes) bei *Ferocactus wislizenii*. Querschnitt asymmetrisch, xeromorpher Bau auf SW-Seite mit höchster Zellsaftkonzentration.

Ebenso wie bei einzelstehenden Bäumen die Blätter auf der Südwestseite der Krone mit der stärksten Transpiration xeromorpher sind als auf der Nordostseite, zeigt auch bei Säulenkakteen (auf der Nordhemisphäre) die Südwestseite der mit Rippen versehenen Stämme eine xeromorphe Struktur: Die Rippen stehen hier dichter als auf der Nordostseite und der Holzteil des Zentralzylinders ist stärker ausgebildet (Abb. 118) – der Stammquerschnitt ist nicht radialsymmetrisch. Dasselbe gilt auch für die physiologischen Verhältnisse: Be-

stimmt man den potentiellen osmotischen Wert von vielen vergleichbaren über den ganzen Querschnitt verteilten Proben, so lassen sich Isosmosen (Linien gleichen potent. osmotischen Druckes) ziehen, aus denen hervorgeht, daß die xeromorphe SW-Seite die höchsten und die NE-Seite die tiefsten Werte aufweist (Abb. 118). Zugleich kann man beobachten, daß die ersten Blütenknospen auf der SW-Seite angelegt werden, während es auf der NE-Seite überhaupt zu keiner Blütenbildung kommt ebenso wie bei Bäumen auf der Schattenseite. Für Südafrika wird dasselbe für die säulenförmigen Euphorbien angegeben. Dort wird die Nordseite stärker erwärmt als die Südseite; entsprechend werden auch die Blüten auf dieser angelegt. Am Äquator besteht kein Unterschied in der Bestrahlung der Nord- und Südseite, entsprechend konnten wir in Venezuela keine einseitige Blütenverteilung bei den Säulenkakteen feststellen.
Wie im einzelnen die kausalen Beziehungen zwischen Hydratur und Blühfähigkeit zu erklären sind, ist noch unbekannt. Doch läßt sich allgemein beobachten, daß in trockenen Sommern und an trockenen Standorten auch bei uns mehr Blütenknospen bei den Zier- und Obstpflanzen angelegt werden.

e Das Problem der Ökotypen

Die vorher behandelten Anpassungen sind funktionelle Anpassungen der einzelnen Pflanzen. Die xeromorphen Merkmale werden nicht vererbt, sondern nur die Anpassungsfähigkeit. Es zeigt sich jedoch, daß innerhalb einer meist weit verbreiteten Art gewisse Rassen vorkommen, bei denen bestimmte morphologische oder physiologische Anpassungsmerkmale erblich fixiert sind. *Succisa pratensis* bildet z. B. auf trockenen Strandwiesen kleine dichte Rosetten mit niedrigen Blütenständen, während auf feuchten Wiesen die Pflanzen groß sind und reich verzweigte Blütenstände haben. Verpflanzt man sie in einen Garten, wo sie unter gleichen günstigen Bedingungen wachsen, so behält ein Teil der Pflanzen von den Strandwiesen den Zwergwuchs, der somit erblich fixiert ist; andere entwickeln sich aber üppig, d. h. ihr Zwergwuchs war eine funktionelle Anpassung oder, wie man in der Genetik sagt, eine Standortsmodifikation. Dasselbe gilt für die Tieflandrassen und Gebirgsrassen, bei denen auch funktionelle Anpassungen und erblich fixierte, nur durch ein Verpflanzungsexperiment, zu unterscheiden sind. Die erblich fixierten Biotypen mit Anpassungsmerkmalen an bestimmte Standortsverhältnisse werden als *Ökotypen* bezeichnet. Sie sind durch Selektion entsprechender Mutanten entstanden.
Die genaueste Untersuchung solcher Ökotypen liegt für *Achillea millefolium* aus Kalifornien in ihrem dortigen Verbreitungsgebiet von der pazifischen Küste bis zur alpinen Stufe der Sierra Nevada vor. Es zeigte sich, daß auch die phänologischen und physiologischen Merk-

male wie Periodizität des Wachstums, Blühbeginn, Kälteresistenz usw. bei den Ökotypen erblich fixiert sind. Bei Entnahme vieler Pflanzen vom Tiefland ins Gebirge aufwärts, wurde dabei festgestellt, daß es sich nicht um scharf unterscheidbare Ökotypen handelt, sondern um eine gleitende Reihe von Übergangsformen. Diese Ökotypenreihen nennt man *Ökokline*. Mit solchen Ökotypen oder Ökoklinen müssen wir bei den weit verbreiteten Arten rechnen. Sie wurden z. B. nachgewiesen bei *Caltha palustris, Ranunculus acris, Filipendula ulmaria, Silene inflata, Melandrium rubrum, Scabiosa columbaria, Campanula rotundifolia, Hieracium umbellatum* usw.
Dasselbe gilt auch für Baumarten. Deshalb legt man heute in der Forstwirtschaft so großen Wert auf die „Provenienz" des Saatgutes und verwendet nach Möglichkeit nur Saatgut aus demselben Klimagebiet, damit der Wachstumsrhythmus mit dem Klima übereinstimmt.
Die Ökotypen und Ökokline erschweren die Arbeit des Ökologen ungemein. Er ist beim Vergleich von Pflanzen einer Art, die von verschiedenen Standorten stammen, nie sicher, daß sie genetisch gleichwertig sind. Wenn man z. B. die Kälteresistenz der Fichte an der Baumgrenze bestimmt, so braucht sie der von einer Fichte aus dem Tiefland nicht zu entsprechen. Bei *Pinus sylvestris* ist das Vorhandensein von solchen Ökoklinen mit verschiedener Frostresistenz von Lappland bis Spanien festgestellt worden.
Die Ökotypen decken sich nicht mit den Unterarten oder Varietäten der Taxonomen. Die Ökotypen können sich durch gewisse morphologische Merkmale unterscheiden, brauchen es aber nicht. Auch handelt es sich meist um Merkmale, die von den Taxonomen nicht berücksichtigt werden, wie Wuchsform, Blattgröße, Behaarung usw., oder um physiologische Eigenschaften.

5 Der Lichtfaktor und der Assimilathaushalt

a Lichtgenuß und Lichtkompensationspunkt

Mit dem Licht kommen wir zu dem Faktor, der für die primäre Produktion besonders bedeutungsvoll ist. Von der gesamten Strahlung entfallen etwa 50 % auf das sichtbare Licht, das die Photosynthese ermöglicht. Zwar wechselt die spektrale Zusammensetzung des Lichtes zeitlich oder an verschiedenen Standorten (Anteil des Rots höher bei tiefem Sonnenstand, mehr Blau in diffusem Licht, mehr Grün und Ultrarot im Schatten unter Bäumen), aber diese Unterschiede sind doch so gering, daß sie bei ökologischen Untersuchungen meistens vernachlässigt werden können.
Der Lichtfaktor spielt für die Großgliederung der Pflanzendecke keine Rolle. Zwar wechselt die Tageslänge, die für den Photoperiodismus maßgebend ist, in Abhängigkeit von der Breite, aber die na-

türliche Pflanzendecke ist an die Tageslänge ihres Heimatgebietes angepaßt. Eine um so größere Bedeutung spielt die Beleuchtung für die Struktur der Pflanzengemeinschaften, wobei die oberen Schichten mehr Licht empfangen als die unteren. In einem Eichenwald der Waldsteppe betrug bei einer Beleuchtungsstärke über den Baumkronen von 65 000 Lux, die an der Bodenoberfläche nur 630 Lux, zwischen dem Unterwuchs in 0,5 m Höhe 880 Lux, in 1,3 m Höhe über den Kräutern 1680 Lux und in 10 m Höhe über der Strauchschicht 20 700 Lux.

Man pflegt das Verhältnis der Beleuchtungsintensität am Standort einer Pflanze zu der des gesamten Tageslichts als ihren *Lichtgenuß* (L) zu bezeichnen. Dieser war beim obigem Beispiel somit am Boden 630/65 000, also etwas weniger als 1 % des Tageslichts. Man kann nach der Beleuchtung an ihren natürlichen Standorten die Pflanzen in drei Gruppen einteilen:

1. Extreme Sonnenpflanzen der unbeschatteten Biotope. Ihr Lichtgenuß (L) ist stets 100 %, wie z. B. bei Pflanzen der Wüste, der Tundra usw.
2. Sonnenpflanzen, die auch auf beschatteten Biotopen vorkommen, bei denen L_{max} 100 % ist, L_{min} dagegen verschieden tief liegt. Der Lichtgenuß vom Wiesensalbei (*Salvia pratensis*) ist z. B. 100 bis 48 %, von der Herbstzeitlose (*Colchicum autumnale*) 100–12 %, vom Knäuelgras (*Dactylis glomerata*) 100–2,5 %.
3. Schattenpflanzen, die nicht im vollen Tageslicht wachsen, d. h. L_{max} ist bei ihnen kleiner als 100 %; z. B. findet man den Lerchensporn (*Corydalis cava*) bei L = 50–25 %, die Knoblauchrauke (*Alliaria officinalis*) bei 33–9 %, den Hasenlattich (*Prenanthes purpurea*) bei 10–5 %.

Das L_{max} ist bei den Schattenpflanzen meistens durch die Störung ihres Wasserhaushalts durch zu starke Transpiration an sonnigen Standorten bedingt, dagegen ist L_{min} eine Hungergrenze, d. h. eine noch geringere Beleuchtung würde nicht zu einer positiven Stoffproduktion ausreichen, bzw. die Pflanzen kämen nicht mehr zur Blüte. So findet man z. B. das Knäuelgras steril noch bei 1,9 % oder den Hasenlattich steril bei 3 %. Bei L unter 1 % wachsen keine grünen Blütenpflanzen mehr. Es beginnt der „tote Waldschatten" mit nur heterotrophen Arten, saprophytischen Blütenpflanzen und Pilzen.

Bei Bäumen bezeichnet man als L_{min} die Beleuchtung, bei der man im Innern ihrer Krone noch grüne Schattenblätter findet. Je dichter die Krone ist, desto tiefer liegt L_{min}, z. B. bei freistehenden Bäumen: Buche 1,2 %, Eiche 5 %, Birke 11 %, Fichte 3,6 %, Kiefer 10 %, Lärche 20 %.

Der *Lichtkompensationspunkt* ist die Beleuchtungsstärke, bei der die CO_2-Assimilation gleich der Atmung ist, also CO_2 weder aufgenommen noch abgegeben wird. Er liegt bei Schattenblättern tiefer als bei

Sonnenblättern. Z. B. in einem Fall für die Schattenblätter der Buche bei 0,3 % des Tageslichts, für die Sonnenblätter bei 1 %, wobei die geringere Atmungsintensität der Schattenblätter ausschlaggebend ist (in obigem Beispiel Atmung der Schattenblätter 0,2 mg CO_2/dm · h, der Sonnenblätter 1,0 mg CO_2/dm · h). Aber der Kompensationspunkt ändert sich im Laufe der Vegetationszeit. Er fiel bei entsprechenden Bestimmungen an der Buche vom 10. Mai bis zum 29. Juni bei Schattenblättern von 350 Lux auf 100 Lux und bei Sonnenblättern von 1000 Lux auf 300 Lux. Dasselbe gilt auch für die Schattenpflanzen am Waldboden. Bei diesen liegt der Kompensationspunkt vor der Belaubung des Waldes bei 900 Lux und sinkt nach der Laubentfaltung parallel mit der Atmungsintensität auf 200 Lux, um dann ziemlich konstant zu bleiben. Die Leistungsfähigkeit der Photosynthese bleibt im Gegensatz zur Atmung ziemlich konstant. Wenn dagegen im Frühjahr ein leichter Spätfrost auftritt, dann steigt der Kompensationspunkt vorübergehend an, wobei die Atmung unverändert bleibt, der Photosyntheseapparat jedoch eine reversible Störung erfährt. Der niedrige Kompensationspunkt der Schattenpflanzen ermöglicht es ihnen, den Sommer unter ungünstigen Beleuchtungsverhältnissen durchzuhalten, wobei ihnen die am Waldboden wandernden Lichtflecke (Lichtintensität oft 10mal höher) zugute kommen. Trotzdem weisen die Schattenpflanzen an trüben Tagen oft eine negative Stoffbilanz auf.

Mit den geringsten Lichtmengen kommen Pflanzen aus, die möglichst wenig chlorophyllfreie, nur atmende Zellen besitzen. Deshalb findet man in Höhlen mit zunehmender Entfernung vom Eingang die Zonierung:

Blütenpflanzen → Farne → Moose → Algen.

Die Beschattung ist das wirksamste Mittel zur Unterdrückung der meist lichtliebenden Unkräuter in Äckern. Verunkrautet sind vor allem Äcker mit einem lichten Getreidebestand.

b Photosynthese und Assimilatverwendung

Wenn man die Photosynthese von senkrecht zu den Lichtstrahlen orientierten Blättern bei steigender Beleuchtungsstärke untersucht, so erkennt man, daß die CO_2-Assimilation zunächst linear mit der Lichtintensität ansteigt, daß jedoch die Kurve sehr bald in die Horizontale umbiegt, ein Zeichen, daß eine weitere Zunahme der Beleuchtung keine Steigerung der Photosynthese zur Folge hat. Die maximale Photosynthese wird meistens schon bei 40 % des vollen Tageslichtes erreicht, bei Schattenpflanzen oft schon bei 20 % oder weniger. Man kann den Eindruck erhalten, daß die Pflanzen das volle Tageslicht nicht ausnutzen. Das gilt jedoch nur für Laborversuche mit einzelnen Blättern, nicht dagegen für Pflanzenbestände. Bei diesen stehen die Blätter in mehreren Schichten übereinander und beschatten sich gegenseitig. Wenn die obersten Blätter bei etwa 40 % des Tageslichtes schon ihre maximale Leistung erreicht haben, wird eine weitere Zunahme der Beleuchtung doch den tiefer stehenden, teilweise beschatteten Blättern zugute kommen, so daß die Photosyntheseleistung des gesamten Bestandes weiter steigt. Außerdem kann man bei Wäldern, wenn man von einem Aussichtsturm auf das Kronendach schaut, feststellen, daß die Sonnenblätter der obersten Zweige nicht horizontal, sondern fast vertikal stehen, also um die Mittagszeit nur schräg von den Strahlen getroffen werden. Die aufrechte Stellung dieser Blätter läßt sich sowohl bei der Buche als auch bei den Nadeln der Tanne beobachten, an deren Schattenzweigen, die wenig Licht erhalten, die Blattorgane stets senkrecht zum einfallenden Licht ausgebreitet sind. Untersuchungen an Pflanzenbeständen haben demgemäß ergeben, daß *die CO_2-Assimilation des Gesamtbestandes linear mit der Beleuchtungsstärke bis zur maximalen Tageslichtintensität ansteigt.*

Die Netto-Assimilation in mg $CO_2/dm^2 \cdot$ min berechnet, ist bei den einzelnen Arten verschieden. Aber die Unterschiede sind doch unter vergleichbaren Bedingungen nicht sehr groß. Sie spielen für die Produktion der Trockensubstanz eine geringere Rolle als der *Assimilathaushalt*, d. h. die Art der Verwertung der bei der Photosynthese gebildeten Assimilate. Als Beispiel können wir die Produktion der Sonnenblume und der Buche in ihrem ersten Lebensjahr anführen. Die Samen dieser Arten enthalten ungefähr dieselbe Menge an Reservestoffen. Der Start bei der Keimung ist also gleich. Am Ende des Jahres hatte aber bei einem Versuch in Hohenheim die Sonnenblume 600 g an Trockensubstanz gebildet, die Buche demgegenüber nur 1,5 g, d. h. 400mal weniger. Die Assimilationsleistung der Sonnenblume pro Blattfläche ist zwar höher, aber die enormen Unterschiede in der Produktion sind auf Unterschiede im Assimilathaushalt zurückzuführen. Die Sonnenblume investiert von vornherein alle Assimilate, um einen reich beblätterten Sproß zu bilden, also die produzierenden Teile (die Blätter) auszubauen und damit die Produktion ständig zu erhöhen; der Buchenkeimling dagegen verbraucht die Assimilate, nachdem er 2–3 Blätter ausgebildet hat, hauptsächlich für die verholzende Hauptachse – eine Investition, die zunächst unproduktiv ist und sich erst auf lange Sicht im Wettbewerb rentiert. Seine Produktion bleibt im ersten Jahr gering.

Für eine hohe primäre Produktion eines Biozöns ist somit eine große Gesamtblattfläche die Voraussetzung. Wir geben letztere als Blattflächenindex (BFI) an, d. h. als Verhältnis der gesamten Blattfläche eines Bestandes zu der von ihm bedeckten Bodenfläche. Unter den bei uns herrschenden Lichtverhältnissen im Sommer beträgt der optimale BFI der Bestände meistens 5–6 oder etwas mehr. Beim Überschreiten des optimalen Wertes erhalten die untersten beschatteten

202 Ökologische Geobotanik

Blätter so wenig Licht, daß die Tageswerte der Atmung die der Assimilation übersteigen, wodurch die Produktion des Bestandes abnimmt. Dieser Fall tritt im Herbst bei abnehmender Tageslänge ein; die untersten Blätter vergilben dann und werden nach und nach vor dem eigentlichen Laubfall abgeworfen, wodurch der BFI optimal bleibt.
Liegt der BFI unter dem optimalen Wert, dann wird das Sonnenlicht nicht voll ausgenutzt und die Produktion bleibt gering. Das ist z. B. bei unseren Getreideäckern im Frühjahr vor dem Schoßen der Fall. Die volle Produktion wird erst erreicht, wenn die Blattfläche maximal ausgebildet ist. Beim Sommergetreide werden deshalb für die Erzeugung des ersten Viertels vom Ertrage an Trockenmasse etwa 10 Wochen benötigt, für das zweite Viertel die nächsten 2 Wochen, während die restlichen zwei Viertel in den letzten 2 Wochen vor dem Gelbwerden der Blätter produziert werden (Abb. 119).

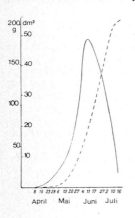

Abb. 119. Entwicklung der Blattfläche (ausgezogen) bei Sommergerste und Zunahme der Trockensubstanzmenge (gestrichelt), die am steilsten ist, wenn die Blattfläche im Juni ihr Maximum erreicht hat.

Aber die Blätter dienen nicht nur der CO_2-Assimilation, sondern sie verlieren zugleich Wasser durch die Transpiration. Wie wir bereits wissen, wird die Blattfläche bei knapper Wasserversorgung durch die Wurzeln reduziert, d. h. der BFI sinkt unter den in bezug auf die Lichtverhältnisse optimalen Wert. Unter gleichen Bedingungen war z. B. der BFI bei einem Sonnenblumenfeld im feuchten Jahr 1963 gleich 9, im darauffolgenden trockenen Jahr 1964 dagegen 4,9, so daß die Produktion an Trockenmasse bedeutend geringer ausfiel. In ariden Gebieten ist nur der Wasserfaktor für den BFI maßgebend, der dementsprechend niedrige Werte aufweist.
Für den Aufbau der proteinreichen Blätter ist eine ausreichende N-Ernährung Voraussetzung. Bei Stickstoffmangel sinkt deshalb der

BFI und die Erträge an Trockenmasse ebenfalls. Natürlich spielt auch die Stellung der Blätter im Raume wie auch ihre Beschaffenheit eine Rolle. Bei vertikal stehenden Blattorganen, die sich gegenseitig weniger beschatten, ist der BFI größer als bei horizontal stehenden, bei Nadelwäldern mit nadelförmigen, immergrünen Blättern bei gleicher Produktion etwa doppelt so groß wie bei Laubwäldern.
In der Waldsteppe, in der je nach Bodenbeschaffenheit Laubwälder mit Wiesensteppen abwechseln, wurde bei beiden ein ähnlicher BFI und eine annähernd gleiche primäre Produktion gefunden.

6 Chemische Faktoren

Ein für die Photosynthese besonders wichtiger Faktor ist der Kohlendioxid(CO_2)-Gehalt in der die Blätter umgebenden Luft. Er beträgt im Mittel in der Atmosphäre 0,03 Vol.% oder 0,57 mg pro Liter Luft. In den letzten Jahrzehnten zeigte sich durch die zunehmende Verbrennung von Kohle und Erdöl in den Industrieländern ein meßbarer Anstieg des CO_2-Gehalts der Atmosphäre.

Die CO_2-Assimilation durch die grüne Pflanze nimmt bei steigender CO_2-Konzentration zunächst linear dann langsamer zu. Innerhalb eines Biogeozöns können Unterschiede des CO_2-Gehalts der Luft auftreten, weil durch die Bodenatmung ständig CO_2 aus dem Boden herausdiffundiert. Namentlich im Walde kann es dabei zu einer CO_2-Anreicherung in den bodennahen Luftschichten kommen. Sie ist am ausgeprägtesten in der Nacht bei stabiler Luftschichtung; am Tage findet infolge der Turbulenz eine Durchmischung statt (Abb. 120). Doch wurden in feuchtem Kiefernwald bei Sonnenaufgang am Boden 1,4 mg CO_2/l gemessen und in 15 cm Höhe noch 1,3 mg CO_2/l. Auch am Tage kann die CO_2-Konzentration in Bodennähe 0,9 mg CO_2/l betragen, was für die Waldbodenpflanzen von gewisser Bedeutung sein dürfte. Den CO_2-Kreislauf in einem Walde zeigt Abb. 121.

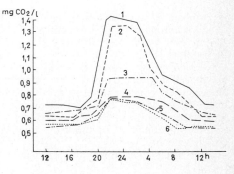

Abb. 120. Tagesschwankung des CO_2-Gehalts der Luft (Mittel für Juni-Juli) in einem Kiefernwald (II. Bonität, 75 Jahre alt, Kronenschluß 0,7; nach KOBAK): 1 = am Boden, 2 = in 15 cm Höhe, 3 = in 130 cm Höhe, 4 = an Kronenbasis, 5 = im Kronenraum, 6 = 2–3 m über den Kronen (aus WALTER 1968).

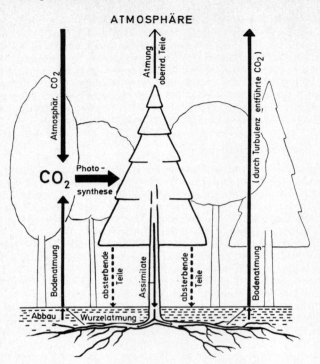

Abb. 121. CO_2-Kreislauf in einem Walde: Das von der Pflanze assimilierte CO_2 stammt aus der Atmosphäre oder aus dem Boden (Bodenatmung = Wurzelatmung + CO_2 aus dem Abbau des organischen Abfalls durch die Destruenten.

Der für die Atmung benötigte Sauerstoff (O_2), auf den 21 Vol.% in der Luft entfallen, ist stets in genügender Menge vorhanden. Nur im Boden kann bei hohem Wassergehalt und ungenügender Durchlüftung der O_2-Gehalt in der Bodenluft absinken, was sich ungünstig auf das Wurzelwachstum auswirkt. Fehlen von O_2 in Sumpfböden macht sich durch eine dunkle Schwarzfärbung (FeS) bemerkbar. FeS (Eisensulfid) entsteht aus Eisenverbindungen bei Anwesenheit von anaërob gebildetem Schwefelwasserstoff (H_2S). Die Wurzeln der Sumpfpflanzen, die in O_2-armen Böden wachsen, zeichnen sich durch große Interzellularen aus, durch die ihnen von den oberirdischen Teilen O_2 zugeleitet wird.

Auf die schädliche Wirkung von giftigen Gasen und Rauchbestandteilen, die in Industriegebieten an die Atmosphäre abgegeben werden, sei nur hingewiesen. In der Natur spielen sie in der nächsten Umgebung von Vulkanen, Fumarolen und Solfataren eine Rolle (z. B. im Yellowstone Park).

Zu den chemischen Faktoren gehören auch die verschiedenen Makro- und Mikro-Nährstoffelemente im Boden[1], die von den Wurzeln der Pflanzen aufgenommen werden, von denen insbesondere Stickstoff (N) die Hauptrolle spielt. Er gelangt mit den toten pflanzlichen oder tierischen Resten in organisch gebundener Form in den Boden und steht nach der Mineralisierung den Wurzeln der Pflanzen in anorganischer Form als Nitrat (NO_3') oder Ammonium (NH_4^+)-Stickstoff zur Verfügung. Organisch im Humus gebundenen N können nur Pflanzen mit Mykorhizen ausnutzen. Sonst sind sie auf die ständige Nachlieferung von anorganisch gebundenem Stickstoff (N_{an}) angewiesen. Dieses Nachlieferungsvermögen wird bestimmt, indem man eine Bodenprobe in einen Zellophanbeutel füllt und an die ursprüngliche Stelle im Boden wieder zurückbringt; bei einer Parallelprobe wird gleich die Menge von N_{an} bestimmt. Nach 6 Wochen wird dann in der vergrabenen Probe ebenfalls die N_{an}-Menge ermittelt. Die Differenz der beiden Bestimmungen ergibt das N-Nachlieferungsvermögen des Bodens. Es ist besonders stark in humusreichen Böden, vor allem dort, wo die stark nitrophile Brennessel (*Urtica dioica*) wächst (vgl. auch Tab. 15).

Der Stickstoff wird von der Pflanze hauptsächlich für den Aufbau von Blättern mit großen, plasmareichen Zellen benötigt. Bei Stickstoffmangel bleiben die Blätter kleiner und die aus Kohlenhydraten bestehenden Zellwände werden stärker entwickelt, d. h. die Blätter werden „xeromorpher". Das wurde z. B. bei Pflanzen der besonders N-armen Hochmoore festgestellt. Von Xeromorphie bei solchen Pflanzen nasser Standorte zu sprechen, ist jedoch nicht zweckmäßig. In beiden Fällen, sowohl bei Wasser- als auch Stickstoff-Mangel handelt es sich um Mangelerscheinungen, also *Peinomorphosen* (von griech. peina = Hunger). Solche Peinomorphosen wurden auch sonst beobachtet, z. B. bei Wasserüberschuß im Boden, also Sauerstoffmangel, oder bei tiefen Bodentemperaturen, also Wärmemangel, wobei es sich in letzterem Falle zeigte, daß niedrige Bodentemperaturen nicht die Wasseraufnahme hemmen (keine physiologische Trockenheit kalter Böden, wie man früher annahm), sondern die N-Aufnahme.

---

[1] Der Boden als solcher ist das Untersuchungsobjekt der Bodenkunde, die sich jedoch mehr mit der Textur, Struktur, Genese und Klassifikation der Böden beschäftigt und die Organismen im Boden, das Edaphon, wenig berücksichtigt. Vgl. jedoch die kurze, anschauliche Darstellung von SCHLICHTING, E.: Einführung in die Bodenkunde. Hamburg-Berlin 1964, 94 S.

206 Ökologische Geobotanik

Tab. 15. Stickstoffumsatz eines 55jährigen Kiefernforstes in Mittelengland (nach OVINGTON)

In lebenden Pflanzen vorhanden:		
in Bäumen	453	kg/ha N
im Unterwuchs	40	kg/ha N
In der Streu- und Humusdecke vorhanden	409	kg/ha N
insgesamt vorhanden	902	kg/ha N
Jährlich von Pflanzen aufgenommen:		
von Bäumen	87,5	kg/ha N
vom Unterwuchs	37,5	kg/ha N
Aufnahme insgesamt	125	kg/ha N
Im jährlichen Streuanfall (Blätter, Zweige usw.):		
von Bäumen	64	kg/ha N
vom Unterwuchs	39	kg/ha N
im jährl. Abfall beim Holzschlag (Reisig, Wurzeln usw.)	13	kg/ha N
Insgesamt im Streuanfall	116	kg/ha N
Aufnahme-Mehr (125–116)	9	kg/ha N
Im jährlich entnommenen Stammholz:	3	kg/ha N
verbleibender Überschuß	6	kg/ha N
Im jährlichen Zuwachs der Streudecke	5	kg/ha N
Jährlicher Gewinn des Ökosystems	*11*	kg/ha N

Falls dieser Gewinn nicht innerhalb der Fehlergrenzen liegt, könnte er durch die Tätigkeit N-bindender Mikroorganismen zustande kommen.

Eine beondere Rolle spielt geobotanisch das Calcium im Boden, das meist als $CaCO_3$ vorliegt, allerdings weniger als Nährstoffelement, sondern als ein die Bodenreaktion beeinflussender Faktor. Es ist eine sehr auffallende Erscheinung, daß die floristische Zusammensetzung der Pflanzendecke auf Kalkgestein sich stark von der auf Silikatgestein unterscheidet. Z. B. findet man im Muschelkalkgebiet auf flachgründigen Böden *Bromus erectus, Sesleria coerulea, Hippocrepis comosa, Teucrium chamaedrys, Cynanchum vincetoxicum*, viele schöne Orchideenarten u. a. m., auf Buntsandstein dagegen *Calluna vulgaris, Sarothamnus scoparius, Teucrium scorodonia, Digitalis purpurea, Vaccinium myrtillus* u. a. Besonders deutlich sind die Unterschiede in den Alpen, wo auch verschieden vikariierende Arten (Seite 17) auftreten, z. B.:

auf Kalk	auf Silikatgestein
Rhododendron hirsutum	*R. ferrugineum*
Achillea atrata	*A. moschata*
Primula auricula	*P. hirsuta*
Saxifraga aizoon	*S. cotyledon*

Sedum atratum   *S. alpestre*
Sempervivum hirsutum   *S. arenarium*
Doronicum grandiflorum   *D. clusii*
Ranunculus alpestris   *R. glacialis*

Die genaue Untersuchung führte jedoch zu dem Ergebnis, daß es bei dem Kalkgestein nicht auf die Anwesenheit des Calciums, sondern auf die leicht alkalische Reaktion des hydrolytisch gespaltenen $CaCO_3$ ankommt. Alle kalkhaltigen Böden haben ein pH über 7,0, während die silikatischen Böden durch die Anwesenheit von Humussäuren immer sauer reagieren. Es handelt sich also nicht um „kalkholde" und „kalkfliehende" Arten, sondern um *acidophobe* und *acidophile*. In Sandkulturen mit verschiedenen pH-Werten des Bodens gedeihen die ersteren besser bei leicht alkalischer Reaktion, die letzteren bei saurer. Es gibt aber auch viele indifferente Arten. Allerdings ist der pH-Bereich, innerhalb dessen die Arten in Reinkulturen wachsen, ein sehr weiter. Erst durch die Konkurrenz mit anderen Arten wird er in Pflanzengemeinschaften sehr stark eingeengt, so daß es möglich ist, bei Ackerunkräutern, Wiesenpflanzen und auch Waldbodenpflanzen die Arten nach ihrem Verhalten der Bodenreaktion gegenüber in 5 Gruppen einzuteilen mit der Reaktionszahl R^1 für die acidophilsten bis R^5 für die eine alkalische Reaktion bevorzugenden (dazu R^0 für indifferente). Von Ackerunkräutern gehören zur Gruppe R^1–R^2 (acidophil): *Rumex acetosella, Scleranthus annuus, Spergula arvensis, Raphanus raphanistrum* u. a.; zur Gruppe R^5–R^4 (acidophobe): *Delphinium consolida, Adonis aestivalis, Lathyrus tuberosus, Sinapis arvensis, Papaver rhoeas* u. a.

Was nun die Ursache für eine solche die Wettbewerbsfähigkeit beeinflussende Empfindlichkeit gegen pH-Unterschiede anbelangt, so ist sie sicher mannigfacher Natur. Es kann sich um direkte Einwirkung auf die Permeabilität der Wurzelhaarzellen handeln oder um die schwere Löslichkeit von den lebenswichtigen Fe-Ionen in alkalischen Böden, weshalb die Pflanzen auf Kalkböden oft an Chlorose leiden. Andererseits sind in sauren Böden die für viele Arten giftigen Aluminium-Ionen in höherer Konzentration vorhanden: Für die kalkfeindliche Edelkastanie (*Castanea vesca*) gibt man an, daß sie auf Kalkböden unter Kalimangel leidet. Vor allem dürfte jedoch der pH-Wert ein Indikator für den relativen Nährstoffreichtum der Böden sein. Alkalische Böden mit gut abgesättigtem Humus sind nährstoffreicher als die sauren Rohhumusböden, die sich durch Nährstoffarmut auszeichnen. Die acidophilen Arten sind in dieser Beziehung anspruchslose Arten.

Ein weiterer chemischer Faktor von besonderer Art und stark auslesender Wirkung ist das Vorhandensein von leicht löslichen Salzen (meistens NaCl, oder Na_2SO_4) in den Böden. Es handelt sich um die Salzböden an Meeresküsten und solche arider abflußloser Gebiete.

Die Salze sind immer marinen Ursprungs. Sie werden im Landinneren bei der Verwitterung von Gesteinen, wenn es sich um marine Sedimente handelt, frei. Im humiden Klima schwemmt das Regenwasser diese Salze in die Flüsse und mit den Flußwasser gelangen sie ins Meer. In ariden Gebieten dagegen werden sie von dem spärlichen Regen zwar in die abflußlosen Senken verschwemmt; dort verdunstet jedoch das Wasser und die Salze reichern sich an. Falls nicht alles Wasser verdunstet, bilden sich Salzseen. Eine Verfrachtung des Salzes kann auch durch den Wind erfolgen, wenn bei starker Brandung die versprühten feinen Tropfen des Meerwassers austrocknen und der verbleibende Salzstaub vom Wind fortgetragen wird. Ein Abblasen von Salzstaub erfolgt auch von Salzböden, wenn diese sich beim Austrocknen mit einer Salzkruste bedecken. Salzböden bilden sich außerdem beim Austrocknen von früheren Meereslagunen und Binnenmeeren, wie z. B. um das Kaspische Meer oder den großen Salzsee in Utah (USA) herum.

Für die meisten Pflanzenarten sind die leichtlöslichen Chloride und Sulfate toxisch. Deswegen findet man auf Salzböden nur Arten, deren Protoplasma gegen diese Salze resistent ist. Man bezeichnet sie als *Halophyten*. Da die Salzlösung im Boden einen gewissen potentiellen osmotischen Druck besitzt, glaubte man früher, daß die Wasseraufnahme durch die Pflanzen aus solchen Böden erschwert ist. Man bezeichnete die Böden als „physiologisch trocken", selbst wenn sie sehr naß waren, und hielt die Halophyten für Xerophyten. Diese Ansicht erwies sich als falsch. Alle Halophyten speichern in ihrem Zellsaft die Bodensalze in etwa derselben Konzentration, wie man sie in der Bodenlösung findet, und kompensieren damit die osmotische Wirkung der letzteren. Die Wasseraufnahme aus nassen Salzböden ist also für die Halophyten kein Problem, vielmehr ist es die Regulierung der Salzaufnahme, sowie die Resistenz des Protoplasmas gegen die toxische Wirkung der Salze.

Sobald eine gewisse optimale Salzkonzentration in den Vakuolen der transpirierenden Organe erreicht ist, muß eine weitere Salzaufnahme aus dem Boden mit dem Transpirationsstrom unterbunden werden; denn sonst stiege die Konzentration in den Vakuolen schon in einem Tage so rasch an, daß die Pflanzen abgetötet würden. Tatsächlich ist der Nachweis gelungen, daß die Wurzeln der Halophyten wie ein Ultrafilter wirken, d. h. nur Wasser durchlassen, aber keine gelösten Salze. Das Wasser, das in den Gefäßen den transpirierenden Organen zugeleitet wird, ist praktisch salzfrei; es steht jedoch dauernd unter einer starken Kohäsionspannung, die etwas höher ist als der potentielle osmotische Druck der Bodenlösung und die durch eine entsprechende hohe Saugspannung der transpirierenden Blattzellen verursacht wird, Der potentielle osmotische Druck (π^*) des salzhaltigen Zellsaftes in den Vakuolen dieser Zellen ist hoch, oft bis über 50 atm.

Soweit ist also der Mechanismus der Wasseraufnahme bei den Halophyten kausal geklärt. Unbekannt ist jedoch die Regulierung des Salzgehalts in den Vakuolen, denn nur wenige Halophyten besitzen Salzdrüsen und können einen etwaigen Überschuß an Salzen aktiv ausscheiden. Sehr viele Halophyten besitzen sukkulente Blätter oder Stengel. Durch diese Sukkulenz, also Wasserspeicherung, kann eine gewisse Verdünnung der Salzlösung in den Vakuolen erfolgen, aber doch nur in sehr begrenztem Umfange.
Die Salze können in die Vakuolen nur durch das Protoplasma gelangen und werden auf dieses einwirken. NaCl fördert die Quellung von Proteinen stark, Na_2SO_4 dagegen wirkt entquellend. Es handelt sich dabei um eine Quellungsbeeinflussung durch Ionen-Adsorption, die nicht mit der Quellung in Abhängigkeit von der Hydratur verwechselt werden darf. Wir können dabei feststellen, daß die Halophyten, die fast ausschließlich NaCl im Zellsaft speichern, sukkulent sind, während diejenigen, die außerdem Na_2SO_4 speichern, nicht sukkulent sind. Außer diesen *Chlorid-* und *Sulfat-Halophyten* gibt es auch solche, die viel Na im Zellsaft speichern, wobei dieses jedoch an organische Säuren (oft Oxalsäure) gebunden ist. Wir bezeichnen sie als *Alkali-Halophyten*, denn nach dem Absterben und Verwesen dieser Halophyten findet sich das Natrium als Na_2CO_3 im Boden, also als stark alkalisches Sodasalz.
Wir unterscheiden außerdem *fakultative Halophyten* und echte oder *Eu-Halophyten*. Erstere wachsen auf nicht salzigen Böden besser, vertragen jedoch eine gewisse Versalzung. Die Eu-Halophyten brauchen dagegen eine gewisse Salzmenge; auf salzarmen Böden nehmen sie möglichst viel Salz auf, so daß die Konzentration im Zellsaft bedeutend höher ist als im Boden. Aber auch für sie besteht eine obere Grenze der Bodenversalzung; wird diese überschritten, so sterben sie ab. Ein typischer Halophyt ist in unserem Gebiet der einjährige Queller (*Salicornia europaea*) mit ganz reduzierten Blättern und stark sukkulenten Sprossen, der die Wattenböden der Nordsee besiedelt, aber auch in den zentralasiatischen Wüsten vorkommt. Viele Halophyten der Außenmarsch sind dagegen fakultative Halophyten, die meist auf Salzböden wachsen, weil sie auf diesen vor der Konkurrenz der rascher wachsenden salzempfindlichen Arten geschützt sind. In frostfreien Gebieten gibt es auch verholzende Halophyten, also Sträucher und Bäume, wie die im Gezeitenbereich der Tropen und Subtropen wachsenden *Mangroven-Arten* (vgl. UTB 14, zit. Seite 5).
Eine abweichende Zusammensetzung zeigt die Flora auch auf schwermetallreichen Böden (Cu, Co, Cr, Ni, Zn) sowie auf Serpentinböden. Diese Böden werden von den meisten Arten wegen der toxischen Wirkung der Schwermetalle oder der Flachgründigkeit und Nährstoffarmut der Serpentinböden gemieden. Aber einige wett-

bewerbsschwache Arten haben sich an solche Böden angepaßt und eine Resistenz gegen Schwermetalle erworben. Sie weisen oft gewisse morphologische Eigentümlichkeiten auf und werden als Kleinarten oder Varietäten von der ursprünglichen Art auf normalen Böden abgetrennt, wie z. B. auf Galmeiböden *Viola lutea* var. *calaminaria*, *Alsine verna* var. *caespitosa*, *Thlaspi alpestre* var. *calaminaria* u. a. In einzelnen Fällen handelt es sich dabei um alpine Relikte (wie z. B. bei *Thlaspi*), die sich auf solchen Böden infolge der fehlenden Konkurrenz gehalten haben.

Auf den nährstoffarmen Serpentinböden überwiegen anspruchslose Arten, aber auch auf diesen sind bestimmte Ökotypen entstanden, die von den Taxonomen unterschieden werden, wie *Asplenium viride* var. *adulterinum* oder *Asplenium adiantum-nigrum* var. *cuneifolium*.

7 Mechanische Faktoren

a Das Feuer

Durch mechanische Faktoren verlieren die Pflanzen Teile ihrer Organe oder werden ganz vernichtet. Das gilt insbesondere für die Einwirkung des Feuers bei einem Brand.

Man rechnet das Feuer in Europa zu den durch den Menschen bedingten anthropogenen Faktoren, aber Feuer durch Blitzschlag ist in Gebieten mit ungestörter Pflanzendecke und geringer Besiedlung oft ein natürlicher klimatischer Faktor, der den Charakter der Vegetation mitbestimmt. Das gilt vor allem für die semiariden Graslandgebiete, die Hartlaubformationen der Winterregengebiete mit langer Sommertrockenheit und die humiden Gebiete mit Nadelwäldern, in denen wenigstens zwischendurch eine längere Trockenzeit auftreten kann.

Diese Tatsache wurde durch eine statistische Auswertung der Meldungen über Waldbrände in den „National Forests" (USA), die kaum besiedelt sind, erhärtet. Die Zahl der Waldbrände durch Blitzschlag ist dort außerordentlich groß. In Nordamerika bilden sich im Sommer oft sehr scharfe Fronten zwischen polarer Kaltluft und maritimer tropischer Warmluft, wobei es zu starken Gewittern kommt. Beim Durchzug einer solchen Front von South Dakota bis Florida am 1. - 15. Mai 1965 wurden in den Forstdistrikten 37 einwandfrei auf Blitzschlag zurückgehende Waldbrände gemeldet. Im Prairiegebiet kann man im Mittel mit einem Blitzschlag-Grasbrand pro Jahr auf je 5000 ha rechnen. Sehr häufig sind auch Sommergewitter in der Hartlaubzone Kaliforniens bis an die kanadische Grenze. Am 24.–25. Juli 1965 meldeten viele Forstdistrikte aus diesem Gebiet mehr als 5 Brände durch Blitzschlag, einer sogar 28. Man spricht direkt von einem „Feuerklima". Unter natürlichen Verhältnissen, wenn diese Brände nicht bekämpft werden, können sie sich über sehr große

Flächen erstrecken. Wenn heute in den Grasländern der Subtropen das trockene Gras regelmäßig abgebrannt wird, so geschieht es zum Teil, um nicht durch natürliche Brände überrascht zu werden. Auf solche natürliche Brände aus der Zeit vor der Besiedlung durch den Menschen ist die weite Verbreitung der Kiefernarten in den Nadelwaldgebieten zurückzuführen. Denn die Kiefer, deren Zapfen sich nach einem Feuer rasch öffnen, sät sich auf Brandflächen besonders gut aus. Ohne die Brände wäre das absolute Vorherrschen von schattenertragenden Nadelholzarten (Fichten oder Tannen) zu erwarten.
Wie die Erfahrungen in Steppenreservaten ergaben, ist Feuer neben der Beweidung mit eine Voraussetzung für die Erhaltung der Steppenvegetation, weil durch Brände eine zu starke Streuanhäufung vermieden wird, durch die eine Behinderung des Graswuchses eintritt. Auch die Hartlaubvegetation degeneriert leicht, wenn nicht periodisch eine Verjüngung der Gehölze durch Feuer erfolgt. Die Arten regenerieren nach Feuer durch Ausschlagen von den Wurzeln aus oder durch Aussaat der Samen.
Besonders interessant ist die große Zahl der *Pyrophyten* in Australien, d. h. von Arten, die zur Samenausbreitung des Feuers bedürfen. Zahlreiche australische Proteaceen und Myrtaceen besitzen verholzende Früchte, die sich von alleine nicht öffnen. Aber nach kurzer Einwirkung von Feuer bei einem durch das Gehölz laufenden Brand platzen die Früchte auf und die Samen fallen auf den durch die Asche gedüngten Boden. Zu solchen Pyrophyten kann man auch verschiedene *Eucalyptus*-Arten rechnen, ebenso wie bestimmte Kiefernarten, deren Zapfen gleichfalls viele Jahre geschlossen bleiben. Die Kiefernarten der Hartlaubgebiete besiedeln immer Brandflächen.

b Windschäden

Der Wind als mechanischer Faktor kann nur dort wirksam sein, wo er mit besonderer Kraft weht, also vor allem an den Meeresküsten und im Gebirge. Indirekt wirkt sich schon ein leichter Wind durch eine Beeinflussung des Wärmehaushalts eines Biogeozöns aus. Bei starker Einstrahlung wird die Temperatur der Pflanzen bei Wind durch Wärmeaustausch herabgesetzt. Andererseits kann der Wind von benachbarten stark erhitzten Flächen einem Biogeozön mit der warmen Luft Energie zuführen und damit die Verdunstung und Transpiration erhöhen. Auch für die Zufuhr von CO_2 für die Photosynthese spielt der Wind eine gewisse Rolle, doch schließen die meisten Pflanzen bei stärkerem Wind die Stomata, was sich ungünstig auf die Photosynthese auswirkt.
Die Wachstumsbedingungen sind deshalb bei starkem, aus einer bestimmten Richtung wehendem Wind auf der Luvseite eines Baumes ungünstiger als auf der Leeseite. Bei Sturm können auch mecha-

nische Beschädigungen dazukommen. Die Folge ist eine Verformung der Baumkrone, die auf der windgeschützten Seite stärker wächst (Abb. 122 a). Man spricht von *windgepeitschten Bäumen* oder, wenn die Äste auf der Luvseite ganz absterben, von windgescherten (Abb. 122 b). Am Meeresstrand nimmt das Kronendach von Laubwald beständen oft Stromlinienform an.
Allerdings hat es sich gezeigt, daß die Windverformung an den Meeresküsten nicht auf eine direkte Windwirkung, sondern vielmehr auf eine Salzwirkung zurückzuführen ist. Wenn die Luftblasen in den Brandungswellen platzen, so werden kleinste Tröpfchen von Meerwasser in die Luft geschleudert, vom Wind verweht und beim Auftreffen auf einen festen Gegenstand abgelagert (Trübung der Brillengläser, Salzgeschmack auf den Lippen). Das wurde auch experimentell für die Luvseite von Bäumen und Sträuchern nachgewiesen. Das auf der Blattfläche niedergeschlagene Salz dringt in die Blätter durch kleine Cuticula-Risse ein, ruft eine Hypertrophie der Zellen, die zu Sukkulenz führt, hervor und verursacht bei höherer Konzentration ein Absterben. Bäume mit einer Windfahnenform sind deshalb an Meeresküsten besonders häufig. Nicht salzresistente Arten kommen überhaupt nicht vor, z. B. fehlt unsere Kiefer und Fichte an den westlichen Meeresküsten Europas oder auf den Schäreninseln bei Stockholm. Auch im Gebirge sind Windschäden oft die Folge von Sand- oder Schneegebläse. Sandkörner oder Eiskristalle werden vom Wind mit großer Wucht gegen die Pflanzen geschleudert und beschädigen die Sprosse auf der Luvseite. Das gilt aber nur für die Pflanzenteile, die sich nicht höher als etwa 1 m über die Boden- oder Schneeoberfläche erheben, z. B. auf windgefegten Pässen für Polsterpflanzen, die auf der Luvseite meist ganz abgestorben sind. Die Wirkung des Schneegebläses kann man im Sommer an Fichten erkennen, bei denen die unteren Äste, die im Winter durch die Schneedecke geschützt sind, unbeschädigt bleiben, während der mittlere Abschnitt des Stammes kahl ist, weil alle Seitenäste durch das Schneegebläse abgetötet werden; die Krone darüber, die nicht mehr von den Eiskristallen erreicht wird, entwickelt sich normaler und wird nur durch den Wind verformt (vgl. Abb. 122 b).
Schließlich seien noch die Windschäden durch Windbruch erwähnt. Sie sind aus Urwäldern der Laubwaldzone, in der Waldbrände nicht vorkommen, bekannt. In überalterten Beständen können sie zu großen Katastrophen führen. Solche ausgedehnten Windwurfflächen wurden z. B. von den ersten Pionieren erwähnt, die im vorigen Jahrhundert in die aus *Acer saccharinum, Tsuga canadensis* und *Betula*-Arten bestehenden Urwälder in Wisconsin (USA) vordrangen. Für einen Windwurf wurde eine Länge von 60 km und eine Breite von 1 km angegeben. In unseren Forsten kommen Windwürfe vor allem in gleichaltrigen, reinen Fichtenbeständen vor. Die Bäume haben in

Mechanische Faktoren 213

Abb. 122. Windgepeitschte Buche (a) und windgescherte Fichten (b) im Hochschwarzwald (Foto L. KLEIN).

diesen einen hohen schlanken Stamm mit einer unnatürlich kleinen Krone in der Spitzenregion. Sie werden durch böige Westwinde in eine Pendelbewegung gebracht und brechen bei zu großen Ausschlägen ab oder werden entwurzelt. Die Gefahr ist besonders groß, wenn der die Windwirkung abhaltende Waldtrauf mit randständigen bis unten beasteten Stämmen entfernt oder der geschlossene Bestand durch Kahlschläge aufgerissen wird (vgl. Seite 81, Saumschlag).
Auf die Bedeutung des Windes für die Winderosion und die Dünenbildung sei nur hingewiesen.

c Schäden durch Schnee oder Rauhreif

Wenn Bäume im Winter durch eine außergewöhnliche Schnee- oder Rauhreifmenge belastet sind, ist die Windbruchgefahr erheblich größer. Sie wird außerdem bei strenger Kälte noch erhöht, weil gefrorenes Holz sehr spröde ist. Schon ein geringer Wind kann dann *Schneebruch* hervorrufen.

Auffallend ist, daß die Baumkronen der Fichten nahe an der alpinen Baumgrenze sehr spitz werden; dasselbe beobachtet man auch an der polaren Grenze bei Kiefern, die wie eine Telegraphenstange mit kleinen Seitenästen aussehen. Es wird an eine Auslese von spitzkronigen Mutanten durch Schneebruch gedacht. Der Nachweis der genetischen Fixierung der Spitzkronigkeit fehlt aber noch. Gegen diese Ansicht spricht die Tatsache, daß spitzkronige Tannen in Albanien auch an der unteren Tannengrenze vorkommen, wo wie eine Schneebruchgefahr nicht besteht. Wir konnten dasselbe an der unteren Coniferengrenze der Uinta-Mountains im extrem kontinentalen Utah (USA) bei verschiedenen Nadelholzarten beobachten, aber nur an Bäumen, die an trockenen, steinigen Hängen standen, während dieselbe Baumart im feuchten Flußtal, nur etwa 100 m entfernt, breite Kronenformen aufwies. Das spricht mehr für eine Standortsmodifikation, die hier durch Trockenheit, an der oberen oder polaren Baumgrenze vielleicht durch Frosttrocknis bedingt wird.

Man gewinnt den Eindruck, daß unter ungünstigen Umweltbedingungen das Wachstum der Seitenäste stärker gehemmt wird als das des Haupttriebes. Bei Lichtmangel ist das umgekehrte der Fall; denn die Tannen im tiefen Waldschatten nehmen Tischformen an, weil der Haupttrieb kaum Zuwachs zeigt, während die horizontalen Seitenäste stark ausgebildet sind.

An Hängen in schneereichen Gebirgen wird an Buchen oft die Wirkung des *Schneedrucks* beobachtet. Die Stämme verlaufen an der Basis horizontal und dann bogenförmig nach oben. Sie werden im Jugendstadium durch die Schneelast ganz zu Boden hangabwärts gedrückt, wobei diese Stellung im basalen Teil fixiert wird, während sich der obere Teil wieder aufwärts krümmt. Erwähnt sei noch die Wirkung der Schneelawinen. An *Lawinenhängen* ist Baumwuchs nicht möglich. Die Lawinenstraßen werden von Latschen (*Pinus mugo* = *P. montana*) und Grünerlen (*Alnus viridis*) tief herunter bis in die Waldstufe besiedelt, weil ihre elastischen Zweige von der Lawine nicht gebrochen werden. Da das Krummholz an solchen Stellen vor der Konkurrenz der Baumarten geschützt ist, kann es selbst in tiefen Lagen wachsen.

d Verbiß und Tritt

Schäden durch Verbiß entstehen unter natürlichen Bedingungen durch die Konsumenten, z. B. weidende Herbivoren, wie die Großwildherden in Afrika oder früher die Bisonherden in der amerikanischen Prärie oder Antilopen, Wildpferde und Esel in der osteuropäisch-asiatischen Steppe. Heute sind die Viehherden des Menschen an ihre Stelle getreten. Vögel und Nagetiere fressen Früchte und Samen und können dadurch die Verjüngung der Pflanzen durch Samen erschweren. Besondere Bedeutung kommt den phytophagen Insekten zu, namentlich wenn sie in Massen auftreten und schwere Schäden verursachen. Unter natürlichen Bedingungen sind Epidemien selten; viel häufiger treten sie auf, wenn durch den Menschen das Gleichgewicht der Natur gestört wird, oder er unnatürliche gleichaltrige und reine Kulturen anbaut.

Diese tierischen Organismen spielen beim langen Kreislauf im Biogeozön (Seite 148) als Konsumenten eine Rolle. Durch sie kann die primäre Produktion herabgesetzt werden, wobei nicht nur der direkte Verlust an assimilierender Fläche eine Rolle spielt, sondern auch der indirekte, wenn z. B. die Sproßspitzen angefressen werden und die Ausbildung von Blättern erst später durch Ersatzknospen erfolgt. Man denke an einen durch Maikäfer oder Raupen im ersten Frühjahr kahlgefressenen Wald oder an überweidete Wiesengesellschaften, bei denen der Blattflächenindex auf ein Minimum absinkt. In diesem Zusammenhang wären auch die Pflanzenkrankheiten zu nennen, die durch Pilze hervorgerufen werden: *Rhytisma acerinum* erzeugt auf Ahornblättern schwarze Flecken und vermindert auf diese Weise die assimilierende Blattfläche; *Lophodermium pini*, der Schüttepilz der Kiefer, verursacht das Abfallen der Nadeln; *Endothia parasitica* hat in den Wäldern des östlichen Nordamerikas das Aussterben aller *Castanea*-Bäume bewirkt, die vorher in diesen Wäldern z. T. 40–60 % der Derbholzmasse stellten. Dieser Pilz breitet sich jetzt auch im Tessin und im Mittelmeergebiet aus und tötet die Eßkastanien ab.

Im allgemeinen dürften unter natürlichen Verhältnissen nur wenige Prozent der primären Produktion durch tierische Organismen konsumiert werden, doch liegen exakte Zahlen nur für ganz wenige Beispiele vor. Die Zoologen sind meistens noch mit den Vorarbeiten beschäftigt, mit der Bestimmung der Schadinsekten und dem Studium ihres Lebenszyklus sowie der sekundären Produktion. Interessant sind die Beobachtungen der Borkenkäferepidemien im Grand Teton National Park (USA), in dem Kiefern dominieren. Jegliche Eingriffe der Menschen wurden im Park ausgeschaltet, nur die Waldbrände, die oft auf natürliche Weise durch Blitzschlag entstehen, bekämpfte man. Aber gerade das hatte die Borkenkäferepidemien zur Folge, weil zu viele überalterte Bäume stehen blieben, die befallen wurden und von denen aus die Borkenkäfer sich epidemisch ausbreiteten. Seitdem man die natürlichen Waldbrände nicht mehr bekämpft und diese mit dem toten und überaltertem Holz aufräumen, sind die Borkenkäfer auf ein natürliches Ausmaß zurückgegangen.

Wichtig ist der Einfluß der Herbivoren auf die Zusammensetzung der Pflanzengemeinschaften. In den Nationalparks Ostafrikas zerstören die in großer Zahl auftretenden Elefanten den Baumbestand, weil sie die Bäume entrinden; sie begünstigen damit das Grasland. Bei uns beißen in den Wildparks die Hirsche die jungen Triebe von Buchen und Tannen ab, wodurch *Verbißformen* entstehen; das Wachstum dieser Baumarten wird dadurch so stark gehemmt, daß die Fichte die Oberhand gewinnt. Auch auf extensiven Viehweiden kann man verbissene Bäume beobachten (Abb. 123); es bilden sich scheinbar dickstämmige, aber polykormische Hudebäume aus (Abb. 124).

Abb. 123. Verbissene Buchen in allen Stadien des Auswachsens im Schwarzwald (Foto L. KLEIN).

Mechanische Faktoren 217

Abb. 124. Entwicklung eines mehrstämmigen (polykormischen) Baumes aus Verbißformen (vgl. Abb. 123).

Außer dem Verbiß spielt der Tritt von weidenden Herden eine Rolle. Es kommen Wildpfade zur Ausbildung oder im Gebirge auf stark beweideten Hängen die „Viehtreppen" – horizontal übereinander verlaufende Viehpfade. Als Folge des Tritts entstehen bestimmte Trittgesellschaften mit trittresistenten Arten. Durch den Tritt wird eine wesentliche Veränderung der Standortfaktoren bewirkt, insbesondere eine Verdichtung des Bodens und damit eine Luftarmut und geringe Durchlässigkeit desselben: Auf Trittpfaden bleiben Regenpfützen lange stehen. Die Zahl der Mitbewerber ist gering und die Lichtverhältnisse sind günstig. Doch erfolgt die Auslese der Arten durch die mechanische Beschädigung. Trotzdem kann man die Trittpflanzen nicht als eine ökologisch einheitliche Gruppe bezeichnen; denn es sind sehr verschiedene Eigenschaften, durch die sie im Einzelfall trittresistent werden.

Der Erhaltung der vegetativen Organe dienen: 1. Kleinheit der Arten (*Poa annua*), 2. starke Verzweigung an der Bodenoberfläche (*Trifolium repens*) oder Rosetten (*Plantago major*), 3. geringe Größe der Blätter (*Polygonum aviculare*), 4. Stoffspeicherung unter der Bodenoberfläche und Regenerationsfähigkeit (*Agropyrum repens*), 5. Festigkeit der Gewebe des Stengels (*Cichorium intybus*) usw.

Die Vermehrung wird sichergestellt: 1. durch starke vegetative Vermehrung (*Potentilla anserina*), 2. durch kleine harte Samen (*Capsella bursa-pastoris*), 3. durch kleine Blüten, die nicht beschädigt werden (*Polygonum aviculare*), 4. durch kurze Entwicklungszeit (*Poa annua*), 5. durch große Samenzahl (*Matricaria matricarioides*), 6. durch Epizoochorie (*Juncus macer*).

Der Lebensbereich der Trittpflanzen liegt zwischen zu starkem, die gesamte Vegetation vernichtendem Tritt und zu schwachem, durch den der Wettbewerb der raschwüchsigen Wiesenarten nicht ausgeschaltet wird.

8 Der Abbau der organischen Verbindungen im Boden

a Die Destruenten

Diese Bodenorganismen zerstören die in den Boden gelangenden toten, meist hochmolekularen organischen Verbindungen bis zur völligen Mineralisierung. Die Zersetzung erfolgt in vielen einzelnen Stufen, z. T. direkt, z. T. jedoch über bestimmte Nebenprodukte – die *Humusstoffe* –, die sich im Boden anreichern und nur langsam weiter abgebaut werden. Die Gruppe der Destruenten ist sehr heterogen. Zu Beginn des Abbaus sind kleine tierische Organismen beteiligt, zum Schluß dagegen die Mikroorganismen. Doch greifen die einzelnen Abbauvorgänge so ineinander, daß man sie nicht klar scheiden kann.

Nicht alle im Boden lebenden tierischen Organismen gehören zu den Destruenten. Der Fuchs und der Dachs sind Raubtiere, die Nager sind Herbivoren, die aber ihre Nahrung nachts über dem Boden suchen und nur am Tage sich in den unterirdischen Bauten aufhalten. Andere Herbivoren ernähren sich von den unterirdischen Pflanzenorganen, z. B. die Maulwurfsgrille oder die Engerlinge, bzw. sie saugen an lebenden Wurzeln, wie die Nymphen der Zikaden oder die Nematoden. Sie gehören somit zu den Konsumenten Zu den Destruenten rechnen wir nur die kleinsten *Saprophagen,* die sich von der toten organischen Substanz ernähren. Sie leiten deren Abbau ein.

Außerdem gibt es auch viele, ständig im Boden lebende Rauborganismen, relativ große wie der Maulwurf bis hinunter zu sehr kleinen, den räuberischen Arthropoden, Fadenwürmern oder Protisten. Auch sie müssen wir zu den Konsumenten rechnen, obgleich sie für die Destruenten von Bedeutung sind, indem sie dafür sorgen, daß nicht eine Gruppe zu sehr überhandnimmt. Sie regulieren also das biologische Gleichgewicht im Boden.

Innerhalb einer Gruppe, z. B. der Fadenwürmer (Nematoden), gibt es außer den vielen Saprophagen auch einzelne Parasiten und Räuber. Dasselbe gilt für die Milben unter den Spinnentieren oder für die Tausendfüßler, Urinsekten und für die anderen Insekten mit ihren Larven.

Die Saprophagen im Boden gehören zu sehr vielen Tiergruppen, z. B. Würmern (Nematoden, Oligochäten wie Regenwürmer und Enchyträen u. a.), Mollusken (Bodenschnecken mit und ohne Schale), Spinnentieren (bestimmte Milbengruppen), Tausendfüßler, Asseln, Insekten (Urinsekten, Larven sowie ausgewachsene Formen der eigentlichen Insekten) u. a. Je kleiner die Organismen sind, desto größer ist im allgemeinen ihre Individuenzahl. So werden als Durchschnittszahlen pro 10 ml von Wald- und Wiesenböden angegeben (nach GISIN): 30000 Nematoden, 1000 Collembolen (Springschwänze), 2000 Acarinen (Milben), 100 Arthropoden, 50 Enchy-

träiden (Borstenwürmer), 2 Lumbriciden (Regenwürmer).
Es ist äußerst schwer, quantitative Angaben über die Biomasse im Boden zu geben. Sie schwankt sehr stark, je nach Klima, Standort und Bodenschicht. Wir begnügen uns mit folgendem Beispiel:

Tab. 16. Biomasse der Bodentiere (g/m^2) in einem Eichenwald der Pfalz (nach VOLZ).

	Lumbriciden	Nematoden	Klein-Arthropoden	Thekamöben
Blattstreu	0,432	0,062	0,182	0,032
lockere Bodenauflagen	1,873	0,352	1,177	0,021
Mullboden (bis 25 cm)	26,490	14,740	1,350	0,530
insgesamt	28,795	15,154	2,709	0,583

Zusammen würden diese Tiergruppen 47,241 g/m^2 oder 472 kg/ha, also fast $^1/_2$ t/ha erreichen. Bei einem Buchenwald mit Rohhumus daselbst waren es zusammen mit den überwiegenden Engerlingen nur 173 kg/ha.
Vollständigere Angaben liegen für einen Eichenwald mit Mullboden in Dänemark und einen Buchenwald mit Rohhumus in Holland vor (Tab. 17).

Tab. 17. Gesamtmenge von vier Bodentiergruppen im Waldboden in g/m^2 (nach BORNEBUSCH und VAN DER DRIFT).

	Herbivoren	Raubtiere	größere Destruenten	kleinere Destruenten	insgesamt
Eichenwald	11,2	1,1	66,0	2,2	80,5
Buchenwald	4,7	2,9	4,2	3,8	15,6

Für eine Schweizer Kulturwiese werden an Bodentieren 526,8 g/m^2 genannt, wobei auf die Regenwürmer allen 400,0 g/m^2 entfielen (nach STÖCKLI und KOFFMANN). Das wären über 5 t/ha.
Die Rolle, die diese tierischen Saprophagen beim Abbau spielen, ist folgende:
1. Sie zerkleinern und vergrößern die Oberfläche der pflanzlichen und tierischen Reste, die für Bakterien und Pilze dadurch zugänglicher werden.

2. Sie verändern chemisch die organische Substanz, indem sie diese in ihre Exkremente überführen.
3. Sie vermischen die organische Substanz mit mineralischen Bodenteilchen, verteilen sie in den oberen Horizonten und fördern damit die Humusbildung.

Die Bedeutung der tierischen Destruenten für die Bildung von mildem Humus muß besonders hervorgehoben werden. In Böden mit Rohhumusbildung treten die tierischen Destruenten gegenüber Pilzen stark zurück. Ebenso spielen sie in tropischen Böden mit fast fehlender Humusbildung nur eine geringe Rolle.

b Die Streuzersetzung

Die Zersetzung der Streu verläuft je nach Standort, Jahreszeit und Art der Pflanzen, von denen Streu geliefert wird, verschieden rasch. In den Tropen kann ein Blatt am Boden in wenigen Wochen abgebaut werden, in den Mullböden der gemäßigten Zone dauert es dagegen 8–15 Monate. In sechs Monaten (Januar bis Juni) verlor in England die Blattstreu an Trockengewicht: von Birken 82,9 %, von Linden 55,6 % und von Eichen 17,4–26,2 %. Die Zersetzung erfolgt um so rascher, je kleiner das C/N-Verhältnis in der Streu ist; Gehalt an Harzen und Gerbstoffen wirkt stark hemmend.

Die Zersetzung des Laubes dauert 1 Jahr bei Erle, Esche und Ulme, $1^{1}/_{2}$ Jahre bei Traubenkirsche und Hainbuche, 2 Jahre bei Linde und Ahorn, $2^{1}/_{2}$ Jahre bei Eiche, Birke und Zitterpappel, 3 Jahre bei Fichte und Buche, über 3 Jahre bei Kiefer und über 5 Jahre bei Lärche (nach WITTIG).

Schematisch ist der Streuzerfall bei einem Mullboden auf Abb. 125 wiedergegeben, wobei speziell auf die Rolle der tierischen Saprophagen hingewiesen wird. Parallel zu diesen setzt von Anbeginn an die Tätigkeit der Mikroorganismen ein, die einen Teil sofort mineralisieren, während namentlich aus den Kotteilchen der Tiere als Nebenprodukt die beständigeren Humussubstanzen gebildet werden. Bei Mullböden entfallen auf letztere weniger als ein Viertel der ursprünglichen organischen Masse.

In den ersten Wochen werden aus den abgefallenen Blättern Zucker, organische Säuren und Gerbstoffe durch den Regen ausgelaugt, wobei sich das tote Gewebe dunkler färbt. Erst dann wird die Streu für die Saprophagen genießbar, so daß eine Zerkleinerung durch diese einsetzen kann. Nur die Pilze vermögen frühzeitig in die toten Blätter einzudringen. Die Umwandlung der Streu in tierische Exkremente beschleunigt die Bakterientätigkeit. Der Anteil der schwerverdau-

Abb. 125. Abbau der Buchenstreu und Mullbildung (Vogelsberg) in 5 im Waldboden aufeinander folgenden Zersetzungsphasen (nach ZACHARIAE, aus SCHALLER).

Der Abbau der organischen Verbindungen im Boden 221

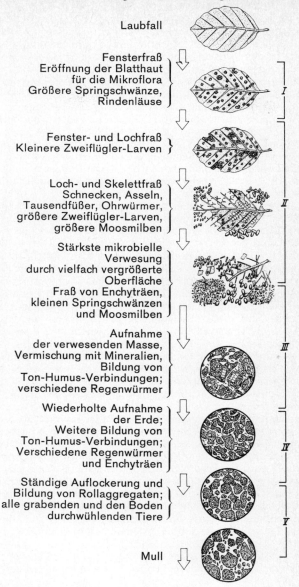

Laubfall

Fensterfraß
Eröffnung der Blatthaut
für die Mikroflora
Größere Springschwänze,
Rindenläuse } I

Fenster- und Lochfraß
Kleinere Zweiflügler-Larven }

Loch- und Skelettfraß
Schnecken, Asseln,
Tausendfüßer, Ohrwürmer,
größere Zweiflügler-Larven,
größere Moosmilben } II

Stärkste mikrobielle
Verwesung
durch vielfach vergrößerte
Oberfläche
Fraß von Enchyträen,
kleinen Springschwänzen
und Moosmilben

Aufnahme
der verwesenden Masse,
Vermischung mit Mineralien,
Bildung von
Ton-Humus-Verbindungen;
verschiedene Regenwürmer } III

Wiederholte Aufnahme
der Erde;
Weitere Bildung von
Ton-Humus-Verbindungen;
Verschiedene Regenwürmer
und Enchyträen } IV

Ständige Auflockerung und
Bildung von Rollaggregaten;
alle grabenden und den Boden
durchwühlenden Tiere } V

Mull

lichen Lignine steigt im Kot im Vergleich zur Nahrung an. Sie bilden als aromatische Verbindungen auch die Grundlage für den Humus. Doch kann dieser durch Synthese und Polymerisation aus den verschiedensten Verbindungen der Streu entstehen. Das C/N-Verhältnis nimmt bei der Mullbildung laufend ab.

Eine besondere Rolle für die Durchmischung der Streu mit den tonigen Bestandteilen des Bodens kommt den *Regenwürmern* zu, worauf schon DARWIN hinwies. Sie fressen die Pflanzenreste und legen die Losung in charakteristischen Häufchen auf der Bodenoberfläche ab. In diesen lassen sich pro 1 g bis zu 52 Millionen Bakterien nachweisen (5mal mehr als im Darminhalt) und die Bedingungen für die Bildung von Ton-Humus-Komplexen sind besonders günstig. Die Regenwurmlosung ist viel phosphorreicher als der Boden: sie enthält 300 % mehr an lactatlöslicher Phosphorsäure und 40 % mehr an Stickstoff (GRAFF 1970).

Die Regenwürmer verlangen einen gut durchlüfteten, tonhaltigen Boden mit einem pH-Wert von 5,8–8,3 (Optimum: pH = 7–7,8). Bei Kälte oder Trockenheit weichen sie in die Tiefe aus (2,5 m tief und mehr). Sie erreichen ein Alter von 4–10 Jahren. Durch die Wurmgänge wird der Boden aufgelockert; in einem Jahr kann von Regenwürmern eine Schicht von 1 cm an Kotteilchen über die Bodenoberfläche geschichtet werden. Ihre Zoomasse erreicht unter Grasland 20–80 g/m^2 oder 200–800 kg/ha, in Wäldern etwa halb so viel; sie ist somit größer als die durchschnittliche Masse der Menschen in den dicht besiedelten Teilen Europas auf der gleichen Fläche. Im Eichenwald der Waldsteppe wurden 65 Regenwürmer pro m^2 gefunden.

Eine Durchmischung des Bodens findet auch durch Ameisen statt, und in den Tropen durch Termiten. In Steppen spielen die Nagetiere mit unterirdischen Bauten eine sehr große Rolle. Zum Teil reichen die Bauten in beträchtliche Tiefe hinab; in die Gänge wird im Schwarzerdegebiet Osteuropas nach Verlassen der Bauten Humus aus den oberen Bodenschichten hineingeschwemmt, so daß sie sich als „Krotovinen" im hellen C-Horizont scharf hervorheben. In den Steppen der Mongolei wurden auf einer Fläche von 500000 ha pro Hektar etwa 1000–3000 Bauten von Nagern (*Microtus brandtii*) gezählt. Es wird auf diese Weise der Boden periodisch umgelagert.

Langsamer als die Laubstreu wird in den Wäldern das Holz abgebaut. Bei Trockenheit tritt ein Zerfall durch die Tätigkeit holzzerstörender Insekten ein, wobei in den Tropen die Termiten besonders intensiv arbeiten. Bei uns sind es überwiegend Käfer und Dipteren mit ihren Larven, die das Holz zerkleinern. Bei Feuchtigkeit findet der Abbau hauptsächlich durch Pilze, insbesondere Basidiomyceten (Polyporaceen u. a.), aber auch Ascomyceten (*Xylaria, Diatrype, Nectria* u. a.) statt. Bei sehr großer Nässe, unter anaëroben Verhält-

Der Abbau der organischen Verbindungen im Boden 223

nissen tritt eine Massenentwicklung von Nematoden und Bakterien ein. In Mitteleuropa dauert es weit über ein Jahrzehnt, bis ein Baumstamm zersetzt ist, in den Tropen bei gegen Termiten resistentem Holz etwa 5 Jahre (sonst viel weniger), nahe an der polaren Baumgrenze über ein Jahrhundert. Zersetztes Holz liefert ein sehr saures,

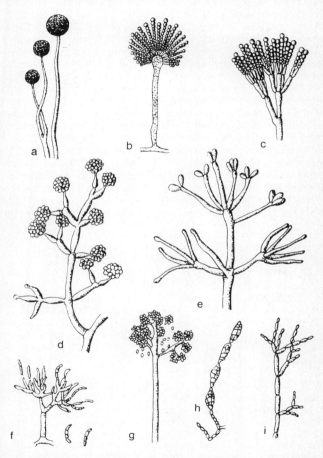

Abb. 126. Mikroskopische Bodenpilze: a *Mucor*, b *Aspergillus*, c *Penicillium*, d *Trichoderma*, e *Verticillium*, f *Fusarium*, g *Botrytis*, h *Alternaria* und i *Cladosporium* (aus KAS).

224 Ökologische Geobotanik

nährstoffarmes Substrat, auf dem sich acidophile Arten der Bodenflora einstellen, selbst bei Kalkgesteinsböden (vgl. Seite 130).
Zu den Mikroorganismen im Boden rechnen wir Bakterien und Actinomyceten, die mikroskopischen Pilze (Hefen und Schimmelpilze, Abb. 126), Algen (blaugrüne und grüne) sowie Kieselalgen (Abb. 127) und Protisten (Abb. 128). Dazu kommen filtrierbare Mikroben, Bakteriophagen und Viren.
Autotrophe Algen, die somit keine Destruenten sind, leben nur in der obersten Bodenschicht, in die das Sonnenlicht noch eindringt. Sie können aber auch tiefer herabgeschwemmt werden und dann eine Zeitlang sich heterotroph ernähren. Von den Schimmelpilzen findet man auf noch wenig zersetzten Pflanzenteilen *Aspergillus*-, *Penicillium*-, *Gliocladium*- und *Verticillium*-Arten, auf humifizierter organischer Substanz mehr *Mucor*- und *Rhizopus*-Arten, auf Ligninstoffen langsam wachsende Schimmelpilze (Fungi imperfecti) wie *Alternaria*, *Acrothecium*, *Cladosporium*, *Trichothecium* u. a. Stickstoffreiche organische Stoffe werden zunächst von Actinomyceten und dann erst von Schimmelpilzen befallen. In mit Wasser gefüllten Spalten, Wurzelgängen oder Wurmröhren leben die Protozoen. Mit zunehmender Tiefe und schlechter Durchlüftung nehmen anaërobe Bakterien zu.
Auch unter den Mikroben spielt der Wettbewerbsfaktor eine Rolle; andererseits sind Nahrungssymbiosen von Bedeutung. Wir dürfen von Mikrobenassoziationen und -sukzessionen sprechen, wobei Stoff-

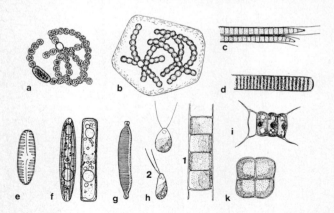

Abb. 127. Bodenalgen: a *Anabaena circinalis*, b *Nostoc commune*, c *Phormidium autumnale*, d *Oscillatoria limosa*, e *Pinnularia borealis*, f *P. viridis*, g *Hantzschia amphioxys* var. *capitata*, h *Hormidium flaccidum* (1 Fadenstück, 2 Schwärmsporen), i *Scenedesmus quadricauda*, und k *Pleurococcus vulgaris* (aus KAS).

wechselprodukte und Antibiotika sicher einen gewissen Antagonismus bedingen.

Zur Aufklärung dieser Beziehungen dient die Klatschpräparat-Methode nach CHOLODNY: Objektträger, die auch mit einer dünnen Agarschicht ohne Nährstoffe bedeckt sein können, werden in kleinen Gruben auf senkrecht scharf abgeschnittenen Boden aufgedrückt, die Gruben darauf zugeschüttet und die Objektträger nach 1–3 Wochen herausgenommen, um auf ihnen angesetzte Mikroben nach Fixierung zu untersuchen. Auf diese Weise will man die aktive Mikrobenflora erfassen, was mit der üblichen Verdünnungsmethode nicht möglich ist. Eine gewisse Auskunft gibt auch die Direktbeobachtung an Bodenpartikeln mit einem Spezialmikroskop nach KUBIENA, doch steckt diese Methode noch ganz in den Anfängen.

Tab. 18 gibt Auskunft über die Menge der Mikroben in den oberen 15 cm einer fruchtbaren Ackerkrume.

Nach STRUGGER beträgt die gesamte Bakterienmasse 0,03–0,28% des Bodengewichts.

Protozoen sind meist Räuber, die von Bakterien leben, also keine Destruenten im eigentlichen Sinne.

Man kann drei Bodentypen unterscheiden, die durch eine verschiedene Zusammensetzung ihrer Mikroflora gekennzeichnet sind: 1. den sauren Typ (z. B. Podsolböden), 2. den gemischten Typ (z. B.

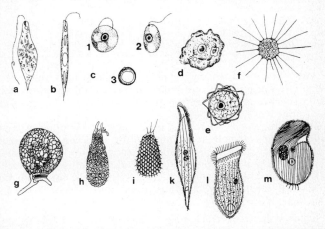

Abb. 128. Flagellaten und Bodenprotozoen: a *Euglena viridis*, b *Euglena acus*, c *Oicomonas termo*, (1, 2 aktive Formen, 3 Cyste), d *Amoeba verrucosa*, e *Hartmanella* sp. (Cyste), f *Actinophrys sol*, g *Nebela bohemica*, h *Difflugia oblonga*, i *Euglypha ciliata*, k *Lionotus fasciola*, l *Spathidium holsatiae* und m *Colpidium colpoda* (aus KAS).

Tab. 18. Mikrobenanzahl in der Ackerkrume (nach STÖCKLI)

Organismengruppe	Anzahl (in 1 g Boden)	Gewicht kg/ha
Bakterien	600 000 000	10 000
mikroskopische Pilze	400 000	10 000
Algen	100 000	100
Protozoen (in 1 ml)	1 500 000	370

Schwarzerden) und 3. den basischen Typ (z. B. Buroseme = braune Halbwüstenböden). Ihr Biogenitätswert wird nach LAZAREW durch die Gesamtmenge der Mikroben umgerechnet auf 100 mg Gesamtstickstoff ausgedrückt:

Tab. 19. Biogenitätswert verschiedener Bodentypen (nach LAZAREW)

Bodentypus	saurer	gemischter	basischer
Gesamtmikrobenmenge in Millionen	50–150	650–1020	1200–2300
In Tausenden:			
Azotobacter	bis 1	10–100	100–1000
Nitrifikationsbakterien	0	1000	10 000
Aërobe cellulosezersetzende	10–100	1000	10 000
α-humatemineralisierende	50–400	500–10 000	22 000
β-humatemineralisierende	bis 500	1000–10 000	100 000

Die Abbauketten im Boden beginnen mit Fäulnisbakterien, die Eiweißstoffe zersetzen, oder mit mikroskopischen Pilzen und Kokken, die eine Verwesung stickstoffarmer Verbindungen einleiten (Cellulose, Lignine u. a.).
Sie werden fortgesetzt durch Mikroben, die eine Mineralisierung der gebildeten leicht abbaubaren Humusstoffe bewirken. Unter diesen findet man auch aërobe N-bindende, nitrifizierende und organische Phosphorverbindungen abbauende Bakterien. Weniger zahlreich ist die Gruppe der Mikroorganismen, die stabile Ca-Humate oxidieren.
Die Mineralisierung der Phosphorverbindungen vollzieht sich nach dem Schema:

Nucleoproteide $\rightarrow$ Nucleine $\rightarrow$ Nucleinsäuren $\rightarrow$ Phosphate
oder Lecithin $\rightarrow$ Glycerinphosphorsäure-Ester $\rightarrow$ Phosphate

Basidiomyceten, die man nicht zur Mikroflora rechnet, spielen bei der Mykorhizabildung und als Ligninzersetzer unter aëroben Bedingungen eine wichtige Rolle in sauren Waldböden.

Eine vollkommene Mineralisierung ist für die Bodenfruchtbarkeit nicht optimal, weil die Humusstoffe die Hauptnährstoffträger sind. Humusarme tropische Böden sind unfruchtbar.
Eine besondere Bedeutung kommt im Boden der *Rhizosphäre* zu, d. h. der engsten Umgebung der Pflanzenwurzeln, in der man die größte Anzahl von Mikroben findet, wie aus Tab. 20 zu ersehen ist.

Tab. 20. Bakterienzahl und Pilze in verschiedener Entfernung von der Wurzel (nach STOKLASA)

Probenentnahmestelle	in Millionen je 1 g Boden			
	Bakterien insgesamt	N-bindende Bakterien	Actinomyceten	Pilze
Klee (437 Vegetationstage)				
30 cm von der Hauptwurzel	16,2	11,8	5,8	0,216
unmittelbar an der Hauptwurzel	28,0	16,6	4,4	0,2
auf der Wurzeloberfläche	3470,0	2,9	50,0	2,12
Roggen (113 Vegetationstage)				
30 cm von der Hauptwurzel	22,8	13,2	8,4	0,296
unmittelbar an der Hauptwurzel	93,2	35,6	10,2	0,496
auf der Wurzeloberfläche	653,4	300,0	8,6	2,78

Am stärksten besiedelt werden die Wurzelhaare. Die starke Anreicherung der Mikroben in der Rhizosphäre ist auf die Wurzelausscheidungen zurückzuführen (Zucker, Aminosäuren, organische Säuren, Nucleotide, Phosphatide, Vitamine). Bei Leguminosen sind es mehr stickstoffhaltige Verbindungen, bei Getreide überwiegend Glycide und organische Säuren. Deswegen ist die Rhizosphärenflora bei Leguminosen besonders reich (N-bindende ausgenommen) und die Bodenatmung eines Leguminosenackers sehr intensiv.
Die Rhizosphäre ist für die Ernährung und den Gesundheitszustand der Pflanzen von Bedeutung, denn auch die Mikroben scheiden biotisch wichtige Stoffe aus, wie Wuchsstimulatoren, Antibiotika u. a., die von den Wurzeln aufgenommen werden. Für jede Pflanzenart dürften bestimmte Mikrobenassoziationen bezeichnend sein. Das gilt auch für die Holzpflanzen.
Diese Spezifität der Rhizosphärenflora ist wahrscheinlich auch der Hauptgrund für die Erscheinung der *Bodenmüdigkeit*, d. h. für die Tatsache, daß die Erträge zurückgehen, wenn man dieselbe Pflanzenart selbst bei reichlicher Düngung auf der gleichen Fläche mehrmals hintereinander anbaut. Man nimmt an, daß in solchen Fällen in der Rhizosphäre bestimmte Mikrobenarten mit der Zeit überhandnehmen; die Mikroflora wird artenärmer, so daß sich toxisch

wirkende Stoffwechselprodukte anreichern können. Eine teilweise Bodensterilisierung wirkt sich deshalb meistens günstig aus. Völlig geklärt ist jedoch das Problem der Bodenmüdigkeit noch nicht. Die Aktivität der Mikroorganismen im Boden hängt sehr stark von der Feuchtigkeit ab. Schon bei einer Hydratur unter 96% hört sie auf. Doch können in trockenen Böden die Bakterien im Darm der tierischen Organismen ein ihnen zusagendes Milieu finden. Bei zu hohem Wassergehalt des Bodens werden die aëroben Organismen ausgeschaltet. In sauren Böden findet keine Nitrifikation statt und der mineralisierte Stickstoff liegt als Ammonium vor. Der in Kulturböden allgemein verbreitete Stickstoffbinder, *Azotobacter*, läßt sich in sauren Waldböden nicht nachweisen.

c Die Humusstoffe

Je nach den Standortsbedingungen und den Pflanzenarten, von denen die Streu stammt, entstehen beim Abbau der organischen Substanz sehr unterschiedliche Humusstoffe. Bei stark saurer Reaktion und beim Überwiegen der Pilze unter den Destruenten werden vorwiegend *Fulvosäuren* gebildet, die durch Polymerisation in die Humoligninsäuren übergehen. Diese sind in Wasser nur kolloidal löslich und verbinden sich leicht mit Eisenoxidhydratgelen. Die Humoligninsäuren spielen im *Rohhumus*, der besonders für die Nadelwälder typisch ist, und im Hochmoortorf die Hauptrolle. Diese Humusarten sind stickstoffarm und werden sehr langsam abgebaut. Der Harz- und Gerbstoffgehalt der Streu von Nadelbäumen und Ericaceen-Zwergstraucharten bedingt die Armut solcher Böden an tierischen Destruenten und begünstigt die Pilze. Im Rohhumus läßt sich meistens die Zellstruktur der Pflanzengewebe gut erkennen.
In leicht alkalischen Böden (mit $CaCO_3$) sind tierische Destruenten viel zahlreicher, ebenso Bakterien, während die Pilze zurücktreten. Bei Anwesenheit von Ammoniak und Zutritt von Sauerstoff bilden sich namentlich in Kotteilchen *Huminsäuren*. Sie enthalten bis zu 5% an ins Molekül eingebautem Stickstoff, sind amorph und verbinden sich mit Kalk zu unlöslichen Ca-Humaten, die durch Verkleben der Bodenteilchen dem Boden eine günstige Krümelstruktur verleihen. Es entsteht der *milde Humus* oder *Mull*, der aktiv ist und rascher zersetzt wird. Ca-Humate bilden mit Tonmineralien stark quellende *Ton-Humus-Komplexe* mit großer Adsorptionskraft für Nährstoffe. Solche Böden besitzen eine gute Durchlüftung und günstige Wasserkapazität sowie einen hohen Nährstoffgehalt.
Eine Mittelstellung zwischen Rohhumus und Mull nimmt eine Humusart ein, die man als *Moder* bezeichnet. In ihm sind noch vereinzelte Pflanzenreste zu erkennen. In Osteuropa steigt das Verhältnis von Humussäuren (C_h) zu den Fulvosäuren (C_p) von den Podsolböden der Nadelwälder mit $C_h/C_p = 0,2$ über die Böden der gemisch-

ten Waldzone mit 0,5 bis zu den Laubwäldern der Waldsteppe auf 0,8.
Besonders günstig für die Bildung von mildem Humus sind die Verhältnisse in den Grassteppen. Während in Wäldern die Streu sich auf der Bodenoberfläche anreichert und beim Abbau nur langsam in den mineralischen Boden einverleibt wird, besteht die Phytomasse der Grassteppen in Osteuropa zu 84–91 % aus unterirdischen Teilen. Auch von der primären Produktion sind 64–77 % im Boden. Die tote organische Masse bildet deshalb beim Abbau mächtige mit mineralischem Boden durchmischte Humushorizonte, die der Schwarzerde (Tschernosem) die große Fruchtbarkeit verleihen. Der Stickstoffvorrat in den obersten 30 cm beträgt etwa 16 000 kg/ha, so daß er bei Getreideanbau für etwa 200 Jahre reicht.
Die Geschwindigkeit der Mineralisierung und des Humusabbaus im Boden hängt bei günstigen Feuchtigkeitsbedingungen sehr stark von der Temperatur ab. Niedrige Temperaturen hemmen den Abbau der organischen Substanzen stärker als die Produktivität der Pflanzendecke. Deswegen kommt es vom Äquator polwärts oder im Gebirge in zunehmend höheren Lagen zu einer immer stärkeren Anreicherung an Humus.
In den feuchten Tropen verläuft der Abbau so rasch, daß die Böden praktisch humusfrei sind. Im gemäßigten Klima geht der Abbau schon 6–10mal langsamer vor sich, so daß es in allen reifen Böden unter natürlichen Bedingungen zu einer erheblichen Humusanhäufung kommt. Noch stärker ist diese in der Tundra oder in der alpinen Stufe. Nur in den Kältewüsten produziert die spärliche Pflanzendecke so wenig an organischer Substanz, daß die Humusmenge sehr gering ist. Auch mit zunehmender Aridität des Klimas unter vergleichbaren Temperaturverhältnissen werden die Böden humusärmer, weil die primäre Produktion der Pflanzendecke rascher absinkt als der Abbau im Boden.
Bei den streu- und humusarmen Böden der Tropen befindet sich das gesamte Nährstoffkapital des Biogeozöns in der natürlichen lebenden Pflanzenmasse, von der jährlich ein Teil abstirbt, in den Boden gelangt und rasch mineralisiert wird. Die auf diese Weise frei werdenden Nährstoffe werden sofort von den Wurzeln aufgenommen und wieder der Phytomasse einverleibt. Das aus dem Biogeozön abfließende überschüssige Wasser hat die Leitfähigkeit von destilliertem Wasser; es kann aber durch Humuskolloide bräunlich gefärbt sein. Eine Auslaugung von Ionen aus dem Boden durch die starken Regen findet somit nicht statt; sie würde mit der Zeit unweigerlich zu einer Verarmung des Biogeozöns führen; denn die Böden sind unter der zonalen Urwaldvegetation der Tropen so tief verwittert, daß das unveränderte Muttergestein von den Wurzeln nicht erreicht wird und deshalb keine Nährstoffe nachliefern kann. Eine Rodung der Pflan-

zendecke durch den Menschen führt zum Verlust des größten Teils vom Nährstoffkapital.
Je streu- und humusreicher die Böden in den höheren Breiten sind, ein desto größerer Anteil der Gesamtnährstoffe des Biogeozöns ist im Boden enthalten, wobei aktiver milder Humus stets günstiger ist als der nährstoffarme Rohhumus. Da bei den Steppen auch der größte Teil der lebenden Phytomasse sich im Boden befindet und beim Umbruch durch den Pflug die oberirdische krautige Phytomasse ebenfalls in den Boden gelangt, findet bei der Inkulturnahme überhaupt kein Nährstoffverlust statt. Dasselbe gilt für die Moore mit Torfboden; aber ihr Rohhumus ist so nährstoffarm und zersetzt sich so langsam, daß die darauf angebauten Kulturpflanzen ohne besondere Maßnahmen doch unter Nährstoffmangel leiden. Es wachsen auch unter natürlichen Verhältnissen auf solchen Böden nur sehr anspruchslose Arten.
Daß der Boden mit seinem abiotischen und biotischen Teil eine untrennbare Einheit bildet, darüber sind sich alle einig. Aber der Pedologe beschränkt sich praktisch auf die Untersuchung des abiotischen Teiles; nur KUBIENA stößt bei den mikroskopischen Bodenstudien stets auf die Tätigkeit der Bodenorganismen. Zum biotischen Teil gehören die Wurzeln. Mit den Pflanzenarten über dem Boden beschäftigt sich der Vegetationskundler, aber ihre Wurzelsysteme sind ein meist vernachlässigtes Stiefkind. Die Arten des Makro- und Meso-Edaphons werden von einigen Spezialisten unter den Zoologen untersucht. Die Mikroflora ist das Studienobjekt weniger Mikrobiologen, die sich dabei meistens entweder auf die Bakterien oder die Pilze spezialisieren, während die Algen und die Protozoen nur selten mitbehandelt werden.
Daß es unter diesen Umständen schwer ist, ein abgerundetes Bild von den Verhältnissen im Boden zu geben, wird man verstehen; denn die Untersuchungen der verschiedenen Wissenschaftler werden nicht gemeinsam und gleichzeitig an ein und demselben Objekt durchgeführt, sondern unabhängig von einander und an verschiedenen.
Die Situation ist bedeutend ungünstiger als bei den Biozönosen soweit es ihren über der Erde befindlichen Teil betrifft; denn in diesen überwiegt die Rolle der Pflanzen so stark, daß es sich eher verantworten läßt, sie gesondert zu behandeln. Beim Boden dagegen sind alle Teile von mitbestimmender Bedeutung.

9 Analyse der Stoffproduktion

Nur für wenige Pflanzengemeinschaften liegen genügend genaue Zahlen vor, um eine solche Analyse zu ermöglichen. Die erste Erfassung der einzelnen Zahlenwerte von der Photosynthese der Blätter bis zu den einzelnen Beträgen, aus denen sich die primäre Produktion

des Bestandes zusammensetzt, erfolgte von forstlicher Seite für verschiedene Buchenbestände in Dänemark (MÖLLER, MÜLLER und NIELSEN).
Man ging von folgender Formel aus:

$$Na - R - Bv - Av - Wv - Z - S = 0$$

Es bedeuten dabei (alle Werte in Tonnen pro Hektar):
Na = Netto-Assimilation der Blätter (= Brutto-Produktion)
R = Respiration, also Atmung von Stamm, Ästen und Wurzeln sowie der Blätter nachts
Bv = Blattverlust beim Laubfall
Av = Astverlust durch Abwerfen
Wv = Wurzelverlust, der nur geschätzt werden kann
Z = Massenzuwachs an Holzmasse (oberirdisch und unterirdisch)
S = Samenproduktion (nur in guten Samenjahren von Belang).

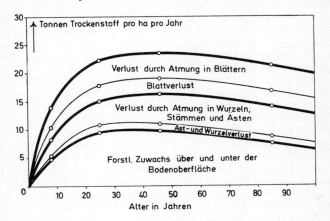

Abb. 129. Produktionskurve eines Buchenwaldes (II. Bonität) in Dänemark. Oberste Kurve = Bruttoproduktion der Baumschicht, mittlere (dicke) Kurve = Nettoproduktion der Blätter, unterste Kurve = Holzproduktion über und unter der Erde.

Das erhaltene Produktionsschema zeigt Abb. 129. Wir sehen, daß Na = gesamte gebildete Assimilatmenge oder Brutto-Produktion (oberste Kurve), bei jungen Beständen rasch zunimmt, da der Blattflächenindex ebenfalls bis zu etwa 25 jährigen Beständen ansteigt. Dann bleibt er konstant, ebenso wie die Assimilatmenge. Erst bei über 70 jährigen Beständen macht sich ein leichter Abfall der Kurve bemerkbar. Von der Bruttoproduktion gehen 43 % durch die Atmungsverluste (R) der Blätter (nachts), sowie der nicht grünen Teile (Wurzeln, Stämme, Äste) verloren. Der Rest ist die *primäre Produktion*, die sich aus der Blatt- und Zweigstreu, den nur geschätzten Wurzelverlusten, dem Holzzuwachs des Stammes und der Wurzeln (Z) sowie einer evtl. Samenproduktion (S) zusammensetzt. Diese primäre Produktion beträgt maximal 13,5 t/ha pro Jahr oder 57 % der Brutto-Produktion. Den Forstmann interessiert hauptsächlich die Holzproduktion, die ihr Maximum bei 30jährigen Beständen erreicht, aber bei etwas älteren mit 9,0 t/ha kaum abnimmt und selbst bei über 90jährigen Beständen noch so groß ist, daß eine Umtriebszeit von 120 Jahren zur Anwendung kommt. Vom gesamten Holzzuwachs des Stammes lassen sich im Mittel 6 t/ha wirtschaftlich verwenden.

Eine ganz ähnliche primäre Produktion mit 12 t/ha an Trockenmasse (Holzzuwachs 7 t/ha) wurde bei einem westeuropäischen Laubmischwald gefunden (DUVIGNEAUD), aber auch bei einem Kalk-Buchenwald in Polen (MEDWECKA-KORNAŚ) mit 11,2 t/ha (Holzzuwachs 7,1 t/ha). Für die sehr genau untersuchten Eichenwälder in der osteuropäischen Waldsteppe (SUKATSCHEW und DYLIS) wird eine primäre Produktion von 18,5–20 t/ha angegeben, aber nur ein Holzzuwachs von 4,3–4,7 t/ha.

Für Fichtenforste in Dänemark sind die Zahlen für den Holzzuwachs ähnlich wie beim Buchenwald; da jedoch das Fichtenholz ein geringeres Raumgewicht von 470 kg/m^3 gegenüber der Buche mit 720 kg/m^3 hat, so ist der Holzzuwachs in Volumen ausgedrückt bei der Fichte mit 17 m^3 größer als bei der Buche mit nur 11 m^3.

Für Fichtenwälder in ihrem natürlichen Verbreitungsgebiet bei Archangelsk (Alter 200 Jahre, I. Bonität) wird eine primäre Produktion von 5,9 t/ha (Holzzuwachs 2,0 t/ha) angegeben, für solche im Gebiet Mordwin (Alter 71 Jahre, I. Bonität) eine primäre Produktion von 4,7 t/ha (Holzzuwachs 1,4 t/ha) und für Kiefern-Hochmoore in Westsibirien (Alter 100 Jahre) eine primäre Produktion von nur 2,5 t/ha (Holzzuwachs 0,9 t/ha).

Die Produktionszahlen, die für Nordamerika angegeben werden (WHITTAKER), entsprechen den in Europa erhaltenen: Laubwälder (mit Tanne) in den Great Smoky Mountains ergaben eine primäre Produktion von 10–12 t/ha, Heidewälder der obersten Waldstufe an trockenen Standorten dagegen nur 4,2–6,5 t/ha, also etwa so viel wie die borealen Wälder.

Fragt man nach der Produktivität der tropischen Wälder, so ist deren Bruttoproduktion außerordentlich hoch, aber bei den hohen Temperaturen auch nachts gehen 75 % derselben durch die Atmung verloren, so daß die primäre Produktion der doppelt so langen Vegetationszeit entsprechend etwa doppelt so groß ist wie bei den Buchen-

wäldern. An der Elfenbeinküste wurde zwar nur eine ebenso große primäre Produktion und ein gleicher Holzzuwachs wie beim Buchenwald ermittelt, doch dürfte die Probefläche nicht repräsentativ gewesen sein, weil der Blattflächenindex mit 3,2 sehr niedrig war (im Buchenwald 5,6), während er normalerweise in den Tropen mit 6,4–7,0 angegeben wird, in Thailand sogar mit 11,4.
Für das äquatorische Südamerika finden wir folgende Angaben:

Tab. 21. Biomasse eines Regenwaldes im Amazonasgebiet (nach KLINGE, RODRIGUES und FITTKAU)

Phytomasse oberirdisch	1000 t/ha	Frischmasse (94,2 % Bäume, 5,8 % Lianen und Epiphyten)
Phytomasse unterirdisch	ca. 200 t/ha	
Dazu 44 t Totholz und 15 t Streu		(Streufall jährlich 12,7 t/ha Trockenmasse, dazu 2 t Äste u. 1 t Stammholz)
Zoomasse	ca. 200 kg/ha	davon 84 kg Bodenfauna, 95 kg Insekten, 3,3 kg Spinnen und Skorpione, 0,08 kg Gastropoden, 10,5 kg Oligochäten, 1,5 kg Amphibien, 2,4 kg Reptilien, 1,4 kg Vögel und 8,5 kg Säuger

7 % der tierischen Biomasse ernähren sich von lebender Pflanzensubstanz, 19 % von Holz, 4,8 % von Streu, 24 % von anderen Tieren, 2 % von Pflanzen und Tieren. Ob die starke Abhängigkeit der Tiere von toter Pflanzensubstanz ein Charakteristikum des tropischen Regenwaldes ist, läßt sich aus Mangel an Vergleichsdaten nicht sagen.
Es ist interessant, diese Produktionszahlen mit denen krautiger Pflanzengemeinschaften zu vergleichen, bei denen die Holzproduktion fortfällt. In dieser Beziehung liegen Zahlenwerte für die osteuropäischen und westsibirischen Steppen vor (RODIN und BAZILEVIC). Die Wiesensteppen wachsen unter denselben klimatischen Verhältnissen wie die Eichenwälder der Waldsteppe (s. oben). Ihre primäre Produktion beträgt 10,4–13,0 t/ha, wobei ein sehr großer Teil, oft über die Hälfte, auf die unterirdische Produktion entfällt. Die Produktion entspricht somit etwa der der Eichenwälder in der Waldsteppe ohne den Holzzuwachs. In der trockenen Steppe sinkt die primäre Produktion auf 8,7–9,0 t/ha und in der Steppen-Halbwüste auf 4,2 t/ha (vgl. auch Tab. 8, Seite 152).
Eine genaue Produktionsanalyse liegt auch von einem krautigen, sehr einheitlichen *Solidago altissima*-Bestand vor (IWAKI, MONSI und MI-

234 Ökologische Geobotanik

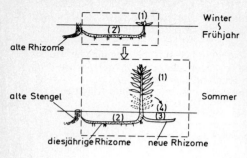

Abb. 130. Entwicklung von *Solidago altissima* vom Frühjahr bis in den Sommer: (1)-(1') = Phytomassezuwachs der Stengel und Blätter, (2)-(2') = dasselbe für Rhizome und Wurzeln, (3) = neues Rhizom mit Wurzeln, (4) = Verluste durch Absterben (oder Fraß) der neugebildeten Teile. Primäre Produktion = (1) − (1') + (2) − (2') + (3) + (4).
Abb. 130–134 nach IWAKI, MONSI u. MIDORIKAWA 1966.

DORIKAWA). Es ist eine aus Nordamerika stammende in Japan an Flußufern eingebürgerte Art. Sie hat etwa 40 km von Tokyo eine Vegetationszeit mit Tagesmitteln über 10 °C von 7 Monaten (April bis Oktober). Für die Bestimmung der primären Produktion wurde monatlich eine Parzelle abgeerntet, um den Zuwachs an ober- und unterirdischer Trockenmasse, sowie der absterbenden oberirdischen Teile zu bestimmen (Abb. 130). Die absterbenden unterirdischen Teile lassen sich nicht bestimmen. Ihr Anteil an der Gesamtproduktion ist jedoch so gering, daß man ihn vernachlässigen kann. Für die einzelnen Monate wurden die Zahlen in Tab. 22 erhalten.

Tab. 22. Monatliche primäre Produktion an Trockenmasse von *Solidago altissima* (g/m²)

Monate	Zuwachs an oberirdischen Teilen	Zuwachs der Rhizome und Wurzeln	Zuwachs an neuen Rhizomen und Wurzeln	Verluste an toten Sproßteilen	Primäre Produktion
April	91	−10	−	−	81
Mai	205	20	−	13	238
Juni	296	30	−	30	356
Juli	295	40	−	47	382
August	212	−	20	62	294
September	108	−	60	65	233
Oktober	−6	−	134	66	194
insgesamt	1201	80	214	283	1778 g/m²

Die Veränderung der Phytomasse und des Blattflächenindex zeigt Abb. 131. Man erkennt, daß der Blattflächenindex sein Maximum mit 4,8 im August erreicht.

Der Zuwachs an unterirdischer Trockensubstanz erfolgt erst kurz vor dem Ende der Vegetationszeit (Abb. 132). Die oberirdischen Teile sterben im Winter ab. Nur kleine Rosetten mit 30 g/m² Trockensubstanz überwintern an der Bodenoberfläche. Die primäre Produktion mit rund 1800 g/m² = 18 t/ha ist sehr hoch.

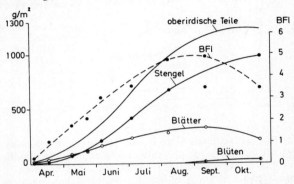

Abb. 131. Jahreszeitliche Änderung der Phytomasse in g Trockengewicht pro m² des Solidago-Bestandes bei Blättern, Stengel und Blüten sowie vom Blattflächenindex (BFI) im Jahre 1964.

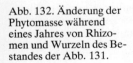

Abb. 132. Änderung der Phytomasse während eines Jahres von Rhizomen und Wurzeln des Bestandes der Abb. 131.

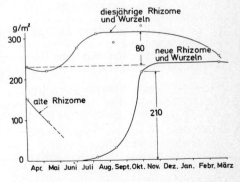

Außerdem wurden die Atmungsverluste berechnet, indem man die Atmungsintensität der einzelnen Teile bei 20 °C bestimmte, $Q_{10}° = 2$ annahm und die Tagesatmung unter Zugrundelegung der Tagestemperaturkurve ausrechnete. Abb. 133 zeigt die Änderungen der täglichen Atmungsverluste für die einzelnen Organe der Pflanzen pro m² des Bestandes während der Vegetationszeit. Die gesamten Atmungsverluste betrugen in Trockensubstanz ausgedrückt im Jahr rund 22 t/ha, so daß die Bruttoproduktion $18 + 22 = 40$ t/ha erreichte. Der Anteil der Atmungsverluste an dieser beträgt somit 55 %.

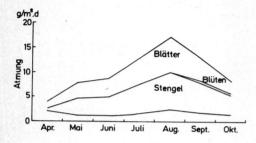

Abb. 133. Jahreszeitliche Änderung der täglichen Atmungsverluste von den einzelnen Organen der *Solidago*-Pflanzen berechnet pro m² des Bestandes (unterste Kurve = Rhizome).

Die Verfasser berechneten auch die Tages-Photosyntheseleistung während der einzelnen Monate unter Verwendung eines mathematischen Modells, das von der Photosynthese eines einzelnen Blattes und den Lichtverhältnissen im Bestand während der gesamten Vegetationszeit ausgeht, und integrierten sie für die gesamte Vegetationszeit (Lichtwerte nach Angaben der nächsten meteorologischen Station). Sie erhielten dabei für die Bruttoproduktion einen Wert von 4040 g/m², der mit dem oben genannten Wert von 40 t/ha sehr gut übereinstimmt.

Aus dem für die einzelnen Monate erhaltenen Wert der Photosyntheseleistung läßt sich der Ausnutzungskoeffizient der Lichtstrahlung berechnen, wenn man den Energiegehalt von 1 g Trockensubstanz gleich 4,0 kcal setzt.

Die Ausnutzungskoeffizienten betrugen:

April	Mai	Juni	Juli	August	September	Oktober
0,72 %	1,40 %	1,64 %	1,84 %	1,90 %	2,13 %	1,86 %.

Die kleineren Werte im Frühjahr werden durch den niedrigen Blattflächenindex bedingt. Dieser liegt erst ab Juni über 3.

Zum Schluß wird auf Abb. 134 ein Gesamtüberblick über die Produktion des *Solidago*-Bestands im Vergleich zu den Temperatur- und Lichtverhältnissen gegeben. Die Wasserversorgung der Pflanzen dürfte in der Flußaue dauernd optimal sein, was die hohe primäre Produktion von 18 t/ha verständlich macht.

Sehr wenige Angaben besitzen wir von der Produktion anderer Pflanzengemeinschaften. Als Beispiel nennen wir für die Zwerg-

strauch-Tundra eine primäre Produktion von 2,4 t/ha und für die echte Tundra eine solche von nur 1 t/ha (vgl. Tab. 8).
Die Torfmoos(*Sphagnum*)-Decke der Hochmoore kann in Mitteleuropa eine Jahresproduktion an Trockenmasse von 0,21–0,42 (bis 0,96) g/m², auf Hektar umgerechnet somit von 2,1–4,2 (9,6) t/ha und in Osteuropa von 0,2–0,35 g/m² oder 2,0–3,5 t/ha erreichen.

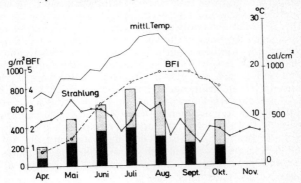

Abb. 134. Monatliche primäre Produktion (schwarze Säulen), monatliche Atmungsverluste (helle Teile) und Brutto-Produktion (gesamte Säulen) des *Solidago*-Bestandes 1964. Dazu Kurven vom Blattflächenindex (BFI) sowie der mittleren Temperatur und der Gesamtstrahlung auf eine horizontale Fläche (in cal/cm².d).

10 Die Eingriffe des Menschen in die Biogeozöne

Der Mensch war ursprünglich als Sammler und Jäger ein integrierender Bestandteil der Natur. Mit der Zeit hat er jetzt seine geistigen Fähigkeiten so entwickelt, daß er jetzt eine Sonderstellung der nichtgeistigen Natur gegenüber einnimmt. Mit Hilfe einer immer raffinierteren Technik vermag er heute die abiotische und biotische Natur weitgehend in seinem Sinne umzugestalten. Er ist nicht mehr Teil der Natur, sondern steht ihr, obgleich noch in gewissem Grade abhängig, doch in immer höherem Maße souverän gegenüber. Wir müssen deshalb eine vom Menschen fast unveränderte Naturlandschaft mit den natürlichen Biogeozönen und die durch den Menschen gestaltete Kulturlandschaft unterscheiden, in der die Biogeozöne verändert oder völlig zerstört sind und ganz anders gearteten Ökosystemen Platz gemacht haben. Eine scharfe Grenze läßt sich allerdings nicht ziehen. Vom Vieh beweidetes oder gemähtes natürliches Grasland, bewirtschaftete naturnahe Waldbestände können noch als Biogeozöne behandelt werden, von denen sie sich jedoch dadurch

unterscheiden, daß ein Teil der primären oder sekundären Produktion dem natürlichen Stoffkreislauf periodisch entzogen wird. Das verursacht eine Degradation der Biogeozöne, wenn nicht die entfernten Nährstoffmengen auf natürliche Weise durch Verwitterungsvorgänge oder künstlich durch Düngung ersetzt werden.
Wenn jedoch der Mensch an Stelle der natürlichen Pflanzendecke ganz andere biotopfremde Pflanzenbestände kultiviert, so wird das gesamte ökologische Gleichgewicht gestört, was fortgesetzte weitere Eingriffe des Menschen notwendig macht, um die unnatürlichen Verhältnisse gegen die Naturkräfte aufrechtzuerhalten. Je weiter sich die Kulturbestände von den natürlichen Verhältnissen entfernen, desto mehr Arbeit und Investitionen an Kapital sind dazu notwendig. Mit der Zeit ändert sich der gesamte Biotop (Bodenerosion, Humus-Aufzehrung, Veränderung der Wasserspeicherung, Nährstoffverluste usw.), so daß eine Rückumwandlung zu den ursprünglichen Biogeozönen nach Aufhören der menschlichen Eingriffe nicht mehr möglich ist. Diese Zerstörung der Natur hat erst jetzt, nachdem bereits starke zum Teil irreparable Umweltschäden aufgetreten sind, die Aufmerksamkeit der Allgemeinheit auf sich gelenkt. Nur durch scharfe Maßnahmen und hartes Durchgreifen wird sich das Schlimmste noch für die nächste Zukunft abwenden lassen.
Wir wollen hier in kurzen Zügen den geschichtlichen Ablauf der Eingriffe des Menschen in die Natur verfolgen.
Auf der Sammler- und Jägerstufe fügte sich der nicht seßhafte Mensch noch in die natürlichen Verhältnisse ein. Allerdings kannte er bereits das Feuer, und es ist anzunehmen, daß ungewollte oder gewollte Brände durch den Menschen zusätzlich zu den durch Blitzschlag verursachten entfacht wurden, wodurch eine Einwirkung über große Flächen erfolgen konnte. Um die vorübergehenden Aufenthaltsplätze der Menschen herum fand eine Überdüngung statt in höherem Maße, als es bei Wildlägern der Fall ist.
Der Übergang zur Rodung, Bodenbearbeitung und Aussaat von Pflanzen bedeutete schon sehr schwere Eingriffe. Solange jedoch beim Wanderackerbau (shifting cultivation) die Wohnplätze immer wieder gewechselt wurden, konnten sich die natürlichen Verhältnisse wieder herstellen. Zu vergleichen wären diese Eingriffe mit den Auswirkungen großer Gemeinschaftsbauten von Steppennagern, in deren Bereich die Pflanzendecke ebenfalls zerstört wird und eine Ansiedlung von ruderalen Arten erfolgt.
Erst durch den seßhaften Bauern etwa in der jüngeren Steinzeit wurden die natürlichen Biogeozöne endgültig vernichtet. Solange die Bauern autark waren, bildeten sich Ökosysteme besonderer Art aus: Die Kulturpflanzen und die Viehweiden übernahmen die Rolle der Produzenten, der Hof beherbergte die Konsumenten, den Bauern mit seiner Familie und die Haustiere. Wurden die Abfälle von

Mensch und Tieren wieder auf den Äckern und Weiden als Dung verteilt, so stellte sich ein Ökosystem mit praktisch geschlossenem Stoffkreislauf ein, ebenso wie ein Energiefluß. Stark verändert war allerdings die flächenmäßige primäre Produktion. Auf den Äckern ist der Blattflächenindex von der Aussaat bis zur vollen Entwicklung der Blätter sehr niedrig und nach der Ernte oft lange Zeit gleich Null, was die Produktion stark herabdrückt. Der Blattflächenindex auf dem beweideten Dauergrünland ist bei der früher allgemein geübten Standweide meistens ebenfalls gering. Vor allen Dingen sind jedoch Nährstoffverluste durch Auswaschen von den Äckern und durch eine unrationelle Dungverwertung unausbleiblich. Der Kulturboden und die Weideflächen, von denen jährlich mit der Ernte ansehnliche Nährstoffmengen entfernt wurden, verarmten und zwangen zur Rodung von neuen Flächen. Als solche nicht mehr zur Verfügung standen, ging man zur Dreifelderwirtschaft über. Das eingeschaltete Brachjahr führte zu einer Nährstoffanreicherung durch Verwitterung der Gesteine und durch mikrobielle Stickstoffbindung.
Mit der Zeit betätigte sich ein Teil der Siedler nicht mehr als Bauern, sondern als Gewerbetreibende in besonderen Siedlungen, aus denen sich die Städte entwickelten, womit der Handel zwischen Stadt und Land begann; das Land lieferte für die Städte die notwendigen Nahrungsmittel. Dadurch gingen die darin enthaltenen für den Pflanzenwuchs notwendigen Nährstoffelemente dem Ökosystem des Bauernhofes endgültig verloren. Sie reicherten sich in den Abfällen um die Städte herum an oder gelangten in die Flüsse. Die Abnahme der Bodenfruchtbarkeit setzte sich ungeachtet der Dreifelderwirtschaft fort und führte, wenn ungünstige Witterungsverhältnisse hinzukamen, zu immer häufiger auftretenden Hungerkatastrophen und infolgedessen zur Auswanderung der Landbevölkerung aus Mitteleuropa in noch unbesiedelte neue Gebiete. Gerade noch zur rechten Zeit wurde durch LIEBIG der mineralische Dünger eingeführt und zu Beginn unseres Jahrhunderts das Haber-Bosch-Verfahren für die Herstellung von Stickstoffdünger aus dem Luftstickstoff ausgearbeitet, wodurch sich die Einfuhr von Chile-Salpeter erübrigte.
Mit die größte Produktion an Trockenmasse weist heute unter den Kulturpflanzen die Zuckerrübe auf und zwar 18–20 t/ha, von denen ein sehr großer Teil als Zucker in den Rüben eingelagert wird. Trotzdem wird auch von dieser Art die potentielle Produktivität während der Vegetationszeit nicht erreicht, weil im Mai und Anfang Juni die Blattfläche noch zu gering ist und im Herbst durch Alterung der Blätter die Photosyntheseaktivität absinkt. Die Trockensubstanzbildung beschränkt sich vornehmlich auf $2^{1}/_{2}$ Monate von Mitte Juni bis Ende August (Abb.135) Die Atmungsverluste betragen etwa 30–50 % der Bruttoproduktion.
Die wesentlichste Folge der modernen Wirtschaft ist jedoch die end-

Abb. 135. Produktionsanalyse der Zuckerrübe: Gesamtfläche = theoretische maximale Brutto-Produktion; punktierte Fläche = Minderung derselben durch die Atmung von Blättern und Rüben; horizontal schraffiert = Minderung infolge nicht ausgebildeter Blattfläche im Frühjahr und Frühsommer; vertikal schraffiert = Minderung durch Abnahme der Photosynthese-Leistung infolge Alterung der Blätter; schwarze Fläche = gemessene Produktion. Die dicke Kurve gibt die maximale primäre Produktion wieder, die bei voller Blattentfaltung

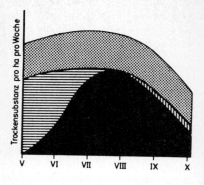

während der ganzen Vegetationszeit und ohne die Alterung der Blätter theoretisch möglich wäre; sie beträgt das $1^{1}/_{2}$fache der tatsächlichen (nach G. SCHULTZ: Umschau 1965, verändert).

gültige Störung des Stoffkreislaufs in der Natur. Fand in früheren Jahrhunderten eine irreversible Verlagerung der Nährstoffelemente vom umliegenden Land zu den benachbarten Städten statt, so erfolgt sie heute zum Teil über riesige Entfernungen von den überseeischen Agrarländern in die überbevölkerten Industrieländer, die mit ihren Abfällen nicht mehr fertig werden und die Gewässer extrem verunreinigen.

Dazu kommt bekanntlich die immer zunehmende Luftverschmutzung und die rasch schrumpfende Fläche des nicht zersiedelten Landes.

Gewisse Gefahren der Umweltverschmutzung wird man durch energische Maßnahmen und den Einsatz großer Mittel beseitigen oder stark abmildern können, die Störung des Stoffkreislaufs wird jedoch unter den heutigen Zivilisationsverhältnissen bleiben, solange nicht restlos alle Nährstoffelemente aus den Abfällen der menschlichen Siedlungen auf das landwirtschaftlich genutzte Kulturland zurückgeführt werden. Erst wenn eine solche Rückführung erfolgt, wird man die gesamte Biosphäre wieder als ein Ökosystem mit geschlossenem Stoffkreislauf betrachten können, in den der Mensch mit eingeschaltet ist. Vorläufig scheint dieses Ziel unerreichbar zu sein.

Es sei insbesondere auf die Lage bei der Phosphorversorgung der Pflanzen hingewiesen. Zunächst ist die Phosphatdüngung durch die Ausbeutung der Phosphatlagerstätten gesichert. Aber ihr Abbau nimmt ständig zu und die Lager sind nicht unbegrenzt. Nach den gegenwärtigen Berechnungen werden die Phosphatvorräte der Erde

noch 900–1000 Jahre zur Versorgung der Landwirtschaft mit P-haltigen Düngemitteln ausreichen, wenn wir den gegenwärtigen Verbrauch zugrunde legen. Aber es ist anzunehmen, daß der Bedarf in den nächsten Jahrzehnten rasch ansteigen wird, wenn die P-Düngung in allen Entwicklungsländern eingeführt wird, was man anstrebt. Dazu kommt, daß der Phophor immer mehr in der Industrie Verwendung findet. Bei der Berechnung sind zudem nicht nur die sicheren, sondern auch die „wahrscheinlichen" Phosphatvorräte berücksichtigt. Es ist deshalb nicht ausgeschlossen, daß die Frist bis zum Beginn eines akuten Mangels an diesem für alles Leben so unentbehrlichen Elements in einem Bruchteil des genannten Zeitraumes beginnen wird. Zwar kann der Phosphor heute schon aus den Abwässern abgesondert werden, das müßte jedoch in einer Form geschehen, die ihn als Düngemittel über weite Entfernungen transportfähig macht. Erst wenn man das erreicht, wird eine Bedrohung durch Phosphormangel nicht mehr bestehen, zugleich auch die Eutrophierung der Gewässer eingeschränkt werden.
Die akuteste Störung des Stoffkreislaufes erfolgt jedoch durch die Industrieländer Westeuropas und die Industriegebiete der anderen Kontinente. Ein ununterbrochener Strom von Rohstoffen ergießt sich in diese, während nur ein massenmäßig geringer Export an Fertigprodukten sie wieder verläßt. An allen Erdschätzen wird in rasch zunehmendem Maße ein gewissenloser Raubbau betrieben, um eine an Wahnsinn grenzende Produktionssteigerung aufrecht zu erhalten. Die Abfälle häufen sich explosionsartig an. Mit Besorgnis sehen die Futurologen dem greifbar nahem Jahr 2000 entgegen; wie es im Jahre 3000 aussehen wird, wagt niemand auszudenken.
Das sind ökologisch-soziologische Probleme, die weit über das Gebiet der eigentlichen ökologischen Geobotanik hinausgehen, es kann aber nicht eindringlich genug und immer wieder auf sie hingewiesen werden.

Weiterführende Literatur

Zu Teil I (Floristische Geobotanik)

WALTER, H., und STRAKA, H.: Arealkunde; Floristisch-historische Geobotanik. (Einführung in die Phytologie, Bd. III, Teil 2). Stuttgart 1970, 2. Aufl., 478 S.

MEUSEL, H., JÄGER, E., und WEINERT, E.: Vergleichende Chorologie der Zentraleuropäischen Flora. Jena 1965, Textband 583 S. und Kartenband 258 S. wird fortgesetzt).

Außerdem:

DIELS, L., und MATTIK, F.: Pflanzengeographie (Sammlung Göschen 389/389a). Berlin 1958, 5. Aufl.

EICHLER, J., GRADMANN, R., und MEIGEN, W.: Ergebnisse der pflanzengeographischen Durchforschung von Württemberg, Baden und Hohenzollern I–VII. Beil. Ver. Vaterl. Naturkde. Württ., Stuttgart 1905–1927.

ENGLER, A., und MELCHIOR, H.: Syllabus der Pflanzenfamilien Bd. II. Berlin 1964, 12. Aufl.

GOOD, R.: The Geography of Flowering Plants. London 1964, 3. Aufl.

GRADMANN, R.: Das Pflanzenleben der Schwäbischen Alb. Tübingen 1950, 4. Aufl.

HEGI, G.: Illustrierte Flora von Mittel-Europa I–VII (z. T. in 2. und 3. Aufl. erscheinend). München, seit 1909.

HULTEN, E.: Atlas of the Distribution of Vascular Plants in NW Europe. Stockholm 1950.

OLTMANNS, F.: Pflanzenleben des Schwarzwaldes. 2 Bde. Freiburg i. Br. 1927, 3. Aufl.

Zu Teil II (Historische Geobotanik)

WALTER, H., und STRAKA, H.: 1970 (s. bei Teil I).

FIBRAS, F.: Spät- und nacheiszeitliche Waldgeschichte Mitteleuropas nördlich der Alpen. Bd. I, 480 S., Bd. II, 256 S., Jena 1949 und 1952.

Außerdem:

BARTHELMESS, A.: Wald – Umwelt des Menschen. München 1972, 333 S.

FRENZEL, B.: Klimaschwankungen des Eiszeitalters (Die Wissenschaft 129). Braunschweig 1967, 296 S.

HAUSRATH, H.: Pflanzengeographische Wandlungen der deutschen Landschaft. Leipzig und Berlin 1911, 274 S.

HAUSRATH, H.: Der deutsche Wald (Natur und Geisteswelt Nr. 153). Berlin 1914, 2. Aufl., 108 S.

IRMSCHER, E.: Pflanzenverbreitung und Entwicklung der Kontinente. I und II. Mitt. Inst. Allg. Bot. Hamburg 5, 17–235, 1922, und 8, 169–374, 1929.

KÖPPEN, W., und WEGENER, A.: Die Klimate der geologischen Vorzeit. Berlin 1924, 266 S.

Weiterführende Literatur 243

MÄGDEFRAU, K.: Paläobiologie der Pflanzen. Jena und Stuttgart 1964, 4. Aufl., 549 S.

OVERBECK, F.: Die Moore Niedersachsens. Hannover 1950, 2. Aufl., 112 S.

SCHARFETTER, R.: Biographien von Pflanzensippen. Wien 1953, 546 S.

STUDT, W.: Die heutige und die frühere Verbreitung der Koniferen und die Geschichte ihrer Arealgestaltung. Mitt. Inst. Allg. Bot. Hamburg 6, 168–307, 1926.

WOLDSTEDT, P.: Das Eiszeitalter. 3 Bde. Stuttgart 1958–65, 3. bzw. 2. Aufl., 374, 438 und 328 S.

WULFF, E. V.: An Introduction to Historical Plant Geography. Waltham, Mass. 1950, 223 S.

Zu Teil III (Zönologische Geobotanik)

ELLENBERG, H.: Aufgaben und Methoden der Vegetationskunde (Einführung in die Phytologie, Bd. IV, Teil 1). Stuttgart 1956, 136 S.

ELLENBERG, H.: Vegetation Mitteleuropas mit den Alpen (Einführung in die Phytologie, Bd. IV, Teil 2). Stuttgart 1963, 943 S.

Außerdem:

BRAUN-BLANQUET, J.: Pflanzensoziologie. Wien 1964, 3. Aufl., 865 S.

CLEMENTS, F. E.: Plant Succession and Indicators. New York 1928.

KNAPP, R.: Einführung in die Pflanzensoziologie. Stuttgart 1971, 3. Aufl., 388 S.

KNAPP, R.: Experimentelle Soziologie und gegenseitige Beeinflussung der Pflanzen. Stuttgart 1967, 2. Aufl., 266 S.

OBERDORFER, E.: Pflanzensoziologische Exkursionsflora für Süddeutschland und die angrenzenden Gebiete. Stuttgart 1970, 3. Aufl,. 987 S.

SCAMONI, A.: Einführung in die praktische Vegetationskunde. Jena 1963, 2. Aufl., 236 S.

WALTER, H.: 1968 (s. bei Teil IV).

WESTHOFF, V., en HELD, A. J. DEN: Plantengemeenschappen in Nederland. Zutphen 1969, 324 S.

Zu Teil IV (Ökologische Geobotanik)

WALTER, H.: Standortslehre (Einführung in die Phytologie, Bd. III, Teil 1). Stuttgart 1960, 2. Aufl., 566 S.).

WALTER, H.: Die Vegetation der Erde in öko-physiologischer Betrachtung, Bd. II. Die gemäßigten und arktischen Zonen. Jena und Stuttgart 1968, 1001 S.

Außerdem:

BOYSEN-JENSEN, P.: Die Stoffproduktion der Pflanzen. Jena 1932, 108 S.

ELLENBERG, H.: 1963 (s. bei Teil III).

FILZER, P.: Die natürlichen Grundlagen des Pflanzenertrages in Mitteleuropa. Stuttgart 1951, 198 S.

GEIGER, R.: Das Klima der bodennahen Luftschicht. Braunschweig 1961, 4. Aufl., 646 S.

KÁŠ, V.: Mikroorganismen im Boden (Neue Brehm-Bücherei 361). Wittenberg 1966, 208 S.

KUBIENA, W. L.: Entwicklungslehre des Bodens. Wien 1948, 215 S.

KUBIENA, W. L.: Micromorphological Features of Soil Geography. News Brunswick, N.J. 1970, 254 S.

SCHALLER, F.: Die Unterwelt des Tierreiches. Kleine Biologie der Bodentiere (Verständliche Wissenschaft, Bd. 78). Berlin 1962, 126 S.
SCHNELLE, F.: Pflanzen-Phänologie. Leipzig 1955.
WALTER, H., und KREEB, K.: Die Hydration und Hydratur des Protoplasmas der Pflanzen und ihre öko-physiologische Bedeutung (Protoplamatologia Bd. II C/6). Wien und New York 1970, 306 S.

Bildquellen

Soweit die Autoren nicht in den Erläuterungen zu den einzelnen Abbildungen bereits genannt sind, findet man sie in folgenden Veröffentlichungen, denen die angeführten Abbildungen entnommen wurden:
H. WALTER und H. STRAKA (1970), zit. Seite 242:
Abb. 1–3, 5–47, 49–58, 70.
H. WALTER (1927), Einführung in die allgemeine Pflanzengeographie Deutschlands (Jena), 458 S.:
Abb. 59, 61, 62, 67, 72, 77, 104, 122, 123.
H. WALTER (1960), zit. Seite 243:
Abb. 93–99, 101, 102, 106, 107, 109–119, 121, 124, 129.

Register der wissenschaftlichen Gattungsnamen mit Angabe der deutschen Bezeichnungen

(Letztere fehlen meist, wenn die Gattungen in Mitteleuropa nicht vorkommen. Bei niederen Pflanzen wird nur angegeben, ob Moos oder Flechte bzw. Alge.
* = Abbildung)

Abies, Tanne 40*, 43, 62, 63*, 144
Acacia 26
Acaena 26
Acer, Ahorn 23*, 31, 33, 36*, 69*, 128, 129, 136, 137, 139, 213
Aceras, Ohnsporn 36
Achillea, Schafgarbe 100, 108, 197, 206
Aconitum, Eisenhut 122, 145
Acorus, Kalmus 84
Actaea, Christophskraut 121
Adenostyles, Alpendost 41, 145
Adonis, Adonisröschen 37*, 105*, 140, 207
Adoxa, Moschuskraut 106*, 110
Aegopodium, Giersch 98, 106*, 111, 121
Aesculus, Roßkastanie 45, 54
Agropyrum, Quecke 84, 141, 218
Agrostemma, Kornrade 105*
Agrostis, Straußgras 119, 120, 124*
Ajuga, Günsel 33, 38, 105*
Alchemilla, Frauenmantel 50, 108
Alliaria, Knoblauchrauke 199
Allium, Lauch 32, 106*, 111
Alnus, Erle 33, 40, 138, 145
Alopecurus, Fuchsschwanz 108, 142
Alsine, Miere 210
Amaryllis 27
Ammophila, Strandhafer 141
Ampelopsis, Wilder Wein 52
Anagallis, Gauchheil 84, 105*
Andromeda, Rosmarinheide 139
Androsace, Mannsschild 16, 50
Anemone, Windröschen 17*, 33, 37*, 38, 50, 92, 106*, 110*, 111, 120, 170*, 186
Angelica, Engelwurz 109, 111
Anthemis, Hundskamille 105*

Anthericum, Graslilie 110
Anthoxanthum, Ruchgras 100
Anthriscus, Kerbel 105*, 112, 142
Arabis, Gänsekresse 29, 38, 50
Arbutus, Erdbeerbaum 35
Arctium, Klette 142
Arenaria, Sandkraut 105*, 120
Aristolochia, Osterluzei 36, 84
Aristotelia 26
Armeria, Grasnelke 140, 141
Arnica, Berg-Wohlverleih 31
Arrhenatherum, Glatthafer 33, 108, 112, 142
Artemisia, Wermut 39, 50, 61, 140, 141, 142, 185*
Arum, Aronstab 32, 106*, 110
Asarum, Haselwurz 33*, 121
Asperula odorata, Waldmeister 33, 101, 106*, 121, 129, 186
– tinctoria, Färbermeister 38
Asplenium, Strichfarn 210
Aster, Aster 38, 85, 139, 141
Astilbe, Schein-Geißbart 52
Astragalus, Tragant 111, 120
Astrantia, Sterndolde 111
Athyrium, Frauenfarn 31, 106*, 111, 122, 144
Atriplex, Melde 39, 141
Atropa, Tollkirsche 32
Aulacomnium (Laubmoos) 102
Avena, Hafer 142
Azorella 26

Ballota, Schwarznessel 84
Banksia 26
Bartsia, Alpenhelm 50
Bazzania (Lebermoos) 145
Bellis, Gänseblümchen 10, 105*, 112, 142

Berberis, Sauerdorn 33
Betula, Birke 31, 38, 102, 122, 124*, 144, 214
– nana, Zwergbirke 29, 49*, 50
Bidens, Zweizahn 86
Bifora, Hohlsame 36
Birke, s. Betula
Blechnum, Rippenfarn 102, 110*, 130, 144
Biscutella, Brillenschote 41
Brachypodium, Zwenke 38, 106*, 110
Brachythecium (Laubmoos) 101
Briza, Zittergras 143
Bromus, Trespe 108, 142, 206
Bryum (Laubmoos) 15
Buche, s. Fagus
Bupleurum, Hasenohr 137
Butomus, Blumenliesch 138
Buxus, Buchsbaum 36, 181

Cakile, Meersenf 141
Calamagrostis, Reitgras 144
Callitriche, Wasserstern 138
Calluna, Heidekraut 12*, 98, 137, 139, 140, 168*, 169, 206
Caltha, Sumpfdotterblume 31, 110*, 138, 198
Calypso (Orchidee) 120
Campanula, Glockenblume 36, 106*, 137, 142, 143, 198
Camptothecium (Laubmoos) 110
Capsella, Hirtentäschel 217
Cardamine, Schaumkraut 40, 105*, 130, 142
Cardaria, s. Lepidium
Carduus, Distel 40, 145
Carex, Segge 56, 102, 106*, 110*, 111, 119, 120, 121, 138, 139, 141, 186
Carpinus, Hainbuche 76, 129, 139
Carya, Hickory 48
Cassiope 50
Castanea, Edelkastanie 36, 45, 207
Catalpa 52
Catharinea (Laubmoos) 101
Centaurea, Flockenblume 33, 35, 50, 100, 105*, 112, 142
Cephalanthera, Waldvögelein 110*
Cerastium, Hornkraut 100, 112
Ceratodon (Laubmoos) 140

Ceratophyllum, Hornblatt 15, 138
Ceterach, Milzfarn 36
Cetraria (Flechte) 140
Chaerophyllum, Kälberkropf 106*, 111, 145
Chamaenerium (Epilobium), Weidenröschen 98
Chelidonium, Schöllkraut 84
Chenopodium, Gänsefuß, Melde 16, 84, 108, 142
Chimaphila (Pyrola), Wintergrün 112, 117, 119, 139, 140
Chrysanthemum, Wucherblume 100, 108, 110*, 112, 120, 137, 142
Chrysosplenium, Milzkraut 111
Cichorium, Wegwarte 217
Circaea, Hexenkraut 106*, 110, 111, 120
Cirsium, Kratz-, Kohldistel 33, 100, 105*, 109, 122
Cistus, Cistrose 181
Cladium, Schneide 15, 56
Cladonia (Flechte) 110*, 140
Clematis, Waldrebe 36, 137, 139
Clivia 28
Colchicum, Herbstzeitlose 32*, 199
Colobanthus 26
Comarum, Blutauge 110*
Conium, Schierling 142
Convallaria, Maiblume 121
Convolvulus, Winde 105*
Corallorhiza, Korallenwurz 112, 121, 144
Corispermum, Wanzensamen 39
Cornus, Hartriegel 31, 33, 36, 129
– mas, Kornelkirsche 137
Coronilla, Strauch-, Kronwicke 36, 38, 137
Coronopus, Krähenfuß 142
Corydalis, Lerchensporn 32, 92, 106*, 110*, 111, 129, 199
Corylus, Hasel 33, 56*, 60, 129
Corynephorus, Silbergras 140, 141, 185*
Crepis, Pippau 105*, 106*, 112, 122, 142
Cycas, Sagobaum 47
Cynanchum, Schwalbenwurz 110, 182, 206
Cynosurus, Kammgras 100, 142
Cypripedium, Frauenschuh 111

Register der wissenschaftlichen Gattungsnamen

Cytisus, Geißklee 119

Daboecia 33
Dactylis, Knäuelgras 106*, 108, 112, 142, 199
Daphne, Seidelbast 16, 38, 129
Datura, Stechapfel 84
Daucus, Wilde Möhre 112
Delphinium, Rittersporn 207
Dentaria 130
Deschampsia, Schmiele 26, 98, 102, 109, 110*, 119, 121, 140, 144
Deutzia, Deutzie 52
Diapensia 50
Dicentra, Herzblume 52
Dicranum (Sichelmoos) 102, 119,
Dictamnus, Diptam 38, 137
Digitalis, Fingerhut 35, 124*, 137, 206
Diphasium, s. Lycopodium 117
Diospyros 45
Doronicum, Gemswurz 145
Draba, Felsenblümchen 41, 50
Drosera, Sonnentau 31, 139
Dryas, Silberwurz 29, 39, 49*
Dryopteris, Wurmfarn 102, 106*, 120, 121, 144

Echium, Natterkopf 120, 142
Eiche, s. Quercus
Elymus, Waldgerste 106*, 130
– arenarius, Strandroggen 141
Elodea, Wasserpest 84, 137
Empetrum, Krähenbeere 26
Encelia 193*, 194*
Ephedra 50
Epilobium, Weidenröschen 145
Epipogon, Widerbart 120
Equisetum, Schachtelhalm 31, 43, 111, 121, 144
Erica 28, 33, 34*, 35
Erigeron, Berufkraut 85
Eriophorum, Wollgras 31, 110*
Erodium, Reiherschnabel 16, 185*
Erophila, Hungerblümchen 105*, 185*
Eryngium, Mannstreu 38, 186*
– maritimum, Stranddistel 141
Eucalyptus 25*, 45, 86, 211
Eucommia 48
Euonymus, Pfaffenhütchen 33, 129

Euphorbia, Wolfsmilch 33, 36, 38, 84, 105, 120, 140, 181
Euphrasia, Augentrost 143

Fagus, Buche 18, 19*, 20*, 24, 31, 39, 101, 129, 136, 139, 144, 213*, 216*, 231
Ferocactus 187*, 196*
Festuca, Schwingel 100, 106*, 108, 112, 119, 140–143
Ficaria, Scharbockskraut 33, 92, 110*, 111, 129
Fichte, s. Picea
Filipendula, Spierstaude 38, 106*, 109, 110*, 120, 122, 198
Föhre, s. Pinus
Forsythia, Forsythie 54
Fragaria, Erdbeere 38, 137
Frangula, Faulbaum 38, 102, 122, 129, 138
Fraxinus, Esche 33, 129, 139
Freesia 28
Frerea 22*
Fumana, Heideröschen 140

Gagea, Goldstern 195*, 106*, 110, 111
Galeobdolon, Goldnessel 33, 110*, 129
Galeopsis, Hohlzahn 105*
Galinsoga, Franzosenkraut 84
Galium, Labkraut 32, 33, 35, 84, 102, 105*, 106*, 108*, 111, 112, 120, 142, 143
Genista, Ginster 21*, 34, 137
Gentiana, Enzian 16, 29, 41, 50
Geranium, Storchschnabel 31, 101, 105*, 106*, 108, 110, 112, 142, 144
Gesneriaceae 23*
Geum, Nelkenwurz 41, 106*, 108, 122
Ginkgo, Götterbaum 16, 43, 45
Glaux, Milchkraut 141
Glechoma, Gundelrebe 106*, 142
Globularia, Kugelblume 41
Glyceria, Wasserschwaden 138
Goodyera, Netzblattorchidee 111, 112, 139
Grevillea 26
Gypsophila, Gipskraut 11*

Haberlea 16
Hakea 26
Hamamelis, Zaubernuß 45, 52
Hedera, Efeu 32
Hedysarum, Süßklee 111
Helianthemum, Sonnenröschen 50
Helianthus, Sonnenblume 56
Helichrysum, Strohblume 140
Helictotrichon, Trifthafer 112
Heliosciadium (Apium), Sellerie 138
Heliotropium, Sonnenwende 36
Helleborus, Nieswurz 35
Hepatica, Leberblümchen 120
Heracleum, Bärenklau 105*, 112, 140, 142
Herniaria, Bruchkraut 140
Hieracium, Habichtskraut 33, 141, 198
Himantoglossum, Riemenzunge 36
Hippocrepis, Hufeisenklee 206
Hippophaë, Sanddorn 38*, 39, 61
Hippuris, Tannenwedel 15
Holcus, Honiggras 100, 102, 142
Holosteum, Spurre 105*, 185*
Homogyne, Alpenlattich 41
Hordeum, Gerste (Mäuse-) 142
Humulus, Hopfen 139
Hydrangea, Hortensie 52
Hydrocharis, Froschbiß 138
Hylocomium (Laubmoos) 117, 118, 119, 145
Hypericum, Johanniskraut 35, 137
Hypnum (Laubmoos) 102
Hypochoeris, Ferkelkraut 38, 120

Impatiens, Springkraut 84, 86, 139
Ilex, Stechpalme 18, 19*, 35, 102, 137
Inula, Alant 38, 137
Iris, Schwertlilie 22, 138
Isoëtes, Brachsenkraut 47

Jasione, Sandrapunzel 140, 141
Juglans, Walnuß 54
Juncus, Binse 85, 141, 218
Juniperus, Wacholder 43
Jurinea, Silberscharte 38, 140

Kerria, Goldröschen 52
Kiefer, s. Pinus
Knautia, Witwenblume 105*, 144

Koeleria, Schillergras 108, 120, 140, 141, 185*

Lactuca, Lattich 186*
Lamium, Taubnessel 84, 105*, 106*, 108, 111
Larix, Lärche 31, 54
Lathyrus, Platterbse 33, 37, 100, 112, 137, 141, 142, 207
Ledum, Sumpfporst 31
Legousia, Venusspiegel 36
Lemna, Wasserlinse 15
Leontodon, Löwenzahn 38, 100
Lepidodendron 47
Lepidium, Kresse 39, 142
Leontopodium, Edelweiß 41*
Leucodendron 26
Leucojum, Märzbecher (Großes Schneeglöckchen) 106*, 111
Leucospermum 26
Lilium martagon, Türkenbund 38
Limodorum, Dingelorchidee 36
Limonium (Statice), Strandnelke 141
Linaria, Leinkraut 41
Linnaea, Moosglöckchen 30, 111, 122, 120, 121, 144
Linum, Lein 37, 38
Liquidambar, Storaxbaum 48, 52*
Liriodendron, Tulpenbaum 52
Listera, Zweiblattorchidee 110, 112, 130, 144
Lithospermum, Steinsame 36, 105*, 110
Lobelia, Lobelie 34
Loiseleuria, Alpenazalee 30*, 50, 168*
Lolium, Weidelgras 100, 112, 142
Lonicera, Geißblatt, Heckenkirsche 35, 40, 102, 129, 137, 144
Lotus, Hornklee 143
Luzula, Simse 106*, 119, 121, 144
Lychnis, Lichtnelke 38, 105*, 108
Lycopodium, Bärlapp 31, 43, 47, 111, 120, 121, 130, 144
Lycopus, Wolfstrapp 56
Lysimachia, Pfennigkraut 108

Magnolia, Magnolie 45, 52
Mahonia, Mahonie 52
Maianthemum, Schattenblümchen 54, 120, 137, 144

Register der wissenschaftlichen Gattungsnamen 249

Malva, Malve 38
Marchantia (Lebermoos) 15
Matricaria, Kamille 142, 218
Medicago, Schneckenklee 38, 84, 105*
Melampyrum, Wachtelweizen 31, 33, 98, 102, 119, 121, 130, 137, 144
Melandrium, Lichtnelke 106*, 108, 111, 142, 198
Melica, Perlgras 101, 106*
Melilotus, Steinklee 142
Melittis, Immenblatt 137
Mentha, Minze 143
Mercurialis, Bingelkraut 106*, 129, 143
Metasequoia 45, 51
Milium, Flattergras 101, 106*, 111, 121
Mimulus, Gauklerblume 85
Minuartia, Miere 141
Mnium (Laubmoos) 102, 110
Molinia, Pfeifengras 102, 110*
Moneses (Pyrola), Wintergrün (1-blüt.) 120
Monotropa, Fichtenspargel 121
Mulgedium, Milchlattich 145
Muscari, Traubenhyazinthe 38, 105*
Mycelis (Lactuca), Mauerlattich 101, 129
Myosotis, Vergißmeinnicht 105*
Myrica, Gagelstrauch 34
Myriophyllum, Tausendblatt 118

Najas, Nixenkraut 138
Narthecium, Ährenlilie 34
Nasturtium, Wasserkresse 138
Nelumbo, Indische Lotusblume 52, 53*
Neottianthe 121
Nerium, Oleander 35
Nigritella, Kohlröschen 50
Nothofagus, Südbuche 24, 26, 45
Nuphar, Seekanne 31
Nymphaea, Seerose 31
Nyssa 48

Obione, Salzmelde 141
Odontites, Zahntrost 105*
Oenothera, Nachtkerze 85
Olea, Ölbaum 35, 191
Ononis, Hauhechel 143

Onosma, Lotwurz 38, 140
Ophrys, Ragwurz 36, 112
Orchis, Knabenkraut 36, 38
Orobus (Lathyrus), Platterbse 121
Orlaya, Breitsame 36
Osmunda, Königsfarn 35
Ostrya, Hopfenbuche 54
Oxalis, Sauerklee 54, 96, 97, 101, 106*, 117, 120, 121
Oxycoccus, Moosbeere 139

Papaver, Mohn 84, 105*, 207
Paris, Einbeere 106*, 121
Paronychia 187*
Parrotia 54
Pastinaca, Pasternak 112
Pedicularis, Läusekraut 35, 50
Pelargonium, Zimmergeranie 28
Pellia (Lebermoos) 111
Petasites, Pestwurz 40, 111
Peucedanum, Haarstrang 38, 110
– ostruthium, Meisterstrang
Phalaris, Glanzgras 138
Phleum, Lieschgras 38
Philadelphus, Pfeifenstrauch 52
Phlomis, Brandkraut 120
Phlox 52
Phragmites, Schilf 12*, 15, 138
Physalis, Judenkirsche 36
Phyteuma, Teufelskralle 32, 106*, 140
Picea, Fichte 19*, 30*, 43, 62*, 63, 97*, 98*, 119, 136, 144, 168*, 169, 174*, 178*, 198, 213*
Picris, Bitterkraut 142
Pimpinella, Bibernell 38, 105*, 142, 143
Pinus cembra, Arve, Zirbe 14*, 31, 168*, 169
– halepensis, Aleppokiefer 67
– mugo (montana), Latsche, Bergkiefer 40, 140, 145, 174*, 189*, 190*
– pinea, Pinie 35
– radiata, Monterey-Kiefer 86
– sylvestris, Kiefer, Föhre, Forche 31*, 54, 117, 139, 184, 198
Pitcairnia 25
Plagiochila (Lebermoos) 145
Plagiothecium (Laubmoos) 145, 190*
Plantago, Wegerich 16, 33, 100, 141, 142, 143, 218

Register der wissenschaftlichen Gattungsnamen

Platanthera, Waldhyacinthe 38, 121
Platanus, Platane 45, 54
Pleurozium (Laubmoos) 117–119, 145
Poa, Rispengras 16, 100, 101, 106*, 112, 142, 217
Polygonatum, Weißwurz, Salomonssiegel 38, 106*, 137
Polygonum, Knöterich 50, 84, 105*, 108, 138, 142, 145, 217
Polypodium, Tüpfelfarn 54
Polytrichum (Laubmoos) 108, 140
Populus, Pappel, Espe 31, 122, 138
Portulaca, Portulak 84
Posidonia, Meerball 44
Potamogeton, Laichkraut 138, 139
Potentilla, Fingerkraut 34, 38, 106*, 120, 142–144, 217
Poterium, s. Sanguisorba
Prenanthes, Hasenlattich 199
Pringlea 26
Protea 26
Prunella, Brunelle 100, 142
Prunus, Kirsche 31, 38, 122, 129, 137–139
– spinosa, Schlehe 38
Primula, Schlüsselblume 16, 35, 38, 106*, 186
– auricula, Aurikel 41, 50, 206
Pseudotsuga, Douglasie 52
Pterocarya, Flügelnuß 48, 54
Ptilium (Laubmoos) 144, 145
Pteridium, Adlerfarn 15, 110*
Puccinellia, Salzschwaden 141
Pulmonaria, Lungenkraut 33, 106*, 121, 186
Pulsatilla, Kuhschelle 140
Pyrola, Wintergrün 31, 111, 117, 119, 121, 139, 140, 144, 145

Quercus, Eiche 18, 19*, 31, 32*, 33, 35, 36, 102, 119, 129, 137, 139

Ramonda 16
Ramischia (Pyrola), Wintergrün 120
Ranunculus, Hahnenfuß 29, 41, 105*, 108, 110–112, 119, 122, 198
Rhacomitrium (Laubmoos) 140
Rhaphanus, Hederich 207
Restionaceae 27*
Rhinanthus, Klappertopf 105*, 142

Rhipsalis 15
Rhododendron 14*, 17, 41, 168*, 169, 206
Rhytidiadelphus (Laubmoos) 145
Rhynchospora, Schnabelbinse 139
Rhythidium (Laubmoos) 110
Ribes, Johannisbeere 31
Rosa, Rose 33, 144
Rosmarinus, Rosmarin 35
Rubus, Himbeere, Brombeere 96, 98, 124*
– chamaemorus, Moltebeere 29*, 50
– saxatilis, Steinbeere 121, 144
Rudbeckia 139
Rumex, Sauerampfer 40, 41, 100, 105*, 112, 138, 140, 142, 145, 207

Sagittaria, Pfeilkraut 138
Salicornia, Queller 39, 141, 209
Salix 33, 122, 138
– herbacea, Krautweide 29, 49*, 50
Salsola, Salzkraut 141
Salvia, Salbei 35, 105*, 108, 119, 199
Sambucus, Holunder 33, 98
Sanguisorba, Wiesenknopf 16, 105*, 108
Sanicula, Sanikel 101, 106*, 186
Saponaria, Seifenkraut 84, 142
Sarothamnus, Besenginster 34*, 137, 140, 182, 206
Sassafras 45
Saxifraga, Steinbrech 16, 50, 145, 206
Scabiosa, Skabiose 108, 198
Scandix, Venuskamm 105*
Scheuchzeria, Blasenbinse 139
Schoenoplectus (Scirpus), Seebinse 138
Scilla, Blaustern 92, 110
Scleranthus, Knäuelkraut 140, 207
Scorzonera, Schwarzwurzel 120
Scrophularia, Braunwurz 36, 106*, 138
Secale, Roggen 105*
Sedum, Mauerpfeffer 140, 182
Selaginella, Moosfarn 47
Sempervivum 182
Senecio, Greiskraut 85, 105*
Sequoia, Sequoiadendron, Mammutbaum 16, 45, 48, 51*
Sesleria, Blaugras 206

Register der wissenschaftlichen Gattungsnamen

Setaria, Borstenhirse 105*
Sherardia, Ackerröte 84, 105*, 106*
Sieglingia, Dreizahngras 140
Sigillaria 43
Silaum (Silaus), Wiesensilge 105*
Silene, Leimkraut 50, 198
– otites, Ohrlöffel 140
Sinapis, Ackersenf 84, 207
Sisymbrium, Rauke 142
Sium (Berula), Merk 138
Soldanella, Troddelblume 41, 50
Solidago, Goldrute 121, 139, 233, 234*ff.
Sonchus, Gänsedistel 84, 105*, 141
Sorbus, Eberesche, Vogel-, Els-, Mehlbeere 31, 36, 40, 54
Sparganium, Igelkolben 138
Sparmannia, Zimmerlinde 28
Spergula, Schuppenmiere 140, 141, 207
Sphagnum, Torfmoos 102, 139, 190*
Stachys, Ziest 38, 106*, 110, 111, 185*
Stapeliae 21, 22*
Stellaria, Stern- und Vogelmiere 33, 84, 106*, 111, 121
Stipa, Federgras 38, 119, 140
Stratiotes, Krebsschere 137
Succisa, Teufelsabbiß 197
Syringa, Flieder 54, 177*

Tanacetum, Rainfarn 142
Tanne, s. Abies
Taraxacum, Löwenzahn 16, 100, 105*
Taxodium, Sumpfzypresse 45, 48, 51
Taxus, Eibe 31, 54, 129
Teesdalia, Bauernsenf 140
Teucrium, Gamander 35, 36, 137, 181, 182, 206
Thelypteris, Lappenfarn 110*, 138
Thlaspi, Hellerkraut 50, 210
Thuidium (Laubmoos) 120
Thuja, Lebensbaum 52, 53

Thymus, Thymian 35, 108, 140, 143, 181
Tilia, Linde 31, 33, 129, 169
Torilus, Klettenkerbel 142
Tortula (Laubmoos) 140, 185*
Tragopogon, Bocksbart 105*, 112, 142
Trapa, Wassernuß 55
Trientalis, Siebenstern 13*, 121
Trifolium, Klee 38, 41, 100, 105*, 110, 112, 119, 142, 217
Triglochin, Dreizack 141
Trisetum, Goldhafer 112, 142
Tsuga, Hemlocktanne 48, 52, 213
Typha, Rohrkolben 138

Ulmus, Ulme 33, 54, 129, 139
Urtica, Brennessel 106*, 205
Utricularia, Wasserschlauch 138

Vaccinium, Heidel- und Preiselbeere 31, 39, 98, 110*, 111, 117, 119, 121, 130, 137, 139, 144, 169, 182, 206
Valerianella, Ackersalat 105*
Veratrum, Germer 145
Verbascum, Königskerze 22, 38
Verbena, Eisenkraut 143
Veronica, Ehrenpreis 38, 40, 41, 105*, 106*, 112, 121, 138, 142, 144
Viburnum, Schneeball 36, 54
Vicia, Wicke 100, 101, 105*, 106*
Vincetoxicum, s. Cynanchum
Viola, Veilchen 33, 38, 50, 84, 106*, 110, 119, 122, 186, 210
Vitis, Weinrebe 45, 139

Weingaertneria, s. Corynephorus

Zahlbrucknera 16
Zantedeschia, Zimmerkalla 28
Zelkowa 54
Zostera, Seegras 44, 141

Sachregister

* = Abbildung

Abbauketten 226
Abfall 150
Abfluß 183
Abhängige Arten 92
Abundanz 101
Acidophil, -phob 207
Adventivpflanzen 84
Aktivität d. Wassers 179
Albedo 156
Alleröd 55, 59
Alpine Stufe 145
Anpassungen 192 ff.
Ansiedlung d. Pflanzen 15
Antarktis 26, 44
Aperzeit 175
Archäophyten 84
Areal 11
Arealgrenzen, klimat. 17
Arktotertiäre Flora 45
Arrhenatheretum 105*, 109, 113
Aspekt 103, 104*, 105*
Assimilationsvermögen 178*
Assoziation 107, 113 ff., 117, 118
– gruppen 118, 120
Atlanticum (Zeit) 55
Atmung 200, 204
– sverluste 150, 232, 236, 239
Aufforstungen 74
Außenposten 14
Ausnutzungskoeffizient 236
Ausstrahlung 159*
Australis 24*, 26, 44

Baumgrenze 173
Baumpollen 57*, 59
Beleuchtung 199
Bestandesaufnahme 99, 102
– folge, im Urwald 130*
Biogenitätswert (Boden) 226
Biogeozön 147*, 148 ff.
Bioklimazonen 153*
Biomasse d. Menschen 154
Biospektren 172

Biosphäre 146
Biotop 91
– wechsel, Gesetz d. 18, 127
Biozönose 91, 147
Blattflächenindex 191, 201 ff., 215, 233, 235, 236, 237*, 239
Blattstreu 221*
Blitzschlag, Brand durch 210
Blütenbildung u. Hydratur 197
Bodenalgen 224*
– atmung 149, 204*
– erosion 183
– müdigkeit 227
– pilze 223*
– profil 103
– protozoen 225*
– reaktion 206 ff.
– tiere 219
Boreal (Zeit) 55
Brände, natürliche 211
Bruttoproduktion 231*, 232, 236, 237*, 240*
Buchenhochwald 79*, 101
– waldproduktion 231*
– waldstufe 143

Capensis 24*, 26, 44
Chamaephyten 171
Charakterarten 112
CO_2-Assimilation 200
– -Gehalt (Luft) 203*
– -Kreislauf 204*

Deckungsgrad 101
Destruenten 148, 218 ff.
Diasporen 15
Differenzialarten 108
Diluvium, s. Pleistozän
Disjunktion 15, 50 ff.
Dominante Arten 107, 108, 117
Dreidimensionale Betrachtung 128
Dryastone 49
Düngung 239

Edaphon 149
Eichen-Birkenwald 102, 106
– -Hainbuchenwälder 136
– -Mischwälder 136
– -Schälwald 76
– wälder, bodensaure 137
– waldstufe 143
Eingriffe d. Menschen 238 ff.
Einstrahlung 156*ff.
Einwanderungswege 62*, 63*, 68, 69*
Eiskappe 47*
Eiszeit, s. Pleistozän
Endemiten 15
Energiefluß 147, 150
Enthärtung d. Pflanzen 167
Entwicklung d. Landpflanzen 42
Ephemere 196
Erkältung d. Pflanzen 167
Eu-Klimatope 126, 127
Evaporation 188, 189*, 190*
Evaporimeter (Piche) 188
Exklaven 14
Expositionsunterschiede 165

Fazies 113
Femelwald 75*
Feuer 210 ff.
Fichtenwälder 137
– , Schema n. Sukatschev 120
– waldstufe 144
Flora 9
Florenreiche 24*, 44
Formation 118
Forstwirtschaft, Beginn d. 78
Frosthärte 167, 168*, 169, 170
– schäden 169
– trocknis 172 ff.
Frühlingseinzug 176*, 177*
Fulvosäuren 228

Galmeipflanzen 210
Gebirgsklima 128
Geobotanik 9
Geoelemente 27*, 28
– , arktische 29
– , atlantische
– , boreale 30
– , mediterrane 35, 69
– , mitteleuropäische 31
– , südsibirische 38
– , turano-zentralasiat. 39

Geoelemente d. Gebirge 39
Geophyten 171
Geselligkeit 101
Getreidepollen 61
Glatthaferwiese 105*, 109, 113
Glazialrelikte 50
Glazialzeiten 46, 47*, 48
Glei 103
Großdisjunktionen 50
Grünlandgesellschaften 142

Haftwasser 183 ff.
Halophyten 42, 181, 208 ff.
Haloserie 141
Helophyten 171
Hemikryptophyten 171
Heterogenität d. Urwalds 130
Hitzeschäden 160, 161*, 164
Hochwald 78, 79*ff.
Höhenstufen 39, 67*, 127, 143, 144*
Holarktis 24, 44
Holzzersetzung 222
Holzzuwachs 231, 232*
Homoiohydre Arten 180
Horizontalprojektion 119
Huminsäuren 228
Humusabbau 229
– anhäufung 229
– stoffe 218 ff., 228
Hydratur 179 ff.
– d. Bodens 228
Hydrophyten 171
Hydroserie 137 ff.

Individuenzahl 101
Industrieländer u. Stoffkreislauf 241
Interglaziale 46
Inversion (Temperatur) 166*
Isosmosen 196

Jahreszeiten, phänologische 175

Kalkhold, -fliehend 207
Kältepol 166
Kältesee 166
Kaltluft 166
Kennarten 112 ff.
Klasse 113
Klimatope 126
Klimaxgesellschaft 123, 125
Kolchisches Element 52

254 Sachregister

Kompensationspunkt (Licht) 199
Komplementäre Arten 92, 186
Konstanz 103
Konsumenten 148, 154, 215
Konkurrenz, s. Wettbewerb
Kontinentalverschiebung 44
Kontinuum 90
Koprophagen 148
Kosmopoliten 15
Kreislauf d. CO_2 147*, 148
Kryptophyten 171
Kulturflüchtlinge 84
Kulturlandschaft 237ff.
Kybernetik 192, 194

Laubmischwälder 129
Lawinenzüge 214
Lebensformen 109, 170*ff.
Licht 198ff.
− genuß 199
− kompensationspunkt 199, 200

Malakophylle 181
Menge n. Braun-Blanquet 101
Menge n. Drude 118
Mikrobenzahl (Boden) 226
Mineralisierung 205, 218, 226
Minimum-Areal 9
Mittelwald 77*
Moder 228
Mosaikstruktur d. Urwalds 130
Mull 228

Nachwärmezeit 55
Nährstoffe 205
− kapital im Biogeozön 229
Nahrungsketten 147*, 148
Nebel 182
Nekrophagen 148
Neoendemismus 16
Neophyten 84
Neotropis 25, 44
Netto-Assimilation 150
− -Produktion 148
Nichtbaumpollen 59
Niederwald 76, 83*
Nitrophile Arten 98
N-Nachlieferung 205

Ökokline 198
Ökologie 146, 155

Ökologische Gleichgewichte 93
− Gruppen 109, 110*
− Reihen 120, 122, 125
Ökophysiologie 146
Ökosystem 146, 147*
−, bewirtschaftetes 239ff.
Ökotyp 91, 146, 155
Ökotypen 197
Ökozönotypen 111
Ordnung 113
Ozeane, Produktivität d. 154

Paläoendemismus 16
Paläotropis 25, 44
Páramos 128
Peinomorphosen 205
Periglaziale Gebiete 49
Pflanzendecke, Änderung d. 89*
Pflanzengemeinschaft,
  abgesättigte 93
− als Kontinuum 90
Pflanzengesellschaften 107ff.
Pflanzensoziologisches System 112
Phänologie 175ff.
Phanerophyten 171
Phosphorversorgung 241, 242
Photoperiodismus 198
Photosynthese 200
Phytomasse 146, 149ff.
Phytophage 148
Phytozönose 91, 147
Piceeta n. Sukatschev 120
Plakor 126
Pleistozän 46
Plenterwald 75*, 80*
Pliozän 46
Pluvialzeiten 54
Poikilohydre Arten 180, 182
Pollenanalyse 56ff.
− diagramm 58*, 60*, 62*, 64*, 65*, 66*
− körner d. Bäume 57*
− spektrum 58
Polykormisch 217*
Postglazialzeit 55
Primäre Produktion 55, 148, 150ff., 232, 234, 237*, 240*
Produktion 148, 150ff., 201ff.
− analyse 231*ff., 237*, 240*
− schema (Buchenwald) 231*
Produktivität, potent. d. Erde 152

Sachregister

Produzenten 148
Provenienz 198
Psammoserie 140
Punktkarte 11, 14
Pyrophyten 211

Quartär, s. Pleistozän

Rauborganismen 149
Raunkiaersche Lebensformen 170*, 171
Reduzenten, s. Destruenten
Regenwürmer 218, 222
Reliktendemismus 16
Rhizosphäre 227
Rodungsperiode 70
Rohhumus 228
Römerzeit 70
Ruderalvegetation 142

Salzboden 207 ff.
− wirkung 212
− pflanzen, s. Halophyten
Sandgebläse 212
Saprophagen 148, 218
Saugspannung im Boden 184
Saugwurzeln 185
Sekundäre Produktion 148
Serpentinpflanzen 209, 210
Schichtung d. Pflanzendecke 101*
− d. Wurzeln 93*, 185*
Schneebruch 214
− druck 214
− gebläse 213
− schutz 174
− tälchen 175
Schutz d. Pflanzen 86
Schwarzerde 229
Schwermetalle 210
Shifting cultivation 238
Sippenzentrum 21, 22*, 41
Solarkonstante 155
Sonnenblätter 195
− strahlung 155 ff.
Sklerophylle 181
Soziabilität 101
Spitzkronigkeit 214
Stammzahl im Urwald 136
Standort 91
− faktoren 154, 155
− konstanz, Gesetz d. 18, 127

Stenohydre 181
Steppenheidetheorie 69
Stetigkeit 103
Stickstoffnachlieferung 205
− umsatz 206
Stockausschläge 76, 83*
Stoffkreislauf 148
Stoffproduktion 230 ff.
Strahlung 150
− umsatz 156*
Streu 150
− zersetzung 220 ff., 221*
Subassoziation 113
Subatlanticum (Zeit) 55
Subboreal (Zeit) 55
Sukkulenten 181
Sukkulenz d. Halophyten 209
Sukzessionen 122 ff., 124*
Synusien 109

Tabellenarbeit 108
Tau 182
Temperatur (Boden) 157, 161*
− (Pflanze) 162 ff.
− (Wald) 162, 163*
− leitfähigkeit 157
− summen 175
Tertiär 45
Therophyten 171
Ton-Humus-Komplexe 228
Transpiration 188 ff.
Trennarten 108, 109
Treuegrad 112
Trittpflanzen 217
Tundrazeit 55
Turbulenz 158

Übertemperaturen 164
Unkräuter 86, 104*
Unterwuchs, Aussagewert d. 98
Umwelt 91, 154
− schäden 238 ff.
Urwald 71, 131*, 132*, 133*, 134*, 135*
−, primärer 129–136

Varianten 113
Vegetation 9
−, azonale 127, 137
−, extrazonale 126, 136
−, zonale 126, 128 ff.

Vegetationseinheiten 128 ff.
– typen 118
Verband 113
Verbiß 216, 217*.
Verbrennungswärme 150
Verdunstungswärme 158
Vergletscherung 48*
Verlandung (Neusiedlersee) 125*
Vertikalprojektion 119*
Viehtreppen 217
Vikariierende Arten 17, 206
Vitalität 102

Waldänderung 72, 73
– aufbau 65*, 72*, 73*
– entwicklung, postglaziale 60 ff.
– grenze 55, 56, 174*
– schutz 70
Wanderackerbau 238
Wärmeableitung 157
– ausstrahlung 158
– austausch 158
– leitfähigkeit 157
– zeit (postglaziale) 55
– zonen 151

Wasseraufnahme 182
– haushalt 183, 191
– versorgung u. Niederschlag 191
Weidelgrasweide 100
Welkepunkt 183 ff.
Wettbewerb 18, 92, 94 ff.
Windbruch 212
– gepeitscht 213*
– geschert 213*,
– wirkung 211 ff.
Wohlfahrtswirkung d. Waldes 83
Wohngebiet 11
Wurzelkonkurrenz 91, 186
– schichtung 93*, 185*
– system 184, 185*, 186*, 187*
– tiefe 186
Wüstungen 70

Xeromorph 193*ff., 196*
Xerophyten 181
Xerotherme Relikte 68

Zonation 124
Zoomasse 146, 149, 154
Zuckerrübe, Produktion d. 239, 240*